十四五

全国电力行业"十四五"规划教材

输电线路工程系列教材

U0161626

输电线路力学基础

主编 李 旭

副主编 苏 攀 文 中

编 写 邹长春 白俊峰

中国电力出版社

CHINA ELECTRIC POWER PRESS

内 容 提 要

本书共 13 章，主要内容包括静力学基础，力系简化理论，力系的平衡，轴向拉伸和压缩，圆轴扭转、弯曲，强度理论，组合变形，压杆稳定，结构力学基础知识，平面体系的几何组成分析，静定结构内力计算，静定结构的位移计算等，适合 90 学时左右的材料力学课程选用。

本书主要作为普通高等院校土建机械、水利、电气类等专业教材使用，也可供其他专业及相关工程技术人员参考。

图书在版编目（CIP）数据

输电线路力学基础/李旭主编 . —北京：中国电力出版社，2022.7（2024.7 重印）
ISBN 978 - 7 - 5198 - 6161 - 2

Ⅰ.①输⋯ Ⅱ.①李⋯ Ⅲ.①输电线路－静力学－教材 Ⅳ.①TM726

中国版本图书馆 CIP 数据核字（2021）第 227108 号

出版发行：中国电力出版社
地　　　址：北京市东城区北京站西街 19 号（邮政编码 100005）
网　　　址：http://www.cepp.sgcc.com.cn
责任编辑：牛梦洁
责任校对：黄 蓓　王海南
装帧设计：郝晓燕
责任印制：吴 迪

印　　　刷：固安县铭成印刷有限公司
版　　　次：2022 年 7 月第一版
印　　　次：2024 年 7 月北京第三次印刷
开　　　本：787 毫米×1092 毫米　16 开本
印　　　张：16
字　　　数：394 千字
定　　　价：48.00 元

前　言

　　输电线路力学基础是输电线路工程（方向）的专业基础课，是培养学生计算、分析能力的一门课程。本书共13章，主要内容包括静力学基础，力系简化理论，力系的平衡，轴向拉伸和压缩，圆轴扭转、弯曲，强度理论，组合变形，压杆稳定，结构力学基础知识，平面体系的几何组成分析，静定结构内力计算，静定结构位移计算等。

　　本书知识点突出，阐述简明易懂，内容由浅入深。读者通过学习本书，可以掌握基本力学性能分析和计算的方法。

　　本书可作为高等学校输电线路工程（方向）、土木工程、水利水电工程专业的基础力学教材，也可作为相关专业人员的参考用书。

　　本教材由三峡大学李旭担任主编，三峡大学苏攀、文中担任副主编，东北电力大学白俊峰、邵阳学院邹长春共同编写。编写成员具体分工如下：李旭负责拟定本书的编写方案并编写第9～13章，文中负责编写第1～3章，苏攀负责编写第4～6章，白俊峰负责编写第7、8章，邹长春负责本书的校对工作。李旭负责全书的统稿工作。

　　由于编者水平有限，书中难免有疏漏之处，恳请各位同行和广大读者提出宝贵意见，以便进行修改完善。

作者

2021 年 12 月

目　录

第三篇　结　构　力　学

绪　　论

一、输电线路力学基础的研究对象与主要任务

输电线路力学是一门研究物体平衡、构件承载力及结构受力的课程。

工程中各种各样的建筑物、机械等都是若干构件（或零件）按照一定的规律组合而成的，称为结构。结构和构件都是肉眼能分辨的，并且相对于地球静止或以速度小于光速运动的宏观物体，它们就是力学的研究对象。

物体在空间的位置随时间而变化的过程，称为机械运动，机械运动具有相对性。因此，在研究一个物体运动时，必须选定一个物体作为参照体。在绝大多数工程问题中，都以地球为参照体。若物体相对于地球静止或匀速直线运动，则称物体处于平衡状态。平衡是机械运动的特殊情况。作用于物体上的诸力必须满足一定条件，物体才能处于平衡状态。根据这种平衡条件，可以通过物体上的已知力求出未知力，这一过程称为静力分析。对处于平衡状态的物体进行静力分析是输电线路力学的第一项任务。

工程结构和构件受力作用而丧失正常功能的现象，称为失效。在工程中，要求构件不发生失效而能安全正常工作，其衡量的标准主要有以下三个方面：

（1）不发生破坏（屈服和断裂），即具有足够的强度。

（2）发生的变形在工程允许的范围内，即具有足够的刚度。

（3）不丧失原来形状下的平衡状态，即具有足够的稳定性。

输电线路力学的第二项任务是研究构件的强度、刚度和稳定性问题，提供有关的理论方法和实验技术，合理确定构件和材料及形状尺寸，达到安全、经济、美观的要求。

结构的强度、刚度、稳定性、形式的合理性等和内力相关，研究结构内力的计算方法是结构力学的重要内容。

结构力学是围绕荷载与结构的承载能力进行研究的，具体任务如下：

（1）研究结构的组成规律和合理形式。

（2）研究结构在荷载作用下内力的计算方法，以保证结构有足够的强度。

（3）研究结构在荷载作用下变形的计算方法，以保证结构有足够的刚度。

（4）研究结构的稳定性，以保证结构不会失稳破坏。

输电线路力学基础主要分为静力学、材料力学和结构力学。

静力学主要研究力系的简化及物体在力系作用下的平衡规律；材料力学主要研究构件在荷载作用下的强度、刚度和稳定性的基本理论和计算方法；结构力学主要研究由构件组成的结构的稳定性及内力和变形的计算。

二、学习输电线路力学基础的基本方法和要求

在研究输电线路力学基础时，现场观察和实验是认识力学规律的重要环节。在学习本课程时，观察实际生活中的力学现象，学会用力学的基本知识去解释这些现象，利用所学的理论进行分析、检验。对于学习本课程的学生来讲，应掌握的学习方法如下：

（1）输电线路力学基础系统性较强，各部分有密切的联系，因此，学习中要循序渐进，

及时解决不懂的问题，以免对后续知识内容的学习产生影响。

（2）要认真理解基本概念、基本理论，掌握基本计算方法，不能满足于记公式、记结论；要注意所学概念的来源、含义及应用；注意有关公式的根据、适用条件。

（3）要注意分析问题的思路和解决问题的方法。要善于思考、善于发现问题，并能利用输电线路力学的知识积极地去解决问题。

（4）在学习中一定要认真独立地完成一定数量的思考题与习题，以巩固和加深对所学概念、理论、公式、方法的理解、记忆和应用。

第一篇　静　力　学

静力学是研究物体受力及平衡的一般规律的科学。

静力学理论是从生产实践中总结出来的，是对工程结构构件进行受力分析和计算的基础，在工程技术中有着广泛的应用。静力学主要研究以下三个问题：

(1) 物体的受力分析。

(2) 力系的等效替换与简化。

(3) 力系的平衡条件及其应用。

1　静　力　学　基　础

1.1　静　力　学　基　本　概　念

本章主要介绍静力学的基本概念、静力学公理、力的基本计算，在此基础上，介绍受力分析的基本方法，包括受力图的画法。

1.1.1　力与力系的概念

力是物体之间相互的机械作用。这种作用使物体的机械运动状态发生变化或使物体的形状发生改变，前者称为力的外效应或运动效应，后者称为力的内效应或变形效应。在静力学中只研究力的外效应。实践表明，力对物体的作用效果取决于力的三个要素：①力的大小；②力的方向；③力的作用点。因此，力是矢量，且为定位矢量，如图1.1所示，用有向线段 $\overrightarrow{AB}$ 表示一个力矢量，其中线段的长度表示力的大小，线段的方位和指向代表力的方向，线段的起点（或终点）表示力的作用点，线段所在的直线称为力的作用线。

在静力学中，用黑斜体大写字母 F 表示力矢量，用白斜体大写字母 F 表示力的大小。在国际单位制中，力的单位是牛顿（N）或千牛（kN）。

力的作用点是物体相互作用位置的抽象化。实际上，两个物体接触处总占有一定的面积，力总是分布作用在一定的面积上的，如果这个面积很小，则可将其抽象为一个点，即为力的作用点，这时的作用力称为集中力；反之，若两物体接触面积比较大，力分布作用在接触面上，这时的作用力称为分布力。除面分布力外，还有作用在物体整体或某一长度上的体分布力或线分布力，分布力的大小用符号 q 表示，计算式为

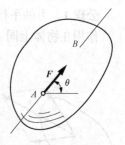

图 1.1　力矢量

$$q = \lim_{\Delta S \to 0} \frac{\Delta F}{\Delta S}$$

式中：ΔS 为分布力作用的范围（长度、面积或体积）；ΔF 是作用于该部分范围内的分布力

的合力；q 表示分布力作用的强度，称为荷载集度。

如果力的分布是均匀的，称为均匀分布力，简称均布力。

力系是指作用在物体上的一群力。若对于同一物体，有两组不同力系对该物体的作用效果完全相同，则这两组力系称为等效力系。一个力系用其等效力系来代替，称为力系的等效替换。用一个最简单的力系等效替换一个复杂力系，称为力系的简化。若某力系与一个力等效，则此力称为该力系的合力，而该力系的各力称为此力的分力。

1.1.2　刚体的概念

所谓刚体，是指在力的作用下不变形的物体，即在力的作用下其内部任意两点的距离永远保持不变的物体。这是一种理想化的力学模型，事实上，在受力状态下不变形的物体是不存在的，不过，当物体的变形很小，在所研究的问题中把它忽略不计，并不会对问题的性质带来本质的影响时，该物体就可近似看作刚体。刚体是在一定条件下研究物体受力和运动规律时的科学抽象，这种抽象不仅使问题大大简化，也能得出足够精确的结果，因此，静力学又称为刚体静力学。但是，在需要研究力对物体的内部效应时，这种理想化的刚体模型就不适用，而应采用变形体模型，并且变形体的平衡也是以刚体静力学为基础的，只是还需补充变形几何条件与物理条件。

1.1.3　平衡的概念

在工程中，物体相对于地面静止或做匀速直线运动的状态称为平衡。

根据牛顿第一定律，物体如不受到力的作用则必然保持平衡。但客观世界中任何物体都不可避免地受到力的作用，物体上作用的力系只要满足一定的条件，即可使物体保持平衡，这种条件称为力系的平衡条件。满足平衡条件的力系称为平衡力系。

1.2　静　力　学　公　理

为了讨论物体的受力分析，研究力系的简化和平衡条件，必须先掌握一些最基本的力学规律。这些规律是人们在生活和生产活动中长期积累的经验总结，又经过实践反复检验，被认为是符合客观实际的最普遍、最一般的规律，称为静力学公理。静力学公理概括了力的基本性质，是建立静力学理论的基础。

公理 1　力的平行四边形法则

作用在物体上同一点的两个力，可以合成为一个合力。合力的作用点也在该点，合力的大小和方向，由这两个力为邻边构成的平行四边形的对角线确定，如图 1.2（a）所示。或者说，合力矢等于这两个力矢的几何和，即

$$F_R = F_1 + F_2 \qquad (1.1)$$

也可另作一力三角形来求两汇交力合力矢的大小和方向，即依次将 F_1 和 F_2 首尾相接画出，最后由第一个力的起点至第二个力的终点形成三角形的封闭边，即为此二力的合力矢 F_R，如图 1.2（b）和（c）所示，称为力的三角形法则。

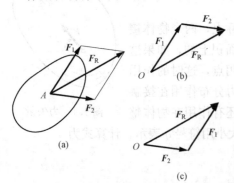

图 1.2　力的平行四边形法则

公理 2　二力平衡条件

　　作用在刚体上的两个力，使刚体处于平衡的充要条件是：这两个力大小相等、方向相反，且作用在同一直线上，如图1.3所示。该两力的关系可用如下矢量式表示

$$F_1 = -F_2$$

　　这一公理揭示了作用于刚体上的最简单的力系平衡时所必需满足的条件，满足上述条件的两个力称为一对平衡力。需要说明的是，对于刚体，这个条件既必要又充分，但对于变形体，这个条件是不充分的。

　　只在两个力作用下而平衡的刚体称为二力构件或二力杆，根据二力平衡条件，二力杆两端所受两个力大小相等、方向相反，作用线沿两个力的作用点的连线，如图1.4所示。

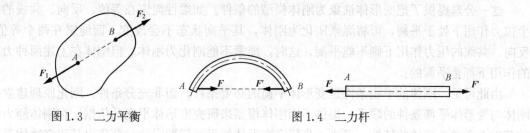

图1.3　二力平衡　　　　　　　　　　　　图1.4　二力杆

公理3　加减平衡力系公理

　　在已知力系上加上或减去任意的平衡力系，并不改变原力系对刚体的作用。

　　这一公理是研究力系等效替换与简化的重要依据。

　　根据上述公理可以导出如下两个重要推论：

推论1　力的可传性

　　作用于刚体上某点的力，可以沿着它的作用线滑移到刚体内任意一点，并不改变该力对刚体的作用效果。

　　证明：设在刚体上点A作用有力F，如图1.5所示。根据加减平衡力系公理，在该力的作用线上的任意点B加上平衡力F_1与F_2，且使$F_2 = -F_1 = F$，由F与F_1组成平衡力，可去除，故只剩下力F_2，即将原来的力F沿其作用线移到了点B。

　　由此可见，对刚体而言，力的作用点不是决定力的作用效应的要素，它已为作用线所代替。因此，作用于刚体上的力的三要素是：力的大小、方向和作用线。

　　作用于刚体上的力可以沿着其作用线滑移，这种矢量称为滑移矢量。

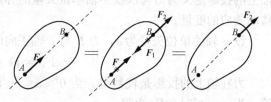

图1.5　力的可传性

推论2　三力平衡汇交定理

　　若刚体受三个力作用而平衡，且其中两个力的作用线相交于一点，则此三个力必共面且汇交于同一点。

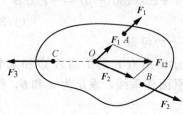

图1.6　三力平衡

　　证明：刚体受三力F_1、F_2、F_3作用而平衡，如图1.6所示。根据力的可传性，将力F_1和F_2移到汇交点O，并合成为力F_{12}，则F_3应与F_{12}平衡。根据二力平衡条件，F_3与F_{12}必等值、反向、共线，所以F_3必通过O点，且与F_1、F_2共面，定理得证。

公理 4　作用与反作用定律

两个物体间的作用力与反作用力总是同时存在，且大小相等、方向相反，沿着同一条直线，分别作用在两个物体上。若用 F 表示作用力，F' 表示反作用力，则

$$F = -F'$$

该公理表明，作用力与反作用力总是成对出现，但它们分别作用在两个物体上，因此不能视作平衡力。

公理 5　刚化原理

变形体在某一力系作用下处于平衡，如果将此变形体刚化为刚体，其平衡状态保持不变。

这一公理提供了把变形体抽象为刚体模型的条件。如柔性绳索在等值、反向、共线的两个拉力作用下处于平衡，可将绳索刚化为刚体，其平衡状态不会改变。而绳索在两个等值、反向、共线的压力作用下则不能平衡，这时，绳索不能刚化为刚体。但刚体在上述两种力系的作用下都是平衡的。

由此可见，刚体的平衡条件是变形体平衡的必要条件，而非充分条件。刚化原理建立了刚体与变形体平衡条件的联系，提供了用刚体模型来研究变形体平衡的依据。在刚体静力学的基础上考虑变形体的特性，可进一步研究变形体的平衡问题。这一公理也是研究物体系平衡问题的基础，刚化原理在力学研究中具有非常重要的地位。

1.3　力的基本计算

1.3.1　力的投影合力投影定理

1. 力在轴上的投影

如图 1.7 所示，设有力 F 与 x 轴共面，由力 F 的始端 A 点和末端 B 点分别向 x 轴作垂线，垂足为 a 和 b，则线段 ab 的长度冠以适当的正负号就表示力 F 在 x 轴上的投影，记为 F_x。如果从 a 到 b 的指向与 x 轴的正向一致，则 F_x 为正值，反之为负值。在数学上，力在轴上的投影定义为力与该投影轴单位矢量的标量积。力在轴上的投影是力使物体沿该轴方向移动效应的度量。

设 x 轴的单位矢量为 e，力 F 与 x 轴正向间的夹角为 α，则力 F 在 x 轴上的投影为

$$F_x = Fe = F\cos\alpha \tag{1.2}$$

力在轴上的投影是代数量。当 $0° \leqslant \alpha < 90°$ 时，F_x 为正值；当 $90° < \alpha < 180°$ 时，F_x 为负值，当 $\alpha = 90°$ 时，F_x 为零。

如图 1.7 所示，当 $90° < \alpha \leqslant 180°$ 时，可按式 (1.3) 计算 F_x

$$F_x = F\cos\alpha = F\cos(180° - \beta) = -F\cos\beta \tag{1.3}$$

2. 力在平面上的投影

如图 1.8 所示，由力 F 的始端 A 点和末端 B 点分别向 xy 平面作垂线，垂足为 a 和 b，则

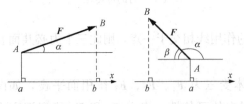

图 1.7　力在轴上投影

矢量 $\overrightarrow{ab}$ 称为力 F 在 xy 平面上的投影，记为 F_{xy}。

F_{xy} 是矢量，其大小为

$$F_{xy} = F\cos\alpha \tag{1.4}$$

3. 力在直角坐标轴上的投影

将力向直角坐标系 $Oxyz$ 的三坐标轴上投影的方法有直接投影法和二次投影法。设 x、y、z 轴的单位矢量分别为 i、j、k，$\alpha \in [0°, 180°]$、$\beta \in [0°, 180°]$、$\gamma \in [0°, 180°]$ 分别为力 F 与三轴正向的夹角，如图 1.9（a）所示，采用直接投影法得到力 F 在各轴上的投影为

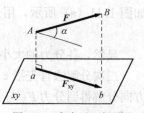

图 1.8 力在平面投影

$$\left.\begin{array}{l} F_x = F \cdot i = F\cos\alpha \\ F_y = F \cdot j = F\cos\beta \\ F_z = F \cdot k = F\cos\gamma \end{array}\right\} \tag{1.5}$$

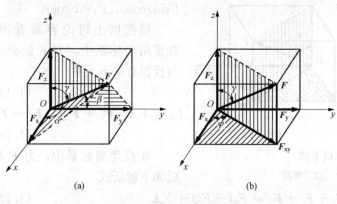

图 1.9 力的空间投影
(a) 直接投影法；(b) 二次投影法

二次投影法则首先将力 F 向 z 轴与 xy 平面上投影，得到 F_z 与投影矢量 F_{xy}，其次再将 F_{xy} 向 x 轴、y 轴上投影，如图 1.9（b）所示，有

$$\left.\begin{array}{l} F_z = F\cos\gamma \\ F_{xy} = F\sin\gamma \\ F_x = F_{xy}\cos\varphi = F\sin\gamma\cos\varphi \\ F_y = F_{xy}\sin\varphi = F\sin\gamma\sin\varphi \end{array}\right\} \tag{1.6}$$

式中：$\gamma \in [0°, 180°]$ 为 F 与 z 轴正向的夹角；$\varphi \in [0°, 180°]$

为 F_{xy} 与 x 轴正向的夹角。

4. 合力投影定理

若作用于一点的 n 个力 F_1，F_2，…，F_n 的合力为 F_R，则合力在某轴上的投影等于各分力在同一轴上投影的代数和，这就是合力投影定理。在直角坐标系中，有

$$F_{Rx} = \sum F_{ix}, \quad F_{Ry} = \sum F_{iy}, \quad F_{Rz} = \sum F_{iy} \tag{1.7}$$

1.3.2 力的分解

力的分解遵循力的平行四边形法则。如图 1.10（a）所示，将力 F 向任意两轴方向分解，即以力 F 为对角线，以两轴为两相邻边作一平行四边形，得到力 F_1、F_2 就是力 F 的两个分力。图 1.10（b）所示为将力 F 向直角坐标系的两轴方向的分解。力 F 与两分力 F_1、F_2 的关系表示如下

$$F = F_1 + F_2 \tag{1.8}$$

在空间情形下，常采用直接分解法与二次分解法将力沿直角坐标方向

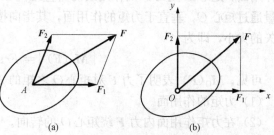

图 1.10 力向轴分解
(a) 力向任意两轴投影；(b) 力向直角坐标系两轴投影

进行分解。直接分解法就是将力 F 直接向 3 个直角坐标轴方向分解得到分力 F_1、F_2、F_3，如图 1.11（a）所示，用矢量式表示如下

$$F = F_1 + F_2 + F_3 \tag{1.9}$$

显然，各分力的大小为：$F_1 = F\cos\alpha$，$F_2 = F\cos\beta$，$F_3 = F\cos\gamma$。

二次分解法首先沿 z 轴与力 F 作一平面，然后 F 沿 z 轴方向和该平面与 xy 平面的交线方向分解得到分力 F_3 与 F_M，再将 F_M 向 x、y 轴方向分解，如图 1.11（b）所示，可表示如下

$$F = F_M + F_3 = F_1 + F_2 + F_3 \tag{1.10}$$

各分力的大小为：$F_M = F\sin\gamma$，$F_1 = F\sin\gamma\cos\varphi$，$F_2 = F\sin\gamma\cos\varphi$，$F_3 = F\cos\gamma$。

根据以上讨论容易看出，在直角坐标系中，力 F 的分力与投影有如下关系

$$F_M = F_{xy} \tag{1.11}$$
$$F_1 = F_x i,\ \ F_2 = F_y j,\ \ F_3 = F_z k \tag{1.12}$$

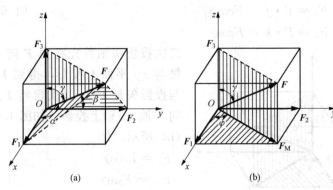

图 1.11 力的空间分解
(a) 直接分解法；(b) 二次分解法

在直角坐标系中，力 F 写成如下解析式

$$F = F_1 + F_2 + F_3 = F_x i + F_y j + F_z k \tag{1.13}$$

1.3.3 力矩

力对物体的作用有平动效应，也有转动效应。力使物体绕某点（或某轴）转动效应的度量，称为力对点（或轴）之矩。

1. 力对点之矩

设力 F 作用于 A 点，任取一点 O，点 O 至点 A 的矢径为 r（如图 1.12 所示），则力 F 对点之矩矢定义为

$$M_O(F) = r \times F \tag{1.14}$$

即力对点之矩矢等于点 O 至力的作用点 A 的矢径与该力的矢量积，它是力使物体绕该点转动效应的度量。O 点称为力矩中心，简称矩心；力 F 的作用线与矩心 O 确定的平面称为力矩作用面；矩心 O 至力 F 的作用线的垂直距离 d 称为力臂。力对点之矩矢是定位矢量，该矢量通过矩心 O，垂直于力矩的作用面，其指向按右手螺旋法则确定。它的模表示力对点之矩矢的大小，即为

$$|M_O(F)| = Fr\sin\alpha = Fd \tag{1.15}$$

可见，$M_O(F)$ 表明了力 F 对矩心 O 之矩的 3 个要素：

（1）力矩的作用面。

（2）在力矩作用面内力 F 绕矩心 O 的转向。

（3）力矩的大小。

若以矩心 O 为原点，建立直角坐标 $Oxyz$，如图 1.12 所示。由 $F = F_x i + F_y j + F_z k$，$r = xi + yj + zk$，则式（1.14）可用解析式表示如下

$$M_O(\boldsymbol{F}) = \boldsymbol{r} \times \boldsymbol{F} = (x\boldsymbol{i} + y\boldsymbol{j} + z\boldsymbol{k}) \times (F_x\boldsymbol{i} + F_y\boldsymbol{j} + F_z\boldsymbol{k})$$
$$= (yF_z - zF_y)\boldsymbol{i} + (zF_x - xF_z)\boldsymbol{j} + (xF_y - yF_x)\boldsymbol{k} \tag{1.16}$$

令
$$\begin{cases} [\boldsymbol{M}_O(\boldsymbol{F})]_x = yF_z - zF_y \\ [\boldsymbol{M}_O(\boldsymbol{F})]_y = zF_x - xF_z \\ [\boldsymbol{M}_O(\boldsymbol{F})]_z = xF_y - yF_x \end{cases} \tag{1.17}$$

分别表示力对点之矩矢在三个坐标轴上的投影。

需要说明的是，在平面情形下，力对点的矩定义为代数量，即

$$M_O(F) = \pm F \cdot d \tag{1.18}$$

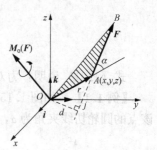

图 1.12 力对点之矩

且规定力 $\boldsymbol{F}$ 绕 O 点的转向为逆时针方向时取正号，反之取负号。

2. 力对轴之矩

如图 1.13 所示，设力 $\boldsymbol{F}$ 作用于刚体上的 A 点，使刚体绕 z 轴转动。过 A 点作平面 Oxy 垂直于 z 轴并交于 O 点，将力 $\boldsymbol{F}$ 分解为平行于 z 轴的分力 $\boldsymbol{F}_3$ 和垂直于 z 轴的分力 $\boldsymbol{F}_{xy}$，力 $\boldsymbol{F}$ 对轴的转动效应可以用两个分力所产生的合效应来代替。由经验可知，分力 $\boldsymbol{F}_3$ 不能使刚体绕 z 轴转动，它对 z 轴的矩为零，只有分力 $\boldsymbol{F}_{xy}$ 才能使刚体绕 z 轴转动。以 h 表示从 O 点至力 $\boldsymbol{F}_{xy}$ 作用线的垂直距离，则力 $\boldsymbol{F}$ 对 z 轴之矩定义为

$$M_z(F) = M_z(F_{xy}) = M_O(F_{xy}) = \pm F_{xy} \cdot h \tag{1.19}$$

力对轴之矩是力使刚体绕 z 轴转动效应的度量，它是代数量，其正负号规定如下：从 z 轴的正端往负端看，若力 $\boldsymbol{F}$ 的分力 $\boldsymbol{F}_{xy}$ 绕 z 轴的转向为逆时针方向时取正号，反之取负号。

根据力对轴之矩的定义可知，当力的作用线与轴共面（平行或相交）时，力对该轴之矩等于零。

力对轴之矩也可用解析式表示。如图 1.14 所示，设力 $\boldsymbol{F}$ 在沿 3 个坐标轴方向上的分力分别为 $\boldsymbol{F}_1$、$\boldsymbol{F}_2$、$\boldsymbol{F}_3$，则

$$M_z(F) = M_z(F_{xy}) = M_z(F_1) + M_z(F_2)$$

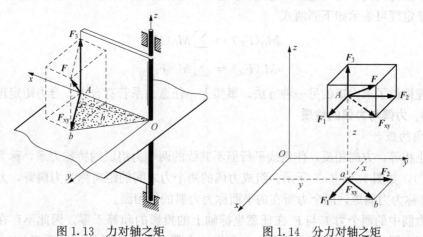

图 1.13 力对轴之矩　　　图 1.14 分力对轴之矩

考虑到 $\boldsymbol{F}_1 = F_x\boldsymbol{i}$，$\boldsymbol{F}_2 = F_y\boldsymbol{j}$，$\boldsymbol{F}_3 = F_z\boldsymbol{k}$，力作用点 A 的坐标为（x、y、z），则有

$$M_z(F) = xF_y - yF_x \\
M_x(F) = yF_z - zF_y \\
M_y(F) = zF_x - xF_z$$
(1.20)

3. 力对点之矩与力对通过该点的轴之矩的关系

由式（1.17）与式（1.20）可得

$$[M_O(F)]_x = M_x(F) \\
[M_O(F)]_y = M_y(F) \\
[M_O(F)]_z = M_z(F)$$
(1.21)

式（1.21）说明：力对点之矩矢在通过该点的某轴上的投影等于力对该轴之矩。

【例 1.1】　　如图 1.15 所示，水平放置的圆轮轮缘上点 A 处作用一力 F，其作用线与过该点的圆轮切线夹角为 α，并在过点 A 而与轮缘相切的平面内，点 A 与圆心 O 的连线与 x 轴的夹角为 β。试求力 F 对点 O 之矩矢。

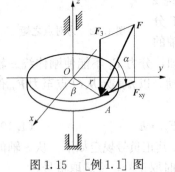

图 1.15　[例 1.1] 图

解：如图 1.15 所示，将力 F 分解为平行 z 轴的力 F_3 和在圆盘平面内并与圆周切于点 A 的力 F_{xy}

$$F_3 = F\sin\alpha \quad F_{xy} = F\cos\alpha$$

因而

$$M_z(F) = M_z(F_{xy}) = -Fr\cos\alpha \\
M_x(F) = M_x(F_3) = -Fr\sin\alpha\sin\beta \\
M_y(F) = M_y(F_3) = Fr\sin\alpha\cos\beta$$

则

$$M_O(F) = M_x(F)\boldsymbol{i} + M_y(F)\boldsymbol{j} + M_z(F)\boldsymbol{k} \\
= -Fr\sin\alpha\sin\beta\boldsymbol{i} + Fr\sin\alpha\cos\beta\boldsymbol{j} - Fr\cos\alpha\boldsymbol{k}$$

4. 合力矩定理

设作用于同一点的 n 个力 F_1，F_2，$\cdots$，F_n 的合力为 F_R，则该合力对某点（或某轴）之矩等于各个分力对同一点（或轴）之矩的矢量和（或代数量），这就是合力矩定理。

合力矩定理可表示如下列两式

$$M_O(F_R) = \sum M_O(F_i)$$
(1.22)

$$M_z(F_R) = \sum M_z(F_i)$$
(1.23)

该定理提供了求力矩的另一种方法。事实上，任意力系若有合力，合力矩定理都成立。

1.3.4　力偶与力偶的性质

1. 力偶的概念

由大小相等，方向相反，作用线平行但不共线的两个力组成的特殊力系，称为力偶，记为 (F, F')，如图 1.16（a）所示。组成力偶的两个力之间的距离称为力偶臂，力与力偶臂的乘积 Fd 称为力偶矩，两个力所在的平面称为力偶的作用面。

由于力偶中的两个力 F 与 F' 在任意坐标轴上的投影的和等于零，因此不存在合力，且其作用线不在同一直线，也不是平衡力。所以，力偶本身既不平衡，又不能与一个力等效。力偶对刚体只有转动效应，没有移动效应。力偶是一种不可能再简化的力系，它与力一样，是一种基本力学量。

力偶对物体的转动效应决定于力偶的三要素：力偶矩的大小、力偶作用面在空间的方位及力偶在作用面内的转向。

2. 力偶矩矢量

力偶对刚体的转动效应可用力偶中的两个力的力矩的和来度量。

如图 1.17 所示，设有力偶（$\boldsymbol{F}$，$\boldsymbol{F}'$）作用在刚体上，r_A、r_B 分别表示任意点 O 至两个力的作用点 A 与 B 的矢径，r_{BA} 为点 B 至点 A 的矢径，则力偶中的两个力对 O 点的矩矢之和为

$$\boldsymbol{M}_O(\boldsymbol{F}) + \boldsymbol{M}_O(\boldsymbol{F}') = \boldsymbol{r}_A \times \boldsymbol{F} + \boldsymbol{r}_B \times \boldsymbol{F}' = \boldsymbol{r}_A \times \boldsymbol{F} + \boldsymbol{r}_B \times (-\boldsymbol{F})$$
$$= (\boldsymbol{r}_A - \boldsymbol{r}_B)\boldsymbol{F} = \boldsymbol{r}_{BA}\boldsymbol{F}$$

矢积 $r_{BA}F$ 表示力偶对任意的 O 点的矩矢，它是力偶使刚体绕 O 点转动效应的度量，称为力偶矩矢量，通常用 $\boldsymbol{M}(\boldsymbol{F}，\boldsymbol{F}')$ 表示，简记为 $\boldsymbol{M}$，即

$$\boldsymbol{M} = \boldsymbol{r}_{BA} \times \boldsymbol{F} \tag{1.24}$$

力偶矩矢 $\boldsymbol{M}$ 的模等于力偶矩 Fd（如图 1.17 所示），其方向垂直于力偶的作用面，其指向由右手螺旋法则确定（如图 1.16 所示）。力偶矩矢 $\boldsymbol{M}$ 表明了力偶的三个要素。显然，力偶矩矢 $\boldsymbol{M}$ 与矩心 O 点的位置无关，它是自由矢量。

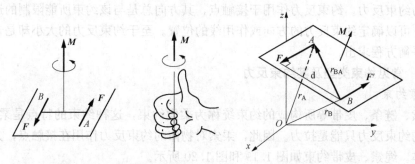

图 1.16　右手螺旋法则　　　　　　图 1.17　力偶矩

3. 力偶的性质

由于力偶对物体的转动效应又完全决定于力偶矩矢，而力偶矩矢又是自由矢量，因此，力偶矩矢相等的两个力偶必然等效。据此，可推论出力偶的性质如下：

（1）力偶对任意点之矩等于力偶矩矢，力偶对任意轴之矩等于力偶矩矢在该轴上的投影。

（2）只要保持力偶矩矢不变，力偶可以在其作用面内及相互平行的平面内任意搬移而不会改变它对刚体的作用效应。如汽车的方向盘，无论安装得高一些或低一些，只要保证两个位置的转盘平面平行，对转盘施以力偶矩相等、转向相同的力偶，其转动效应是相同的。

由此可见，只要不改变力偶矩矢 $\boldsymbol{M}$ 的大小和方向，则不论将 $\boldsymbol{M}$ 画在同一刚体上的任何位置都一样。

（3）只要保持力偶的转向和力偶矩的大小（即力与力偶臂的乘积）不变，可将力偶中的力和力偶臂做相应的改变，或将力偶在其作用面内任意移转，而不会改变其对刚体的作用效应。正因为如此，常常只在力偶的作用面内画出弯箭头加 $\boldsymbol{M}$ 来表示力偶，其中 $\boldsymbol{M}$ 表示力偶矩的大小，箭头则表示力偶在作用面内的转向，如图 1.18 所示。

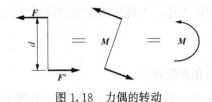

图 1.18　力偶的转动

需要指出的是，在平面情形下，由于力偶的作用面就是该平面，此时不必表明力偶的作用面，只需表示出力偶矩的大小及力偶的转向即可，因此，可将力偶定义为代数量：$M=\pm Fd$，表示如图 1.18 所示。并且规定当力偶为逆时针转向时力偶矩为正，反之为负。

1.4　物体受力分析

1.4.1　约束与约束反力

物体按照运动所受限制条件的不同可以分为自由体与非自由体两类。自由体是指物体在空间可以有任意方向的位移，即运动不受任何限制。如空中飞行的炮弹、飞机、人造卫星等。非自由体是指某些方向的位移受到一定限制而不能随意运动的物体，如在轴承内转动的转轴、汽缸中运动的活塞等。对非自由体的位移起限制作用的周围物体称为约束，如铁轨对于机车，轴承对于电机转轴、吊车钢索对于重物等都是约束。

约束限制着非自由体的运动，与非自由体接触相互产生了作用力，约束作用于非自由体上的力称为约束反力。约束反力作用于接触点，其方向总是与该约束所能限制的运动方向相反，据此，可以确定约束反力的方向或作用线的位置。至于约束反力的大小却是未知的，在以后根据平衡方程求出。

1.4.2　常见约束类型及其约束反力

1. 柔索约束

由绳索、链条、皮带等所构成的约束统称为柔索约束，这种约束的特点是柔软易变形，它给物体的约束反力只能是拉力。因此，柔索对物体的约束反力作用在接触点，方向沿柔索且背离物体。绳索、皮带约束如图 1.19 和图 1.20 所示。

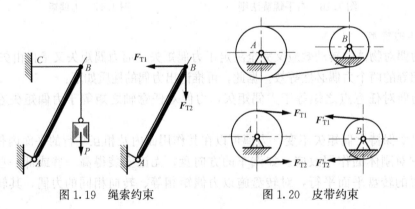

图 1.19　绳索约束　　　　　　图 1.20　皮带约束

2. 光滑接触面约束

物体受到光滑平面或曲面的约束称为光滑面约束。这类约束不能限制物体沿约束表面切线的位移，只能限制物体沿接触表面法线并指向约束的位移。因此，约束反力作用在接触点，方向沿接触表面的公法线，并指向被约束物体，如图 1.21 和图 1.22 所示。

图 1.21 光滑面约束 (一)　　　图 1.22 光滑面约束 (二)

3. 光滑圆柱铰链约束

如图 1.23 (a) 所示,在两个构件 A、B 上分别有直径相同的圆孔,再将一直径略小于孔径的圆柱体销钉 C 插入该两构件的圆孔中,将两构件连接在一起,这种连接称为铰链连接,两个构件受到的约束称为光滑圆柱铰链约束。受这种约束的物体,只可绕销钉的中心轴线转动,而不能相对销钉沿任意径向方向运动。这种约束实质是两个光滑圆柱面的接触 [见图 1.23 (b)],其约束反力作用线必然通过销钉中心并垂直圆孔在 D 点的切线,约束反力的指向和大小与作用在物体上的其他力有关,所以光滑圆柱铰链的约束反力的大小和方向都是未知的,通常用大小未知的两个垂直分力表示。

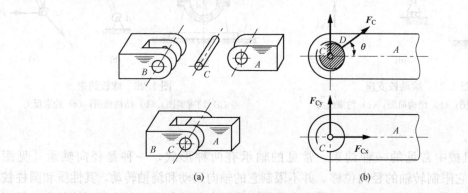

(a) (b)

图 1.23 光滑圆柱铰链约束
(a) 约束实图;(b) 约束反力及分力

4. 固定铰支座

这类约束可认为是光滑圆柱铰链约束的演变形式,两个构件中有一个固定在地面或机架上,其结构简图如图 1.24 (b) 所示。这种约束的约束反力的作用线也不能预先确定,可以用大小未知的两个垂直分力表示,如图 1.24 (c) 所示。

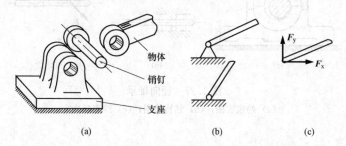

物体
销钉
支座

(a) (b) (c)

图 1.24 固定铰约束
(a) 约束实图;(b) 结构简图;(c) 约束反力

5. 滚动铰支座

在桥梁、屋架等工程结构中经常采用这种约束，桥梁采用的滚动铰支座如图 1.25（a）所示，这种支座可以沿固定面滚动，常用于支承较长的梁，它允许梁的支承端沿支承面移动。因此，这种约束的特点与光滑接触面约束相同，约束反力垂直于支承面指向被约束物体，如图 1.25（c）所示。

6. 球形铰支座

物体的一端为球体，能在球壳中转动，如图 1.26（a）所示，这种约束称为球形铰支座，简称球铰。球铰能限制物体任何径向方向的位移，所以球铰的约束反力的作用线通过球心并可能指向任一方向，通常用过球心的 3 个互相垂直的分力 F_{Ax}、F_{Ay}、F_{Az} 表示，如图 1.26（c）所示。

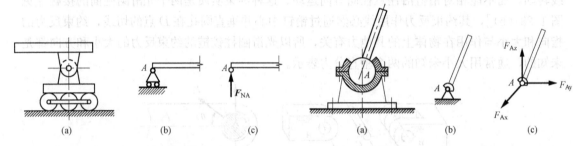

图 1.25 滚动铰支座   图 1.26 球铰约束
(a) 约束实图；(b) 结构简图；(c) 约束反力   (a) 约束实图；(b) 结构简图；(c) 约束反力

7. 轴承

轴承是机械中常见的一种约束，常见的轴承有两种形式，一种是径向轴承［见图 1.27（a）］，它限制转轴的径向位移，并不限制它的轴向运动和绕轴转动，其性质和圆柱铰链类似，其示意简图如图 1.27（b）所示，径向轴承的约束反力用两个垂直于轴长方向的正交分力表示［见图 1.27（c）］。另一种是径向止推轴承，它既限制转轴的径向位移，又限制它的轴向运动，只允许绕轴转动，其约束反力用 3 个大小未知的正交分力表示，如图 1.28 所示。

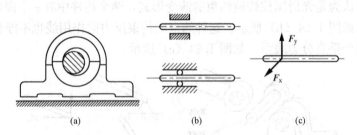

图 1.27 径向轴承
(a) 约束实图；(b) 结构简图；(c) 约束反力

8. 固定端约束

有时物体会受到完全固结作用，如深埋在地里的电线杆，如图 1.29（a）所示。这时物体的 A 端在空间各个方向上的运动（包括平移和转动）都受到限制，这类约束称为固定端约束。其简图如图 1.29（b）所示。其约束反力可理解为：一方面，物体受约束部位不能平移，因而受到一约束反力 F_A 作用；另一方面，也不能转动，因而还受到一约束反力偶 M_A 的作用。约束反力 F_A 和约束反力偶 M_A 均作用在接触部位，而方位和指向均未知。在空间情形下，通常将固定端约束的约束反力画成 6 个独立分量，符号为 F_{Ax}，F_{Ay}，F_{Az}，M_{Ax}，M_{Ay}，M_{Az}，如图 1.29（c）所示。对平面情形，则只需画出 3 个独立分量 F_{Ax}，F_{Ay}，M_A。

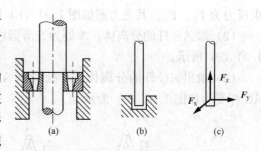

图 1.28　止推轴承
(a) 约束实图；(b) 结构简图；(c) 约束反力

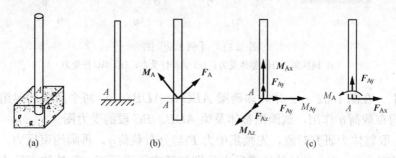

图 1.29　固定端约束
(a) 约束实图；(b) 结构简图；(c) 约束反力

9. 二力杆约束

两端用光滑铰链与其他物体连接，中间不受力且不计自重的杆件，即为二力杆。二力杆两端所受的两个力大小相等、方向相反，作用线沿着两铰接点的连线，至于二力杆受拉还是受压则可假设。图 1.30 所示结构中，杆件 *AB*、*CD* 为二力杆，其受力如图所示。

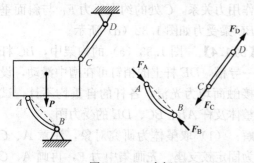

图 1.30　二力杆

1.4.3　物体受力分析

将所研究的物体或物体系统从与其联系的周围物体或约束中分离出来，并分析它受几个力作用，确定每个力的作用位置和力的作用方向，这一过程称为物体受力分析。物体受力分析过程包括如下两个主要步骤：

（1）确定研究对象，取出分离体。待分析的某物体或物体系统称为研究对象。明确研究对象后，需要解除它受到的全部约束，将其从周围的物体或约束中分离出来，单独画出相应简图，这个步骤称为取分离体。

（2）画受力图。在分离体图上，画出研究对象所受的全部主动力和所有去除约束处的约束反力，并标明各力的符号及受力位置符号。

这样得到的表明物体受力状态的简明图形，称为受力图。下面举例说明受力图的画法。

【例 1.2】　试画出图 1.31（a）所示结构的整体、*AB* 杆、*AC* 杆的受力图。

解：（1）以结构整体为研究对象，主动力有荷载 *F*，注意到 *B*、*C* 处为光滑面约束，约

束反力为 $\boldsymbol{F}_B$、$\boldsymbol{F}_C$。其受力图如图 1.31（b）所示。

（2）取 AB 杆的分离体，A 处为光滑圆柱铰链约束，D 处受到柔绳约束，其受力图如图 1.31（c）所示。

（3）取出 AC 杆的分离体，A 处受到 AB 杆的反作用力 $\boldsymbol{F}'_{Ax}$、$\boldsymbol{F}'_{Ay}$，E 处为柔绳约束，AC 杆受力如图 1.31（d）所示。

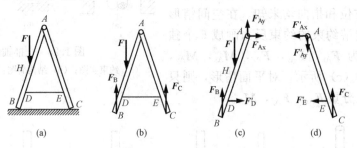

图 1.31　[例 1.2] 图

（a）结构图；（b）整体受力；（c）AB 杆受力；（d）AC 杆受力

【例 1.3】　在图 1.32（a）中，多跨梁 ABC 由 ADB、BC 两个简单的梁组合而成，受集中力 $\boldsymbol{F}$ 及均布载荷 q 作用，试画出整体及梁 ADB、BC 段的受力图。

解：（1）取整体为研究对象，先画集中力 $\boldsymbol{F}$ 与分布载荷 q，再画约束反力。A 处约束反力分解为二正交分量，D、C 处的约束反力分别与其支承面垂直，B 处约束反力为内力，不能画出，整体的受力图如图 1.32（b）所示。

（2）取 ADB 段的分离体，先画集中力 $\boldsymbol{F}$ 及梁段上的分布载荷 q，再画 A、D、B 处的约束反力 $\boldsymbol{F}_{Ax}$、$\boldsymbol{F}_{Ay}$、$\boldsymbol{F}_D$、$\boldsymbol{F}_{Bx}$、$\boldsymbol{F}_{By}$，ADB 梁受力如图 1.32（c）所示。

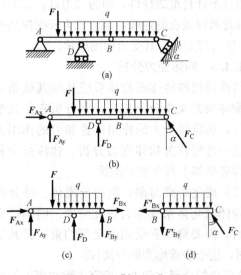

图 1.32　[例 1.3] 图

（a）多跨梁；（b）整体受力；

（c）ADB 梁受力；（d）BC 梁受力

DF 杆受力如图 1.33（c）所示。

（3）取 BC 段的分离体，先画梁段上的分布载荷 q，再画出 B、C 处的约束反力，注意 B 处的约束反力与 AB 段 B 处的约束反力是作用力与反作用力关系，C 处的约束反力 $\boldsymbol{F}_C$ 与斜面垂直，BC 梁受力如图 1.32（d）所示。

【例 1.4】　图 1.33（a）的构架中，BC 杆上有一导槽，DE 杆上的销钉可在槽中滑动，设所有接触面均为光滑，各杆的自重均不计，试画出整体及杆 AB、BC、DE 的受力图。

解：（1）取整体为研究对象，注意 A、C 处均为固定铰支座。先画集中力 $\boldsymbol{F}$，再画 A、C 处的约束反力，如图 1.33（b）所示。

（2）取 DE 杆的分离体，先画集中力 $\boldsymbol{F}$，再画销钉 H、D 所受之力。销钉 H 可沿导槽滑动，因此，导槽给销钉的约束反力 $\boldsymbol{F}_{NH}$ 应垂直于导槽，D 处约束反力用正交力 $\boldsymbol{F}_{Dx}$、$\boldsymbol{F}_{Dy}$ 表示。

（3）取 BC 杆的分离体，先画销钉 H 对导槽的作用力 F'_{NH}，它与上面的力 F_{NH} 是作用力与反作用力的关系；再画固定铰支座 C 的约束反力 F_{Cx}、F_{Cy}，它应与整体图1.33（b）的一致；中间铰链 B 用正交分力 F_{By}、F_{By} 表示，BC 杆受力如图所示。

（4）取 AB 杆的分离体，铰链支座 A 的约束反力应与整体图1.33（b）的一致；中间铰链 D、B 的约束反力应与图1.33（c）中 D、B 的约束反力是作用力与反作用力的关系。AB 杆受力如图所示。

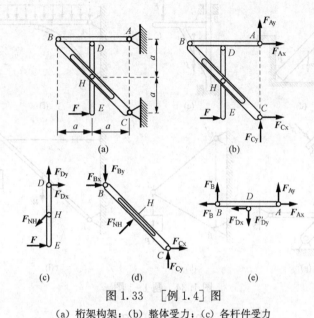

图 1.33 ［例 1.4］图
（a）桁架构架；（b）整体受力；（c）各杆件受力

习　题

1-1　画出图1.34所示物体 A，或构件 ABC、AB、AC、CD 的受力图。图中未画重力的各物体的自重不计，所有接触处均为光滑接触。

1-2　画出图1.35所示机构中各杆件的受力图与系统整体的受力图。图中未画重力的各杆件的自重不计，所有接触处均为光滑接触。

1-3　长方体三边长 $a=16\text{cm}$，$b=15\text{cm}$，$c=12\text{cm}$，如图1.36所示。已知力 F 大小为100N，方位角 $a=\arctan\dfrac{3}{4}$，$\beta=\arctan\dfrac{4}{3}$，试写出力 F 的矢量表达式。

1-4　翻斗车上翻斗的工作示意图如图1.37所示。BC 表示液压缸，力 F 为缸中活塞作用于翻斗之力。试求力 F 对点 A 之矩。

1-5　托架 $ABCD$ 在平面 Axy 平面内，AB 垂直 BC，BC 垂直 CD，尺寸如图1.38（a）所示，A 处为固定端。在 D 处作用一力 F，它在与 y 轴垂直的平面内，与铅垂线夹角为 α。试求力 F 对三个坐标轴之矩。正平行六面体 $ABCD$ 如图1.38（b）所示，重力 $P=100\text{N}$，边长 $AB=6\text{cm}$，$AD=80\text{cm}$。令将其斜放使它的底面与水平面的夹角 $\varphi=30°$，试求其重力对棱 A 的力矩。又问当 φ 等于多大时，该力矩等于零。

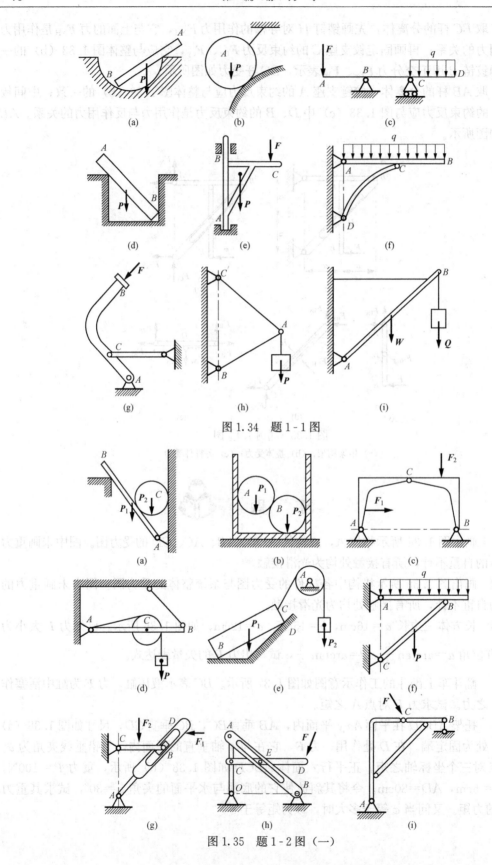

图 1.34 题 1-1 图

图 1.35 题 1-2 图 （一）

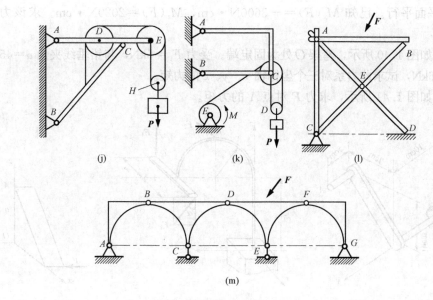

图 1.35 题 1-2 图（二）

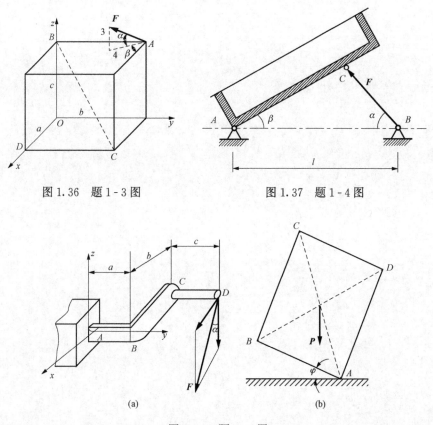

图 1.36 题 1-3 图   图 1.37 题 1-4 图

图 1.38 题 1-5 图

1-6 如图 1.39 所示，一力 F 作用在手柄的 A 点上，该力的大小和指向未知，其作用

线与 Oxz 平面平行。已知 $M_x(F) = -3600\text{N} \cdot \text{cm}$，$M_z(F) = 2020\text{N} \cdot \text{cm}$。求该力对 y 轴之矩。

1-7 如图 1.40 所示，弯架 O 处为固定端。受力 $F_1 = 5\text{kN}$，与铅垂线夹角 $\alpha = 45°$，$F_2 = 4\text{kN}$，$F_3 = 6\text{kN}$，试求此力系对三个坐标轴 x、y、z 的力矩。

1-8 如图 1.41 所示，求力 F 对点 A 的力矩。

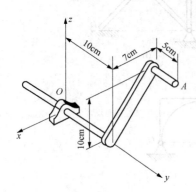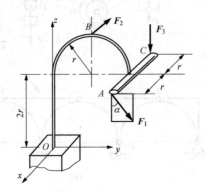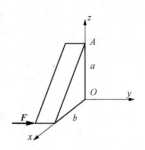

图 1.39 题 1-6 图   图 1.40 题 1-7 图   图 1.41 题 1-8 图

2 力系简化理论

在工程实际问题中，物体的受力情况往往比较复杂，为了研究力系对物体的作用效应，或讨论物体在力系作用下的平衡规律，需要将力系进行等效简化。力系简化理论也是静力学的重要内容。

根据力系中诸力的作用线在空间的分布情况，可将力系进行分类。力的作用线均在同一平面内的力系称为平面力系；力的作用线为空间分布的力系称为空间力系；力的作用线均汇交于同一点的力系称为汇交力系；力的作用线互相平行的力系称为平行力系；若组成力系的元素都是力偶，这样的力系称为力偶系；若力的作用线的分布是任意的，既不相交于一点，也不都相互平行，这样的力系称为任意力系。此外，若诸力的作用线均在同一平面内且汇交于同一点的力系称为平面汇交力系，以此类推，还有平面力偶系、平面任意力系、平面平行力系以及空间汇交力系、空间力偶系、空间任意力系、空间平行力系等。

以下分别讨论各种力系的简化。

2.1 汇交力系的简化

2.1.1 几何法

设汇交于 A 点的汇交力系由 n 个力 F_1，F_2，$\cdots$，F_n 组成。根据力的三角形法则，将各力依次合成，即，$F_1+F_2=F_{R1}$，$F_{R1}+F_3=F_{R2}$，$\cdots$，$F_{Rn-1}+F_n=F_R$，F_R 为最后的合成结果，即原力系的合力。将各式合并，则汇交力系合力的矢量表达式为

$$F_R = F_1 + F_2 + \cdots + F_n = \sum F_i \tag{2.1}$$

以平面汇交力系为例说明简化过程，如图 2.1（a）所示，作用在刚体上的 4 个力 F_1、F_2、F_3 和 F_4 汇交于点 O。为求出通过汇交点 O 的合力 F_R，连续应用力三角形法则得到开口的力多边形 $abcde$，最后力多边形的封闭边矢量 $\overrightarrow{ae}$ 就确定了合力 F_R 的大小和方向，这种通过力多边形求合力的方法称为力多边形法则，如图 2.1（b）所示。改变分力的作图顺序，力多边形改变，如图 2.1（b）所示，但其合力 F_R 不变。

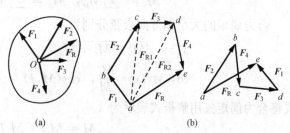

图 2.1 平面汇交力系的几何简化
(a) 汇交力系；(b) 力多边形法则

由此看出，汇交力系的合成结果是一合力，合力的大小和方向由各力的矢量和确定，作用线通过汇交点。对于空间汇交力系，按照力多边形法则，得到的是空间力多边形。

2.1.2 解析法

汇交力系各力 F_i 在直角坐标系中的解析表达式为

$$F_i = F_{ix}i + F_{iy}j + F_{iz}k$$

根据合力投影定理，由式（2.1）有

$$F_{Rx} = \sum F_{ix}, \quad F_{Ry} = \sum F_{iy}, \quad F_{Rz} = \sum F_{iz} \qquad (2.2)$$

由合力的三个投影可得到汇交力系合力的大小和方向余弦

$$F_R = \sqrt{F_{Rx}^2 + F_{Ry}^2 + F_{Rz}^2} \\
\cos(F_R, i) = \frac{F_{Rx}}{F_R}, \quad \cos(F_R, j) = \frac{F_{Ry}}{F_R}, \quad \cos(F_R, k) = \frac{F_{Rz}}{F_R} \left.\right\} \qquad (2.3)$$

也可将合力 F_R 写成解析表达式

$$F_R = F_{Rx}i + F_{Ry}j + F_{Rz}k$$

2.2 力偶系的简化

若刚体上作用有由力偶矩矢 M_1，M_2，…，M_n 组成的力偶系，如图 2.2（a）所示。根据力偶的等效性，保持每个力偶矩矢大小、方向不变，可以将各力偶矩矢平移至图 2.2（b）中的任一点 A，而不会改变原力偶系对刚体的作用效果，得到的力偶系与 2.1 节介绍的汇交力系同属汇交矢量系，其合成方式与合成结果完全类同。由此可知，力偶系合成结果为一合力偶，合力偶矩矢 M 等于各偶矩矢的矢量和，即

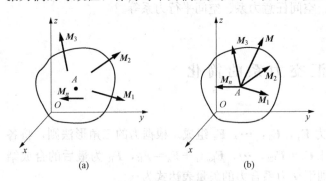

图 2.2 力偶系简化
（a）平面力偶系；（b）各力偶矩矢平移至 A 点

$$M = \sum M_i \qquad (2.4)$$

合力偶矩矢在各直角标轴上的投影分别为

$$M_x = \sum M_{ix}, \quad M_y = \sum M_{iy}, \quad M_z = \sum M_{iz} \qquad (2.5)$$

合力偶矩的大小和方向余弦分别为

$$M = \sqrt{M_x^2 + M_y^2 + M_z^2} \\
\cos(M, i) = \frac{M_x}{M}, \quad \cos(M, j) = \frac{M_y}{M}, \quad \cos(M, k) = \frac{M_z}{M} \left.\right\} \qquad (2.6)$$

或将合力偶矩矢用解析式表示为

$$M = M_xi + M_yj + M_zk$$

需要说明的是，由于平面力偶矩是代数量，对平面力偶系 M_1，M_2，…，M_n，合成结果为该力偶系所在平面内的一个力偶，合力偶矩 M 为各力偶矩的代数和

$$M = \sum M_i \qquad (2.7)$$

2.3 任意力系的简化

任意力系不是汇交矢量系，因而不能像汇交力系或力偶系那样直接求矢量和得到最终简

化结果，但可以将各力的作用线向某点平移得到汇交力系以利用前面已得到的结果。为此，这里先介绍力线平移定理。

2.3.1 力线平移定理

由于作用于刚体上的力是滑移矢量而不是自由矢量，如果将作用于刚体上的力线平行移动到任一位置而使其作用效果不变，则必须依照力线平移定理进行。

定理：可以把作用在刚体上某点的力 F 平移到任意点，但必须同时附加一个力偶，这个附加力偶的力偶矩矢等于原来的力对新作用点的力矩矢量。这称为力线平移定理。

证明：如图 2.3 所示，F 为作用于刚体上 A 点的力。在刚体上任取一点 O，并在 O 点加上一对平衡力 F' 和 F''，且使 $F' = F = -F''$。根据加减平衡力系公理可知，新的力系（F、F'、F''）与原力系 F 等效。但新力系（F、F'、F''）可视为由力 F' 和力偶（F、F''）所组成。力偶（F、F''）称为附加力偶。其力偶矩矢量 M 与力 F 对新作用点 O 的力矩矢量 $M_O(F)$ 相等，而力 F' 与 F 等值、同向。这样，已将力 F 由作用点 A 平移到了新作用点 O，在平移的同时，附加了力偶矩 $M = M_O(F)$ 的附加力偶。

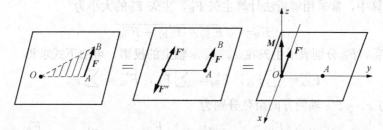

图 2.3 力的平移

2.3.2 空间任意力系向任意一点的简化

设刚体上作用空间任意力系 F_1，F_2，$\cdots$，F_n（见图 2.4）。根据力线平移定理，将各力平移至任一任意的指定点 O，得到与原力系等效的两个力系：汇交于 O 点的空间汇交力系 F_1'，F_2'，$\cdots$，F_n' 和力偶矩矢分别为 M_1，M_2，$\cdots$，M_n 的附加空间力偶系。点 O 称为简化中心。

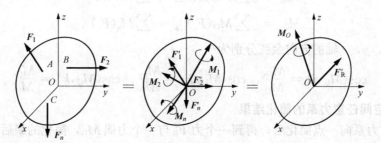

图 2.4 力系向 O 点平移

根据前面的讨论可知，这个空间汇交力系可以进一步简化为作用于简化中心的一个力 F_R'，附加空间力偶系进一步简化则得到一合力偶 M_O，如图 2.4 所示。

由力线平移定理可知，空间汇交力系中的各力矢量分别与原力系中各相应的力矢量相等

$$F_1' = F_1, \quad F_2' = F_2, \quad \cdots, \quad F_n' = F_n$$

所得附加空间力偶系中各附加力偶矩矢量分别与原力系中各相应的力对简化中心的力矩矢量相等

$$M_1 = M_O(F_1), \quad M_2 = M_O(F_2), \quad \cdots, \quad M_n = M_O(F_n)$$

则有

$$F'_R = \sum F'_i = \sum F_i \tag{2.8}$$

$$M_O = \sum M_i = \sum M_O(F_i) \tag{2.9}$$

式（2.8）表明，矢量 F'_R 等于原力系中各力矢的矢量和，将 F'_R 称为原力系的主矢量，简称主矢。合力偶矩矢 M_O 等于原力系中各个力对简化中心 O 点的力矩的矢量和，将 M_O 称为原力系对 O 点的主矩。

由以上讨论可知，空间任意力系向任一点简化，可得一个力和一个力偶。这个力的大小和方向等于该力系的主矢，作用线通过简化中心；这个力偶的力偶矩矢等于该力系对简化中心的主矩。并且主矢与简化中心的位置无关，主矩则一般与简化中心的位置有关。

在实际计算中，常采用解析法计算主矢 F'_R，主矢 F'_R 的大小为

$$F'_R = \sqrt{F'^2_{Rx} + F'^2_{Ry} + F'^2_{Rz}} \tag{2.10}$$

其中，F'_{Rx}，F'_{Ry}，F'_{Rz} 分别表示主矢在 x、y、z 轴上的投影，可由下式求得

$$F'_{Rx} = \sum F_{ix}, \quad F'_{Ry} = \sum F_{iy}, \quad F'_{Rz} = \sum F_{iz} \tag{2.11}$$

主矢 F'_R 与 x、y、z 轴的方向余弦分别为

$$\cos(F'_R, i) = \frac{F'_{Rx}}{F'_R}, \quad \cos(F'_R, j) = \frac{F'_{Ry}}{F'_R}, \quad \cos(F'_R, k) = \frac{F'_{Rz}}{F'_R} \tag{2.12}$$

主矩 M_O 的大小为

$$M_O = \sqrt{M^2_{Ox} + M^2_{Oy} + M^2_{Oz}} \tag{2.13}$$

其中，M_{Ox}，M_{Oy}，M_{Oz} 分别表示主矩在 x、y、z 轴上的投影，可由下式求得

$$\left.\begin{array}{l} M_{Ox} = \left[\sum M_O(F_i)\right]_x = \sum M_x(F_i) \\ M_{Oy} = \left[\sum M_O(F_i)\right]_y = \sum M_y(F_i) \\ M_{Oz} = \left[\sum M_O(F_i)\right]_z = \sum M_z(F_i) \end{array}\right\} \tag{2.14}$$

主矩 M_O 与 x，y，z 轴的方向余弦分别为

$$\cos(M_O, i) = \frac{M_{Ox}}{M_O}, \quad \cos(M_O, j) = \frac{M_{Oy}}{M_O}, \quad \cos(M_O, k) = \frac{M_{Oz}}{M_O} \tag{2.15}$$

2.3.3 空间任意力系的简化结果

空间任意力系向一点简化后，得到一个力 F'_R 与一个力偶 M_O，简化的最后结果，可能出现下列四种情况，即：①$F'_R = 0$，$M_O \neq 0$；②$F'_R \neq 0$，$M_O = 0$；③$F'_R \neq 0$，$M_O \neq 0$；④$F'_R = 0$，$M_O = 0$。现就空间任意力系简化的最后结果分别进行分析。

1. 空间任意力系简化为一合力偶的情形

当空间任意力系向任一点简化时，若 $F'_R = 0$，$M_O \neq 0$，这时得一与原任意力系等效的合力偶，其合力偶矢等于原力系对简化中心的主矩。由于力偶矩矢是自由矢量，与矩心的位置无关，因此，在这种情况下，主矩与简化中心的位置无关。

2. 空间任意力系简化为一合力的情形

当空间任意力系向任一点简化时，若主矢 $F_R' \neq 0$，$M_O = 0$，这时得一与原任意力系等效的合力，合力的作用线通过简化中心 O，其大小和方向与原力系的主矢相同。

当空间任意力系向一点简化结果为主矢 $F_R' \neq 0$，$M_O \neq 0$；且 $F_R' \perp M_O$，如图 2.5 所示。这时，力 F_R' 与力偶矩矢 M_O 的两个力 F_R、F_R'' 在同一平面内，这时可将它们进一步简化，得到作用于点 O' 的力 F_R，此力与原力系等效，即为原力系的合力，其大小和方向与原力系的主矢相同，即

$$F_R = F_R' = \sum F_i \tag{2.16}$$

其作用线离简化中心 O 的距离为

$$d = \frac{|M_O|}{F_R'} \tag{2.17}$$

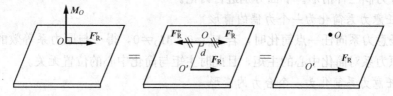

图 2.5　力系简化为一合力

3. 空间任意力系简化为力螺旋的情形

如果空间任意力系向一点简化后，主矢和主矩都不等于零，且 $F_R' /\!/ M_O$，此时力垂直于力偶的作用面，不能再进一步简化，这种结果称为力螺旋，如图 2.6 所示。如螺丝旋具拧螺丝时，手对螺丝旋具既有垂直向下的力的作用，又有力偶矩的作用，并且力矢量与力偶矢量平行，这就是力螺旋。

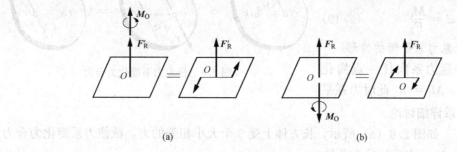

图 2.6　力系简化为力螺旋

(a) 左螺旋；(b) 右螺旋

力螺旋是由力系的两个基本要素力与力偶组成的最简单的力系，不能再进一步简化。力偶的转向与力的指向符合右手螺旋法则的称为右螺旋 [见图 2.6 (a)]，符合左手螺旋法则的称为左螺旋 [见图 2.6 (b)]，力螺旋的力作用线称为该力螺旋的中心轴。

如果 $F_R' \neq 0$，$M_O \neq 0$，且两者既不平行，又不垂直，如图 2.7 所示。此时可将 M_O 分解为两个分力偶 M_O' 与 M_O''，且 $M_O' /\!/ F_R'$，$M_O'' \perp F_R'$，则 M_O'' 和 F_R' 进一步合成为 F_R。由于力偶矩矢量是自由矢量，可将 M_O' 平移至 F_R 作用线上，得到力螺旋。并且力螺旋的中心轴至原简化

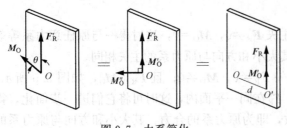

图 2.7 力系简化

中心 O 的距离为

$$d = \frac{|M'_O|}{F'_R} = \frac{M_O \sin\theta}{F'_R} \quad (2.18)$$

4. 空间任意力系平衡的情形

当空间任意力系向任一点简化时，若 $F'_R = 0$，$M_O = 0$，这是空间任意力平衡的情形，将在第 3 章进行详细讨论。

2.3.4 平面任意力系的简化及简化结果

平面任意力系可视为空间任意力系的一种特殊情形，平面任意力系向一点简化的结果仍为一个力和一个力偶（分别等于主矢 F'_R 与主矩 M_O）。注意到平面情形下力偶矩与力对点之矩用代数量表示，此时力系不可能简化为螺旋。所以，平面任意力系简化的最后结果只有平衡、合力、合力偶三种情形。下面分别进行讨论。

1. 平面任意力系简化为一个力偶的情形

当平面任意力系向任一点简化时，若 $F'_R = 0$，$M_O \neq 0$，得一与原力系等效的合力偶，其力偶矩等于原力系对简化中心的主矩，且此时主矩与简化中心的位置无关。

2. 平面任意力系简化为一个合力的情形

当平面力系向点 O 简化时，若 $F'_R \neq 0$，$M_O = 0$，得一与原力系等效的合力 F'_R 合力的作用线通过简化中心 O。

若 $F'_R \neq 0$，$M_O \neq 0$，如图 2.8 所示，将矩为 M_O 的力偶用两个力 F'_R 和 F''_R 表示，且 $F'_R = F_R = -F''_R$。于是可将作用于点 O 的力 F'_R 和力偶（F_R，F'_R）合成为一个作用在点 O' 的力 F_R。这个力 F_R 就是原力系的合力，合力矢等于主矢，合力的作用线在点 O 的哪一侧，需根据主矢和主矩的方向确定，合力作用线到点 O 的距离 d，可按下式计算

$$d = \frac{M_O}{F'_R} \quad (2.19)$$

3. 平面任意力系平衡的情形

当平面任意力系向任一点简化时，若 $F'_R = 0$，$M_O = 0$，此时力系平衡，将在第 3 章详细讨论。

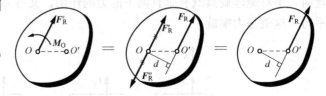

图 2.8 任意力系简化为合力

【例 2.1】 如图 2.9（a）所示，长方体上受 3 个大小相等的力，欲使力系简化为合力，长方体边长 a、b、c 应满足什么条件？

解：设 $F_1 = F_2 = F_3 = F$，将力系向 O 点简化，先求主矢 F'_R 和主矩 M_O。主矢 F'_R 在坐标轴上的投影为

$$F'_{Rx} = F, F'_{Ry} = F, F'_{Rz} = F$$

所以

$$F'_R = F'_{Rx} \boldsymbol{i} + F'_{Ry} \boldsymbol{j} + F'_{Rz} \boldsymbol{k} = F\boldsymbol{i} + F\boldsymbol{j} + F\boldsymbol{k}$$

主矩 M_O 在坐标轴上的投影为

$$M_{Ox} = Fb - Fc = F(b - c)$$

$$M_{Oy} = Fa$$

$$M_{Oz} = 0$$

所以
$$\boldsymbol{M}_{\mathrm{O}} = M_{\mathrm{O}x}\boldsymbol{i} + M_{\mathrm{O}y}\boldsymbol{j} + M_{\mathrm{O}z}\boldsymbol{k} = F(b-c)\boldsymbol{i} - Fa\boldsymbol{j}$$

$\boldsymbol{F}_{\mathrm{R}}'$ 和 $\boldsymbol{M}_{\mathrm{O}}$ 方向如图 2.9（b）所示。欲使原力系简化为合力，则必须 $\boldsymbol{F}_{\mathrm{R}}' \perp \boldsymbol{M}_{\mathrm{O}}$，即 $\boldsymbol{F}_{\mathrm{R}}' \cdot \boldsymbol{M}_{\mathrm{O}} = 0$，得

$$\boldsymbol{F}_{\mathrm{R}}' \cdot \boldsymbol{M}_{\mathrm{O}} = (F\boldsymbol{i} + F\boldsymbol{j} + F\boldsymbol{k})[F(b-c)\boldsymbol{i} - Fa\boldsymbol{j}] = F^2(b-c) - F^2 a = 0$$

从而得：$b = a + c$

上式即为长方体边长 a、b、c 应满足的条件。

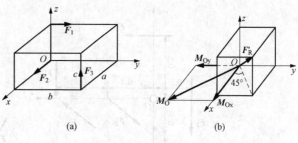

图 2.9　[例 2.1] 图

【**例 2.2**】　已知 $F_1 = 2\mathrm{kN}$，$F_2 = 2\mathrm{kN}$，$F_3 = 6\sqrt{2}\mathrm{kN}$，三力分别作用在边长为 $a = 2\mathrm{cm}$ 的正方形 $OABC$ 的 C、O、B 三点上，$\alpha = 45°$，如图 2.10（a）所示，求此力系的简化结果。

解：取 O 点为简化中心，建立图示坐标系 Oxy，力系的主矢为

$$\boldsymbol{F}_{\mathrm{R}}' = (\sum F_{ix})\boldsymbol{i} + (\sum F_{iy})\boldsymbol{j}$$
$$= (-F_1 + F_3\cos\alpha)\boldsymbol{i} + (-F_2 + F_3\sin\alpha)\boldsymbol{j}$$
$$= 4\boldsymbol{i} + 4\boldsymbol{j}$$

力系对 O 点的主矩为

$$M_{\mathrm{O}} = \sum M_{\mathrm{O}}(\boldsymbol{F}_i) = F_1 a + F_3(\sin\alpha)a - F_3(\cos\alpha)a = 4(\mathrm{kN}\cdot\mathrm{cm})$$

力系向 O 点简化的结果为作用线通过该点的一个力 $\boldsymbol{F}_{\mathrm{R}}'$ 和力偶矩为 M_{O} 的一个力偶，如图 2.10（b）所示。

力系还可进一步简化为合力，其大小、方向与 $\boldsymbol{F}_{\mathrm{R}}'$ 相同，合力作用线离简化中心 O 点的距离为

$$d = \frac{M_{\mathrm{O}}}{F_{\mathrm{R}}} = \frac{4}{4\sqrt{2}} = \frac{1}{\sqrt{2}} = 0.71(\mathrm{m})$$

力系简化最后结果如图 2.10（c）所示。

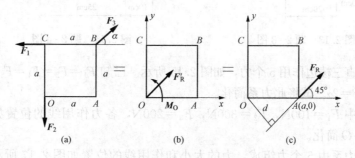

图 2.10　[例 2.2] 图

习　　题

2-1　求图 2.11 所示平面力偶系的合成结果，图中长度单位为 m。

2-2　如图 2.12 所示，一绞盘有 3 个等长的柄，长度为 l，其间夹角均为 120°，每个柄端各作用一垂直于柄的力 $\boldsymbol{F}$。试求：

（1）该力系向中心点 O 简化的结果。

（2）该力系向 BC 连线的中点 D 简化的结果。这两个结果说明什么问题？

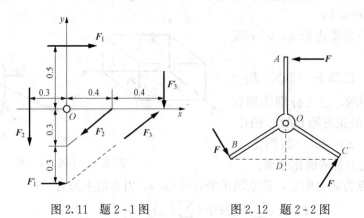

图 2.11　题 2-1 图　　　　　　　　图 2.12　题 2-2 图

2-3　将图 2.13 所示平面任意力系向点 O 简化，并求力系合力的大小及其与原点 O 的距离 d。已知 $F_1=150\text{N}$，$F_2=200\text{N}$，$F_3=300\text{N}$，力偶的臂等于 8cm，力偶的力 $\boldsymbol{F}=200\text{N}$。

2-4　在平板上作用 4 个力，$F_1=35\text{N}$，$F_2=35\text{N}$，$F_3=30\text{N}$，$F_4=25\text{N}$，各力的方向和作用位置如图 2.14 所示。求力系的合力。

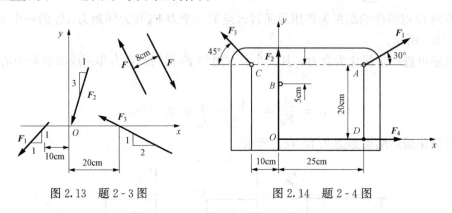

图 2.13　题 2-3 图　　　　　　　　图 2.14　题 2-4 图

2-5　沿着直三棱边作用 5 个力，如图 2.15 所示。已知 $F_1=F_3=F_4=F_5=F$，$F_2=\sqrt{2}F$，$OA=OC=a$，$OB=2a$。试将此力系简化。

2-6　力系中 $F_1=100\text{N}$，$F_2=300\text{N}$，$F_3=200\text{N}$，各力作用线的位置如图 2.16 所示。试将力系向原点 O 简化。

2-7　平行力系由 5 个力组成，力的大小和作用线的位置如图 2.17 所示。图中坐标的单位为 cm。求平行力系的合力。

2-8　如图 2.18 所示力系中 $F_1=100\text{N}$，$F_2=F_3=100\sqrt{2}\text{N}$，$F_4=300\text{N}$，$a=2\text{m}$，试求此力系简化结果。

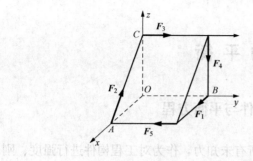

图 2.15　题 2-5 图

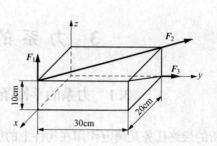

图 2.16　题 2-6 图

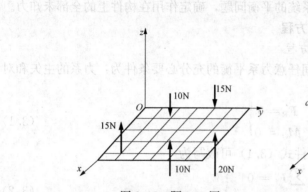

图 2.17　题 2-7 图

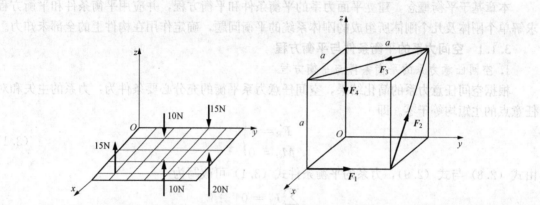

图 2.18　题 2-8 图

3 力系的平衡

3.1 力系的平衡条件与平衡方程

受力分析的最终任务是确定作用在构件上的所有未知力，作为对工程构件进行强度、刚度、稳定性设计及动力学分析的基础。

本章基于平衡概念，建立平面力系的平衡条件和平衡方程，并应用平衡条件和平衡方程求解单个刚体及几个刚体所组成的刚体系统的平衡问题，确定作用在构件上的全部未知力。

3.1.1 空间力系的平衡条件与平衡方程

1. 空间任意力系的平衡条件与平衡方程

根据空间任意力系的简化结果，空间任意力系平衡的充分必要条件为：力系的主矢和对任意点的主矩均等于零。即

$$\left.\begin{array}{l} \boldsymbol{F}'_{\mathrm{R}} = 0 \\ \boldsymbol{M}_{\mathrm{O}} = 0 \end{array}\right\} \tag{3.1}$$

由式（2.8）与式（2.9），力系的平衡条件式（3.1）可改写为

$$\left.\begin{array}{l} \sum \boldsymbol{F}_i = 0 \\ \sum \boldsymbol{M}_{\mathrm{O}}(\boldsymbol{F}_i) = 0 \end{array}\right\} \tag{3.2}$$

将式（3.2）用直角坐标系中的投影式写出，根据式（2.10）、式（2.11）及式（2.13）与式（2.14），即得到空间任意力系的平衡方程为

$$\left.\begin{array}{l} \sum F_{\mathrm{x}} = 0 \\ \sum F_{\mathrm{y}} = 0 \\ \sum F_{\mathrm{z}} = 0 \\ \sum M_{\mathrm{x}}(F) = 0 \\ \sum M_{\mathrm{y}}(F) = 0 \\ \sum M_{\mathrm{z}}(F) = 0 \end{array}\right\} \tag{3.3}$$

这就是空间力系平衡方程的基本形式。式（3.3）表明：在空间任意力系作用下刚体平衡的充要条件是，力系中所有各力在三个坐标轴上投影的代数和均等于零，力系中各力对此三轴之矩的代数和也分别等于零。

式（3.3）的 6 个方程是相互独立的，它可以求解 6 个未知量。该方程组中有 3 个力矩方程，称为三矩式。应当指出，列平衡方程时投影轴和力矩轴可以任意选取，在解决实际问题时适当选择力矩轴和投影轴可以简化计算，尤其是研究复杂系统的平衡问题时，往往要解多个联立方程。因此，为了简化运算，力系平衡方程组中的力的投影方程可以部分或全部地用力矩方程替代，得到平衡方程的四矩式、五矩式、六矩式。但必须注意每取一个研究对象，方程的总数不能超出 6 个，所列方程必须是相对独立的平衡方程。

2. 其他空间力系的平衡方程

空间任意力系是力系的最一般情况，其他各种力系都可以看成是它的特例，因此，可从空间任意力系的平衡方程推导出其他各种力系的平衡方程。

(1) 空间汇交力系的平衡方程。在空间汇交力系中，将简化中心 O 选在力系的汇交点上，则式 (3.2) 中的 3 个力矩方程将恒等于零，于是有 3 个独立的平衡方程

$$\left.\begin{array}{l} \sum F_x = 0 \\ \sum F_y = 0 \\ \sum F_z = 0 \end{array}\right\} \tag{3.4}$$

(2) 空间平行力系的平衡方程。设力系平行于 a 轴，则得到 3 个独立的平衡方程为

$$\left.\begin{array}{l} \sum F_z = 0 \\ \sum M_x(F) = 0 \\ \sum M_y(F) = 0 \end{array}\right\} \tag{3.5}$$

此外，空间平行力系的平衡方程还可以写成 3 个力矩方程的形式。

(3) 空间力偶系的平衡方程。根据空间力偶系的简化结果，其 3 个独立的平衡方程为

$$\left.\begin{array}{l} \sum M_x = 0 \\ \sum M_y = 0 \\ \sum M_z = 0 \end{array}\right\} \tag{3.6}$$

3.1.2 平面力系的平衡条件与平衡方程

1. 平面任意力系的平衡条件与平衡方程

根据平面任意力系的简化结果，平面任意力系平衡的必要和充分条件是：力系的主矢和力系对其作用面内任一点的主矩都等于零，即

$$\left.\begin{array}{l} \boldsymbol{F}_R' = 0 \\ \boldsymbol{M}_O = 0 \end{array}\right\} \tag{3.7}$$

从而得到平面任意力系的平衡方程的基本形式为

$$\left.\begin{array}{l} \sum F_x = 0 \\ \sum F_y = 0 \\ \sum M_O(F) = 0 \end{array}\right\} \tag{3.8}$$

式 (3.8) 中有 3 个独立的平衡方程，其中只有一个力矩方程，这种形式的平衡方程称为一矩式。由于投影轴和矩心是可以任意选取的。因此，在实际解题时，为了简化计算，平衡方程组中的力的投影方程可以部分或全部地用力矩方程替代，从而得到平面任意力系平衡方程的二矩式、三矩式。

(1) 二矩式。平面任意力系的二力矩形式的平衡方程为

$$\left.\begin{array}{l} \sum M_A(F) = 0 \\ \sum M_B(F) = 0 \\ \sum F_x = 0 \end{array}\right\} \tag{3.9}$$

其中点 A 和点 B 是平面内任意两点，但连线 AB 必须不垂直于投影轴 x 轴。这是因为平面任意力系向已知点简化只可能有合力、合力偶或平衡 3 种结果。力系既然满足平衡方程 $\sum M_A(F) = 0$，则表明力系不可能简化为一力偶，只可能是作用线通过 A 点的一合力或平衡。同理，如果力系又满足方程 $\sum M_B(F) = 0$，则可以断定，该力系合成结果为经过 A、B 两点的一个合力或平衡。但当力系又满足方程 $\sum F_x = 0$，而连线 AB 不垂直于 x 轴，显然

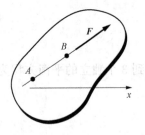

力系不可能有合力，如图 3.1 所示。这就表明，只要适合以上三个方程及连线 AB 不垂直于投影轴的附加条件，则力系必平衡。

（2）三矩式。平面任意力系的三力矩形式的平衡方程为

图 3.1 AB 连线不垂直于 x 轴

$$\left.\begin{array}{l} \sum M_A(F) = 0 \\ \sum M_B(F) = 0 \\ \sum M_C(F) = 0 \end{array}\right\} \tag{3.10}$$

其中，A、B、C 三点不能共线。其原因读者可自行论证。

2. 其他平面力系的平衡方程

其他平面力系可视为平面任意力系的特例，其平衡方程可由平面任意力系的平衡方程得到。

（1）平面汇交力系。在对汇交点建立力矩方程，则 $\sum M_O(\boldsymbol{F}) = 0$，则平面汇交力系有两个独立的平衡方程

$$\left.\begin{array}{l} \sum F_x = 0 \\ \sum F_y = 0 \end{array}\right\} \tag{3.11}$$

即平面汇交力系平衡的必要和充分的解析条件是：力系中所有各力在两个坐标轴中每一轴上的投影的代数和等于零。

如果对作用于刚体上的平面汇交力系用力的多边形法则合成时，那么各力矢所构成的力多边形恰好封闭，即第一个力矢的起点与最末一个力矢的终点恰好重合而构成一个自行封闭的力多边形，这表示力系的合力 F_R 等于零，该力系为一平衡力系，反之，要使平面汇交力系成为平衡力系，它的合力必须为零，即力多边形自行封闭。由此可知，平面汇交力系平衡的几何条件（充要条件）是：力系中力矢构成的力多边形自行封闭。以矢量式表示为

$$\boldsymbol{F}_R = 0 \ \text{或} \ \sum \boldsymbol{F}_i = 0$$

（2）平面平行力系。当平面平行力系的主矢和主矩同时等于零时，该力系处于平衡。选 y 轴与力系平行，则得到两个独立的平衡方程为

$$\left.\begin{array}{l} \sum F_x = 0 \\ \sum M_O(F) = 0 \end{array}\right\} \tag{3.12}$$

由此可知，平面平行力系平衡的必要与充分条件是：力系中所有各力的代数和等于零，各力对于平面内任一点之矩的代数和也等于零。

平面平行力系只有两个独立的平衡方程，除上面的一矩式外，还可写成如下的二力矩形式

$$\left.\begin{array}{l} \sum M_A(F)=0 \\ \sum M_B(F)=0 \end{array}\right\} \tag{3.13}$$

其中 A、B 两点连线必须不与各力的作用线平行。

（3）平面力偶系。平面力偶系平衡的必要与充分条件是：力偶中各力偶矩的代数和等于零，即只有 1 个独立的平衡方程

$$\sum M_i=0 \tag{3.14}$$

3.2 力系平衡问题的求解

3.2.1 单个物体的平衡问题

受到约束的物体，在外力的作用下处于平衡，应用力系的平衡方程可以求出未知反力。求解过程按照以下步骤进行：

（1）根据题意选取研究对象，取出分离体。

（2）分析研究对象的受力情况，正确地在分离体上画出受力图。

（3）应用平衡方程求解未知量。应当注意判断所选取的研究对象受到何种力系作用，所列出的方程个数不能多于该种力系的独立平衡方程个数，并注意列方程时力求一个方程中只出现一个未知量，尽量避免解联立方程。

【例 3.1】 悬臂梁 AB 长 l，A 端为固定端，如图 3.2（a）所示，已知均布载荷的集度为 q，不计梁自重，求固定端 A 的约束反力。

解：取 AB 梁为研究对象，其受力图如图 3.2（b）所示，AB 梁受平面任意力系作用，列平衡方程

$$\sum F_x=0,\ F_{Ax}=0$$
$$\sum F_y=0,\ F_{Ay}-Q=0$$
$$\sum M_A(F)=0,\ M_A-Q\times\frac{1}{2}=0$$

其中 $\qquad Q=ql$

解得 $\qquad F_{Ax}=0,\ F_{Ay}=Q,\ M_A=\frac{1}{2}ql^2$

平衡方程解得的结果均为正值，说明图 3.2（b）中所设约束反力的方向均与实际方向相同。

【例 3.2】 如图 3.3（a）所示，压路机的碾子重 $P=20$kN，半径 $r=60$cm。欲将此碾子拉过高 $h=8$cm

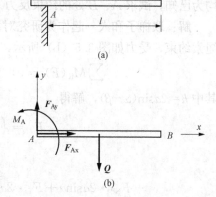

图 3.2 ［例 3.1］图

的障碍物，在其中心 O 作用一水平拉力 F，求此拉力的大小和碾子对障碍物的压力。

解：选碾子为研究对象。碾子在重力 P、地面支承力 F_{NA}、水平拉力 F 和障碍物的支反力 F_{NB} 的作用下处于平衡，如图 3.3（b）所示，这是一个平面汇交力系，各力汇交于 O 点，当碾子刚离开地面时，$F_{NA}=0$，拉力 F 有极值，这就是碾子越过障碍物的力学条件。

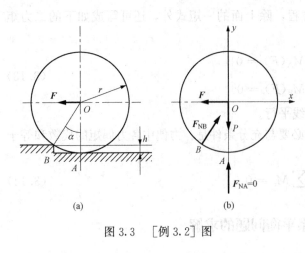

图 3.3 ［例 3.2］图

列平衡方程，得

$$\sum F_y = 0, \quad F_{NB}\cos\alpha - P = 0$$

解得 $F_{NB} = \dfrac{P}{\cos\alpha}$

其中 $\cos\alpha = \dfrac{r-h}{r} = 0.866$

因此 $F_{NB} = 23.1(\text{kN})$

$$\sum F_x = 0, \quad F_{NB}\sin\alpha - F = 0$$

解得 $F = F_{NB}\sin\alpha = P\tan\alpha$

其中 $\tan\alpha = \dfrac{\sqrt{r^2-(r-h)^2}}{r-h} = 0.577$

因此 $F = 11.5\text{kN}$

对于汇交力系的平衡问题，还可以用几何法求解。即根据平面汇交力系平衡的必要和充分条件：该力系的合力等于零，按照各力矢依次首尾相接的规则，可以作出一个封闭的力多边形，根据力多形图形的几何关系，用三角公式计算出所要求的未知量，也可以根据按比例画出的封闭的力多边形，用直尺和量角器在图上量得所要求的未知量。在本例中，封闭的多边形如图 3.4 所示，根据图形的几何关系，有

$$F = P\tan\alpha = 11.5(\text{kN})$$

$$F_{NB} = \frac{P}{\cos\alpha} = 23.1(\text{kN})$$

由作用力和反作用力关系可知，碾子对障碍物的压力也等于 23.1kN。

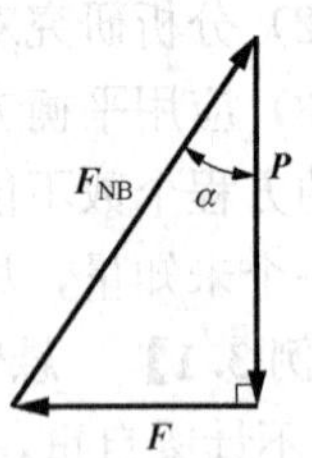

图 3.4 力的封闭多边形

【例 3.3】 如图 3.5 (a) 所示，均质梯子 AB 长 $2a$，重 P，A、B 处均光滑面接触，令人站在 E 处，重为 Q，角 α、β 及尺寸 b 均为已知，试求 A、B 处的约束反力。

解：取梯子和人一起作为研究对象，主动力有 P、Q，A、B 处为光滑面约束，D 处为绳索约束，受力如图 3.5 (b) 所示，列平衡方程

$$\sum M_K(F) = 0, \quad Pa\cos\alpha + Q(2a-b)\cos\alpha - F_T h = 0$$

其中 $h = 2a\sin(\alpha-\beta)$，解得

$$F_T = \left(\frac{P}{2} + \frac{2a-b}{2a}Q\right)\frac{\cos\alpha}{\sin(\alpha-\beta)}$$

$$\sum M_A(F) = 0$$

$$-F_{NB} \cdot 2a\sin\alpha + F_T \cdot 2a\cos\alpha\sin\beta + P \cdot a\cos\alpha + Q(2a-b)\cos\alpha = 0$$

$$F_{NB} = \left(\frac{P}{2} + \frac{2a-b}{2a}Q\right)\frac{\cos\beta\cos\alpha}{\sin(\alpha-\beta)}$$

$$\sum F_y = 0, \quad F_{NA} - P - Q - F_T\sin\beta = 0$$

解得

$$F_{NA} = P + Q + \left(\frac{P}{2} + \frac{2a-b}{2a}Q\right)\frac{\cos\beta\cos\alpha}{\sin(\alpha-\beta)}$$

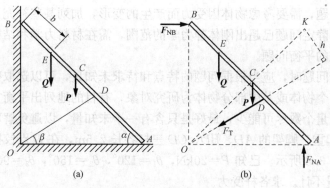

图 3.5 ［例 3.3］图

3.2.2 物系平衡静定问题与超静定问题

在工程实际问题中，往往遇到由多个物体通过适当的约束相互连接而成的系统，这种系统称为物体系统，简称物系。

当物系平衡时，组成该系统的每一个物体都处于平衡状态，若取每一个物体为分离体，则作用于其上的力系的独立平衡方程数目是一定的，可求解的未知量的个数也是一定的。当系统中的未知量的数目等于独立平衡方程的数目时，则所有的未知量都能由平衡方程求出，这样的问题称为静定问题。在工程结构中，有时为了提高结构的刚度和可靠性，常常增加多余的约束，使得结构中未知量的数目多于独立平衡方程的数目，仅通过静力学平衡方程不能完全确定这些未知量，这种问题称为超静定问题。系统未知量数目与独立平衡方程数目的差称为超静定次数。

应当指出的是，这里说的静定与超静定问题，是对整个系统而言的。若从该系统中取出一分离体，它的未知量的数目多于它的独立平衡方程的数目，并不能说明该系统就是超静定问题，而要分析整个系统的未知量数目和独立平衡方程的数目。

图 3.6 是单个物体 AB 梁的平衡问题，对 AB 梁来说，所受各力组成平面任意力系，可列三个独立的平衡方程。图 3.6（a）中的梁有 3 个未知约束反力，等于独立的平衡方程的数目，属于静定问题；图 3.6（b）中

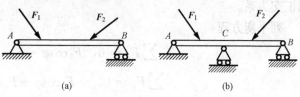

图 3.6 梁的约束数不同

的梁有 4 个约束反力，多于独立的平衡方程数目，属于一次超静定问题。图 3.7 是由两个物体 AB、BC 组成的连续梁系统。AB、BC 都可列 3 个独立的平衡方程，AB、BC 作为一个整体，虽然也可列 3 个平衡方程，但是并非是独立的，因此，该系统一共可列 6 个独立的平衡方程。图 3.7（a）、图 3.7（b）中的系统分别有 6 个和 7 个约束反力（反力偶），于是，它们分别是静定问题和一次超静定问题。

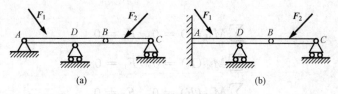

图 3.7 梁的不同约束

对于超静定问题，需要考虑物体因受力而产生的变形，加列某些补充方程后才能求解出全部的未知量。超静定问题已超出刚体静力学的范围，需在材料力学和结构力学中研究，以下只讨论静定系统的平衡问题。

求解物系平衡问题时，应当根据问题的特点和待求未知量，可以选取整个系统为研究对象，也可以选取每个物体或其中部分物体为研究对象，有目的地列出平衡方程，并使每一个平衡方程中的未知量个数尽可能少，最好是只含有一个未知量，以避免解联立方程。

【例 3.4】　起重三脚架的 AD、BD、CD 三杆各长 2.5m，在 D 点铰接，并各以铰链固定在地面上，如图 3.8 所示。已知 $P=20\text{kN}$，$\theta_1=120°$，$\theta_2=150°$，$\theta_3=90°$，$AO=BO=CO=1.5\text{m}$，各杆重量不计。求各杆受力。

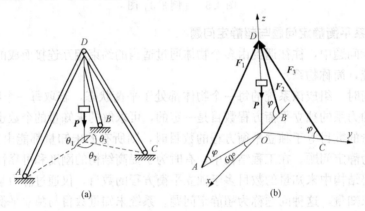

图 3.8　［例 3.4］图

解： 取铰链 D（含绳子与重物）为研究对象，杆 AD、BD、DC 均为二力杆，作用在铰链 D 上的力有重力、杆 AD、DC、BD 对铰链 D 的作用力，所有的力均通过 D 点，组成空间汇交力系。

列平衡方程

$$\sum F_x = 0, \quad F_2\cos\varphi - F_1\cos\varphi\cos60° = 0$$

$$\sum F_y = 0, \quad -F_3\cos\varphi + F_1\cos\varphi\sin60° = 0$$

$$\sum F_z = 0, \quad F_1\sin\varphi + F_2\sin\varphi + F_3\sin\varphi - P = 0$$

其中，$P=20\text{kN}$，$\cos\varphi=0.6$，$\sin\varphi=0.8$，解方程得

$$F_1 = 10.56\text{kN}, \quad F_2 = 5.28\text{kN}, \quad F_3 = 9.14\text{kN}$$

【例 3.5】　如图 3.9 所示均质长方板，由 6 根直杆支持于水平位置，直杆两端各用球铰链与板和地面连接。板重为 P，在 A 处作用一水平力 F，且 $F=2P$。求各杆的内力。

解： 取长方板为研究对象，各杆均为二力杆，均设为受拉。板的受力如图 3.9 所示。列平衡方程

$$\sum M_{AE}(F) = 0, \quad F_5 = 0 \tag{3.15}$$

$$\sum M_{BF}(F) = 0, \quad F_1 = 0 \tag{3.16}$$

$$\sum M_{AC}(F) = 0, \quad F_4 = 0 \tag{3.17}$$

$$\sum M_{AB}(F) = 0, \quad P\frac{a}{2} + F_6 a = 0 \tag{3.18}$$

解得
$$F_6 = -\frac{P}{2}(压力)$$

由
$$\sum M_{DH}(F) = 0, \quad Fa + F_3\cos45° \cdot a = 0 \tag{3.19}$$

解得
$$F_3 = -2\sqrt{2}P(压力)$$

由
$$\sum M_{FG}(F) = 0, \quad Fb - F_2 b - P\frac{b}{2} = 0 \tag{3.20}$$

解得
$$F_2 = 1.5P(拉力)$$

此例中用 6 个力矩方程求得 6 个杆的内力。一般而言，应用力矩方程可以比较灵活，常可使一个方程只含一个未知量。本题也可采用其他形式的平衡方程求解。如用 $\sum F_x = 0$ 代替式（3.16），同样求得 $F_1 = 0$；可用 $\sum F_y = 0$ 代替式（3.19），同样求得 $F_3 = -2\sqrt{2}P$。读者还可以试用其他方程求解。但无论怎样列方程，独立平衡方程的数目只有 6 个。

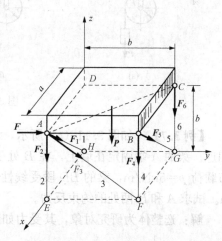

图 3.9 ［例 3.5］图

【例 3.6】 如图 3.10（a）所示结构中，$AD = DB = 2m$，$CD = DE = 1.5m$，$P = 120kN$。若不计杆和滑轮的重量，试求支座 A 和 B 的约束反力及 BC 杆的内力。

解： 先取整体为研究对象，其受力如图 3.10（b）所示，且绳子拉力 $F_1 = P$。列平衡方程
$$\sum M_A(F) = 0, F_{NB} \cdot AB - P \cdot (AD + r) - F_1(DE - r) = 0$$
$$F_{NB} = \frac{P(AD + DE)}{AB} = \frac{120(2 + 1.5)}{4} = 105(kN)$$
$$\sum F_y = 0, \quad F_{Ay} + F_{NB} - P = 0$$
$$F_{Ay} = P - F_{NB} = 15(kN)$$
$$\sum F_x = 0, \quad F_{Ax} - F_1 = 0$$
$$F_{Ax} = F_1 = 120kN$$

为求 BC 杆内力 F，取 CDE 杆连同滑轮为研究对象，画受力图如图 3.10（c）所示。列平衡方程
$$\sum M_D(F) = 0, \quad -F\sin\alpha \cdot CD - F_1(DE - r) - Pr = 0$$
其中
$$\sin\alpha = \frac{DB}{CB} = \frac{2}{\sqrt{1.5^2 + 2^2}} = \frac{4}{5}$$
所以
$$F = -\frac{F_T DE}{\sin\alpha CD} = -150(kN)$$

$F=-150\text{kN}$，说明 BC 杆受压力。

求 BC 杆内力时，也可以取 ADB 为研究对象，其受力如图 3.10 (d) 所示，只需列方程 $\sum M_D(F)=0$ 即可求解。本题若只需求 BC 杆内力或 D 处的约束反力，则只需直接取 CDE 杆连同滑轮重物为研究对象即可求解出未知量。

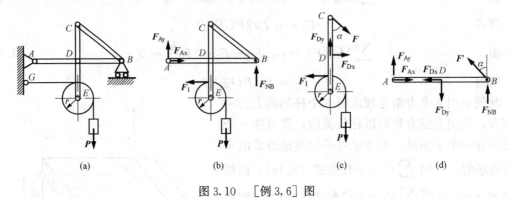

图 3.10 ［例 3.6］图

【例 3.7】 如图 3.11 (a) 所示，水平梁由 AC 和 CD 两部分组成，它们在 C 处用铰链相连。梁的 A 端固定在墙上，在 B 处受滚动支座约束。已知：$F_1=10\text{kN}$，$F_2=20\text{kN}$，均布载荷 $p=5\text{kN/m}$，梁的 BD 段受线性分布载荷，在 D 端为零，在 B 处达最大值 $q=6\text{kN/m}$。试求 A 和 B 两处的约束反力。

解： 选整体为研究对象，其受力如图 3.11 (a) 所示。注意到三角形分布载荷的合力作用在离 B 点 $\frac{1}{3}BD$ 处，它的大小等于三角形面积，即 $\frac{1}{2}q\times1$，列平衡方程

$$\sum F_x=0,\ F_{Ax}=0$$

$$\sum F_y=0,\ F_{Ay}+F_{NB}-F_2-F_1-p\times1-\frac{1}{2}q\times1=0$$

$$\sum M_A(F)=0$$

$$M_A+F_{NB}\times3-F_2\times0.5-F_1\times2.5-p\times1\times1.5-\frac{1}{2}q\times1\times\left(3+\frac{1}{3}\right)=0$$

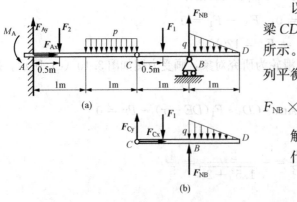

图 3.11 ［例 3.7］图

以上 3 个方程包含 4 个未知量，故再选梁 CD 为研究对象，受力图如图 3.11 (b) 所示。

列平衡方程 $\sum M_C(F)=0$

$$F_{NB}\times1-\frac{1}{2}q\times1\times\left(1+\frac{1}{3}\right)-F_1\times0.5=0$$

解得 $\quad F_{NB}=9\text{kN}$

代入前面三个方程解得

$$M_A=25.5\text{kN}\cdot\text{m}$$

$$F_{Ay}=29\text{kN}$$

$$F_{Ax}=0$$

习　　题

3-1　如图 3.12 所示，绞车的轴 AB 上绕有绳子，绳上挂重物 Q。轮 C 装在轴上，轮的半径为轴半径的 6 倍。绕在轮 C 上的绳子沿轮与水平线成 30°角的切线引出，绳跨过轮 D 后挂以重物 P=60N。求平衡时，重物 Q 的重量，以及轴承 A 和 B 的约束反力。各轮和轴的重量以及绳与滑轮 D 的摩擦均略去不计。

3-2　如图 3.13 所示，传动轴 AB 一端为圆锥齿轮，作用其上的圆周力 F_t=4.55kN，径向力 F_r=0.414kN，轴向力 F_n=1.55kN，另一端为圆柱齿轮，压力角 α=20°。求系统平衡时作用于圆柱齿轮的圆周力 F_1、径向力 F_2 及径向轴承 A 和径向止推轴承 B 的支座反力。

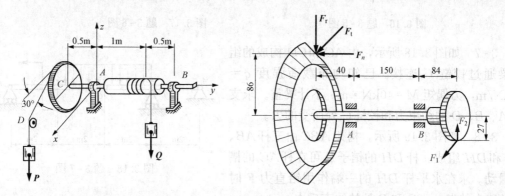

图 3.12　题 3-1 图　　　　　　　　　　图 3.13　题 3-2 图

3-3　杆 AB 重为 P、长为 2l，置于水平面与斜面上，其上端系一绳子，绳子绕过滑轮 C 吊起一重物 Q，如图 3.14 所示。各处摩擦均不计，求杆平衡时的 Q 值及 A、B 两处的约束反力。α、β 均为已知。

3-4　如图 3.15 所示，铰接四连杆机构在图示位置平衡。已知：OA=60cm，BC=40cm，作用在 BC 上的力偶矩大小 M_2=1N·m。试求作用在 OA 上的力偶矩大小 M_1 和 AB 杆所受的力 F_{AB}。各杆的重量不计。

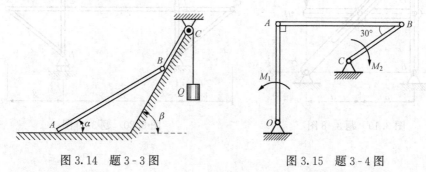

图 3.14　题 3-3 图　　　　　　　　　　图 3.15　题 3-4 图

3-5　重物悬挂如图 3.16 所示，已知 P=1.8kN，其他重量不计，求铰链 A 的约束反力和杆 BC 所受的力。

3-6　如图 3.17 所示，组合梁由 AC 和 DC 两段铰接构成，起重机放在梁上。已知起重机重 Q=50kN，重心在铅直线 EC 上，起重载荷 P=10kN。如不计梁重，求支座 A、B 和

D 三处的约束反力。

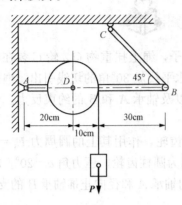

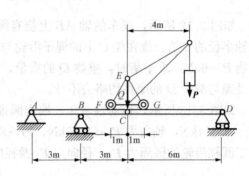

图 3.16　题 3-5 图　　　　　　　　　图 3.17　题 3-6 图

3-7　如图 3.18 所示，由 AC 和 CD 构成的组
合梁通过铰链 C 连接。已知均布载荷强度 q=
10kN/m，力偶矩 M=40kN・m，不计梁重。求支
座 A、B、D 的约束力和铰链 C 处所受的力。

3-8　如图 3.19 所示，构架 ABC 由三杆 AB、
AC 和 DH 组成。杆 DH 的销子 E 可在杆 AC 的槽
内滑动。求在水平杆 DH 的一端作用铅直力 F 时
杆 AB 上的点 A、D 和 B 处的约束反力。

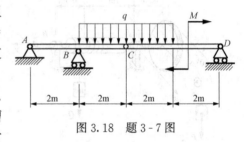

图 3.18　题 3-7 图

3-9　如图 3.20 所示，构架由 AG、BH、CK、CG、KH 五根杆组成，在 C、D、E、
K、G、H 处均用铰链连接，在 A 处作用一力 F=2kN，不计杆重。试求作用在杆 CK 上 C、
D、E、K 四点上的力。图示长度单位为 cm。

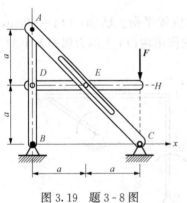

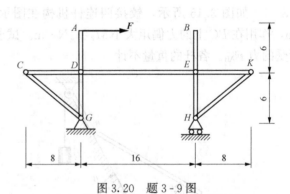

图 3.19　题 3-8 图　　　　　　　　　图 3.20　题 3-9 图

第二篇 材 料 力 学

材料力学主要研究的对象是弹性体，对于弹性体，除了平衡问题外，还涉及变形，以及力与变形之间的关系。此外，由于变形，在材料力学中还将涉及弹性体的失效及与失效有关的设计准则。

材料力学的任务是在保证构件既安全又经济的前提下，建立构件强度、刚度和稳定性计算的理论基础，为构件的选材和设计合理的截面形状和尺寸提供依据。

4 轴 向 拉 伸 和 压 缩

本章首先介绍材料力学的基本概念、假定及杆件变形的基本形式，随后介绍杆件承受轴向拉伸和压缩的基本问题，包括内力、应力、变形；材料在拉伸和压缩时的力学性能及强度计算。

4.1 材料力学的基本概念

结构物和机械通常都受到各种外力的作用，如厂房外墙受到的风压力、吊车梁承受的吊车和起吊物的重力、轧钢机受到钢坯变形时的阻力等，这些力称为荷载。组成结构物和机械的单个组成部分，统称为构件。

当结构或机械承受荷载或传递运动时，每一构件都必须能够正常地工作，这样才能保证整个结构或机械的正常工作。为此，首先要求构件在受荷载作用时不发生破坏。如机床主轴因荷载过大而断裂时，整个机床就无法使用。但只是不发生破坏，并不一定就能保证构件或整个结构的正常工作，如机床主轴若发生过大的变形将影响机床的加工精度。此外，有一些构件在荷载作用下，其原有的平衡形态可能是不稳定的。如房屋中受压柱，如果是细长的，则在压力超过一定限度后，就有可能显著地变弯，甚至可能使房屋倒塌。针对上述三种情况，对构件正常工作的要求可以归纳为以下三点：

(1) 在荷载作用下构件应不至于破坏（断裂），即应具有足够的强度。

(2) 在荷载作用下构件所产生的变形应不超过工程上允许的范围，即结构应要具有足够的刚度。

(3) 承受荷载作用时，构件在其原有形态下的平衡应保持为稳定的平衡，也就是要满足稳定性的要求。

设计构件时，不但要满足上述强度、刚度和稳定性要求，还必须尽可能地合理选用材料和降低材料的消耗量，以节约资金或减轻构件的自身重量。前者往往要求多用材料，而后者则要求少用材料，两者之间存在着矛盾。材料力学的任务就在于合理地解决这种矛盾。在不断解决新矛盾的同时，也促进了材料力学的发展。

构件的强度、刚度和稳定性问题均与所用材料的力学性能（主要是指在外力作用下材料变形与所受外力之间的关系，以及材料抵抗变形与破坏的能力）有关，这些力学性能均需通过材料试验来测定。此外，也有些单靠现有理论解决不了的问题，需借助于实验来解决。因此，实验研究和理论分析同样重要，都是完成材料力学的任务所必需的。

4.1.1　变形固体及其基本假定

制造构件所用的材料，其物质结构和性质是多种多样的，但具有一个共同的特点，即都是固体，而且在荷载作用下都会产生变形——包括物体尺寸的改变和形状的改变。因此，这些材料统称为可变形固体。

工程中实际材料的物质结构是各不相同的。例如，金属具有晶体结构，所谓晶体是由排列成一定规则的原子所构成；塑料由长链分子所组成；玻璃、陶瓷是由按某种规律排列的硅原子和氧原子所组成。因而，各种材料的物质结构都具有不同程度的空隙，并可能存在气孔、杂质等缺陷。然而，这种空隙的大小与构件的尺寸相比，都是极其微小的（如金属晶体结构的尺寸约为 1×10^{-8} cm 数量级），因而，可以略去不计而认为物体的结构是密实的。此外，对于实际材料的基本组成部分，如金属、陶瓷、岩石的晶体，混凝土的石子、砂和水泥等，彼此之间以及基本组成部分与构件之间的力学性能都存在着不同程度的差异。但由于基本组成部分的尺寸与构件尺寸相比极为微小，且其排列方向又是随机的，因而，材料的力学性能反映的是无数个随机排列的基本组成部分力学性能的统计平均值。如构成金属的晶体的力学性能是有方向性的，但由成千上万随机排列的晶体所组成的金属材料，其力学性能则是统计各向同性的。

综上所述，对于可变形固体制成的构件，在进行强度、刚度或稳定性计算时，通常略去一些次要因素，将它们抽象为理想化的材料，然后进行理论分析。对可变形固体所作的两个基本假设如下。

（1）连续性假设认为物体在其整个体积内充满了物质而毫无空隙，其结构是密实的。根据这一假设，就可在受力构件内任意一点处截取一体积单元来进行研究。而且，值得注意的是，在正常工作条件下，变形后的固体仍应保持其连续性。因此，可变形固体的变形必须满足几何相容条件，即变形后的固体既不引起"空隙"，也不产生"挤入"现象。

（2）均匀性假设认为从物体内任意一点处取出的体积单元，其力学性能都能代表整个物体的力学性能。显然，这种能够代表材料力学性能的体积单元的尺寸，是随材料的组织结构不同而有所不同的。例如，对于金属材料，通常取 0.1mm×0.1mm×0.1mm 为其代表性体积单元的最小尺寸。对于混凝土，则需取 10mm×10mm×10mm 为其代表性体积单元的最小尺寸。这是因为代表性体积单元的最小尺寸必须保证在其体积中包含足够多数量的基本组成部分，以使其力学性能的统计平均值能保持一个恒定的量。

对于可变形固体，除上述两个基本假设外，对于常用的工程材料，通常还有各向同性假设。即认为材料沿各个方向的力学性能是相同的。如前所述，金属沿任意方向的力学性能，是具有方向性晶体的统计平均值。至于钢板、型钢或铝合金板、钛合金板等金属材料，由于轧制过程造成晶体排列择优取向，沿轧制方向和垂直于轧制方向的力学性能会有一定的差别，且随材料和轧制加工程度不同而异。但在材料力学的计算中，通常不考虑这种差别，而仍按各向同性进行计算。不过对于木材和纤维增强叠层复合材料等，其整体的力学性能具有明显的方向性，就不能再认为是各向同性的，而应按各向异性来进行计算。

如上所述，在材料力学的理论分析中，以均匀、连续、各向同性的可变形固体作为构件材料的力学模型，这种理想化了的力学模型抓住了各种工程材料的基本属性，从而使理论研究成为可行。而且，用这种力学模型进行计算所得结果的精度，在大多数情况下是在工程计算的允许范围内。

材料力学中所研究的构件在承受荷载作用时，其变形与构件的原始尺寸相比通常甚小，可以略去不计。所以，在研究构件的平衡和运动以及内部受力和变形等问题时，均可按构件的原始尺寸和形状进行计算。这种变形微小及按原始尺寸和形状进行计算的概念，在材料力学分析中将经常用到。与此相反，有些构件在受力变形后，必须按其变形后的形状来计算，如第9章所讨论的压杆稳定就属于这类问题。

工程上所用的材料，在荷载作用下均将发生变形。当荷载不超过一定的范围时，绝大多数的材料在卸除荷载后均可恢复原状。但当荷载过大时，则在荷载卸除后只能部分地复原而残留一部分变形不能消失。在卸除荷载后能完全消失的那一部分变形，称为弹性变形，不能消失而残留下来的那一部分变形，则称为塑性变形。如取一段直的钢丝，用手将它弯成一个圆弧，若圆弧的曲率不大，则放松后钢丝又会变直，这种变形就是弹性变形；若弯成的曲率过大，则放松后弧形钢丝的曲率虽然会减小些，但不能再变直了，残留下来的那部分变形就是塑性变形。对于每一种材料，通常当荷载不超过一定的限度时，其变形完全是弹性的。多数构件在正常工作条件下，均要求其材料只发生弹性变形。所以，在材料力学中所研究的大部分问题，多局限于弹性变形范围内。

概括起来讲，在材料力学中是把实际构件看作均匀、连续、各向同性的可变形固体，且在大多数场合下局限在弹性变形范围内和小变形条件下进行研究。

4.1.2 杆件变形的基本形式

作用在杆上的外力是多种多样的，因此，杆的变形也是各种各样的。不过这些变形的基本形式不外乎以下四种。

(1) 轴向拉伸或轴向压缩在一对其作用线与直杆轴线重合的外力 F 作用下，直杆的主要变形是长度的改变。这种变形形式称为轴向拉伸［见图 4.1 (a)］或轴向压缩［见图 4.1 (b)］。简单桁架在荷载作用下，桁架中的杆件就发生轴向拉伸或轴向压缩。

(2) 剪切在一对相距很近的大小相同、指向相反的横向外力 F 作用下，直杆的主要变形是横截面沿外力作用方向发生相对错动［见图 4.1 (c)］。这种变形形式称为剪切。一般在发生剪切变形的同时，杆件还存在其他的变形形式。

(3) 扭转在一对转向相反、作用面垂直于直杆轴线的外力偶作用下，直杆的相邻横截面将绕轴线发生相对转动，杆件表面纵向线将成螺旋线，而轴线仍维持直线。这种变形形式称为扭转［见图 4.1 (d)］。机械中传动轴的主要变形就包括扭转。

(4) 弯曲在一对转向相反、作用面在杆件的纵向平面（即包含轴线在内的平面）内的外力偶作用下，直杆的相邻横截面将绕垂直于杆轴线的轴发生相对转动，变形后的杆件轴线将弯成曲线。这种变形形式称为纯弯曲［见图 4.1 (e)］。梁在横向力作用下的变形将是纯弯曲与剪切的组合，通常称为横力弯曲。传动轴的变形往往是扭转与横力弯曲的组合。

工程中常用构件在荷载作用下的变形，大多为上述几种基本变形形式的组合，纯属于一种基本变形形式的构件较为少见。但若以某一种基本变形形式为主，其他属于次要变形的，则可按该基本变形形式计算。若几种变形形式都非次要变形，则属于组合变形问题。

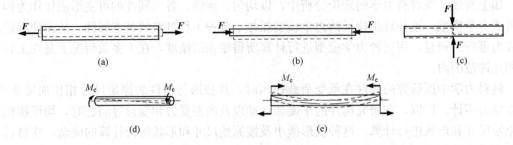

图4.1　杆件变形的基本形式

（a）拉伸；（b）压缩；（c）剪切；（d）扭转；（e）弯曲

4.2　轴向拉伸和压缩的概念

在不同形式的外力作用下，杆件的内力、变形及应力、应变等也相应不同。

承受拉伸或压缩的构件是材料力学中最简单的也是最常见的一种受力构件。它们在工程实际中得到广泛的应用，例如，钢木组合桁架中的钢拉杆（见图4.2）和全能试验机的立柱等，除连接部分外都是等直杆，作用于杆上的外力（或外力的合力）的作用线与杆轴线重合。在这种外力作用下，杆的主要变形则为轴向伸长或缩短。作用线沿杆轴线的载荷称为轴向载荷。以轴向伸长或缩短为主要特征的变形形式，称为轴向拉伸或轴向压缩。以轴向拉伸或压缩为主要变形的杆件称为拉压杆。

实际拉压杆的端部可以有各种连接方式。如果不考虑其端部的具体连接形式，则其计算简图如图4.3所示。

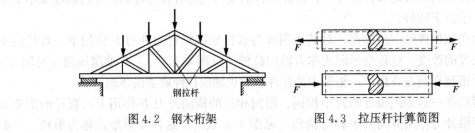

图4.2　钢木桁架　　　　　图4.3　拉压杆计算简图

有一些直杆，如图4.4所示，受到两个以上的轴向载荷作用，这种杆仍属于拉压杆。

本章研究拉压杆的内力、应力、变形及材料在拉伸和压缩时的力学性质，并在此基础上，分析拉压杆的强度和刚度问题，研究对象涉及拉压　　　　图4.4　受多个轴向荷载的拉压杆静定与静不定问题。此外，本章还将研究拉压杆连接部分的强度计算。

4.3　轴　力　及　轴　力　图

4.3.1　内力

在外力作用下，构件发生变形，其内部各质点间的相对位置也将有所变化。与此同时，各质点间相互作用的力也发生了变化。由于外力作用而引起的构件内部各部分之间的相互作用力的改变量就是材料力学中所研究的内力。由于已经假设物体是连续均匀的可变形固体，因此，在物体内部相邻部分之间的相互作用的内力，实际上是一个连续分布的内力系，而将分布力系的合力（力或力偶），简称为内力。也就是说，内力是指由外力作用所引起的物体内相邻部分之间分布内力系的合力。

由于构件的强度、刚度和稳定性，与内力的大小及其在构件内的分布情况密切相关。因此，内力分析是解决构件强度、刚度与稳定性问题的基础。

4.3.2　轴力及轴力图

由于内力是由外力作用而引起的构件内部相邻部分之间的相互作用力，为了显示内力并求得内力，通常采用截面法。如图 4.5 所示的等直杆在两端轴向拉力 F 的作用下处于平衡，欲求杆件横截面 m-m 上的内力。可先用一假想截面将杆件在 m-m 处切开，分为左右两部分。现在任取其中一段研究，如取左段作为研究对象，而弃去右段，并将弃去部分对保留部分的作用以切开面上的内力来代替。

对于保留下来的左段而言，切开面 m-m 上的内力 F_N 就成为外力。由于整个构件处于平衡状态，构件的任一部分也必保持平衡，那么对于保留下来的左段也应保持平衡。因此，左段除了受原有外力 F 的作用外，在截面 m-m 上必然还作用有与力 F 相平衡的力 F_N，该力即是所弃去的右段对于保留下来的左段的作用力，亦即 m-m 截面上的内力。由于对材料进行了连续性假设，内力实际上是指连续分布的内力的合力，合力的作用线应沿着杆件的轴线，其大小和方向可由左段的平衡条件来求得。

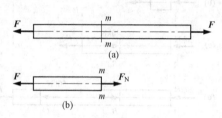

图 4.5　截面法

由平衡方程

$$\sum F_x = 0, \ F_N - F = 0$$

得

$$F_N = F$$

式中：F_N 为杆件任一横截面 m-m 上的内力，其作用线与杆的轴线重合，即垂直于横截面并通过其形心。因此，该内力称为轴向内力，简称轴力，并规定用符号 F_N 表示。杆件在轴力的作用下即产生轴向拉伸（或轴向压缩）变形。

轴力的符号由杆的变形情况来确定。当轴力的方向与截面外法线的方向一致时，杆件会产生沿纵向伸长变形，此时的轴力称为拉力。反之，当轴力的方向指向截面内侧时，杆件会产生沿纵向缩短变形，此时的轴力称为压力。并规定：杆件受拉伸长，其轴力为正，反之，受压缩短，其轴力为负。

用假想的截面将杆件切开以显示内力并运用平衡条件建立内力与外力间的关系或由外力确定内力的方法，称为截面法，它是材料力学分析杆件内力的一个基本方法。

截面法解题的一般步骤如下：

（1）截开：在需要求内力的截面处，假想地将杆截分为两部分；

（2）代替：取其中的任一部分作为研究对象，而将弃去部分对留下部分的作用代之以作用在截开面上的内力；

（3）平衡：对留下的部分建立平衡方程，从而确定欲求截面的内力的大小及方向。在这一过程中，将欲求内力视为外力，留下部分在欲求内力和原有的其他外力的共同作用下处于平衡。

工程实际中的拉（压）杆，往往同时受到几个力的作用，因此，各段杆的轴力也有所不同，为了形象地表示出轴力沿杆横截面（或杆轴线）的变化，并确定最大轴力的大小及所在截面的位置，通常用平行于杆轴线的坐标表示横截面的位置，用垂直于杆轴线的坐标表示轴力的大小，这样所绘制出的表示轴力沿杆轴线变化的图线，称为轴力图。习惯上将正值的轴力画在坐标轴上方，负值的轴力画在坐标轴下方。

【例 4.1】　一等直杆及其受力情况如图 4.6（a）所示，试求各段杆的轴力并绘制轴力图。

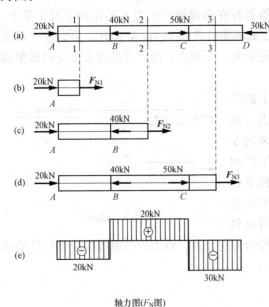

轴力图(F_N图)

图 4.6　[例 4.1] 图

解：（1）计算各段轴力。

运用截面法将各段杆分别用假想截面在 1 - 1、2 - 2、3 - 3 截面处截开 [见图 4.6（a）]，单独研究各段杆的平衡，设 AB 段、BC 段与 CD 段的轴力均为拉力，并分别用 F_{N1}、F_{N2} 与 F_{N3} 表示，如图 4.6（b）～（d）所示，分别计算各段杆的轴力。

首先取 1 - 1 截面左侧为研究对象，列平衡方程

$$\sum F_x = 0, \quad 20\text{kN} + F_{N1} = 0$$

得

$$F_{N1} = -20\text{kN}$$

所得结果 F_{N1} 为负值，说明 AB 段轴力的实际方向与所设方向相反，即为压力。

取 2 - 2 截面左侧为研究对象，列平衡方程

$$\sum F_x = 0, \quad 20\text{kN} - 40\text{kN} + F_{N2} = 0$$

得

$$F_{N2} = 20\text{kN}$$

所得结果 F_{N2} 为正值，说明 BC 段轴力的实际方向与所设方向相同，即为拉力。

取 3 - 3 截面左侧为研究对象，列平衡方程

$$\sum F_x = 0, \quad 20\text{kN} - 40\text{kN} + 50\text{kN} + F_{N3} = 0$$

得

$$F_{N3} = -30\text{kN}$$

所得结果 F_{N3} 为负值，说明 CD 段轴力的实际方向与所设方向相反，即为压力。

（2）画轴力图。

根据上述轴力值，绘制轴力图如图 4.6（e）所示。由轴力图可知，轴力的最大绝对值为

$$|F_N|_{max} = |F_{N3}| = 30\text{kN}$$

【例 4.2】　如图 4.7 所示阶梯形杆，承受轴向载荷，已知 $F_1 = 30\text{kN}$，$F_2 = 10\text{kN}$，试

确定最大轴力值,并绘制轴力图。

解:(1)计算支反力。

设杆左端的约束力为 F_R,则由整个杆的平衡方程

$$\sum F_x = 0, \quad -F_R + F_1 - F_2 = 0$$

得

$$F_R = F_1 - F_2 = 30kN - 10kN = 20kN$$

(2)分段计算轴力。

设 AB 段与 BC 段的轴力均为拉力,并分别用 F_{N1} 与 F_{N2} 表示,则由图 4.7(b)与(c)可知

$$F_{N1} = F_R = 20kN$$

$$F_{N2} = -F_2 = -10kN$$

所得 F_{N2} 为负值,说明 BC 段轴力的实际方向与所设方向相反,即为压力。

(3)画轴力图。

根据上述轴力值,绘制轴力图如图 4.7(d)所示。可见,轴力的最大绝对值为

$$|F_N|_{max} = F_{N1} = 20kN$$

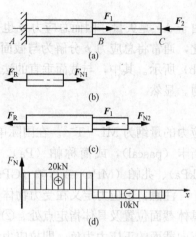

图 4.7 [例 4.2]图

4.4 拉(压)杆内的应力

众所周知,两根材料相同的拉杆,一根较粗,一根较细,对它们施以同样大小的拉力,显然,较细的杆将先拉断。这表明,尽管这两根杆截面上的内力相等,但内力分布的密集程度(简称为集度)并不相同,细杆截面上内力分布的集度比粗杆内力分布的集度大。所以,在材料相同的情况下,用内力分布的集度作为判断杆件是否破坏的依据,而不是用内力的大小来判断杆件是否破坏。杆件截面上的内力分布集度,称为应力。

4.4.1 应力的概念

如上所述,内力是构件内部相邻部分之间的相互作用力,并沿截面连续分布,而应力是受力构件某一截面上一点处连续分布的内力的集度。为了确定图 4.8(a)所示构件横截面 m-m 上任一点 k 处的应力,可在 k 点周围取一微小面积 ΔA,设作用在 ΔA 面积上的分布内力的合力为 ΔF,则,在面积 ΔA 上的内力的平均集度为

$$p_m = \frac{\Delta F}{\Delta A}$$

式中:p_m 为面积 ΔA 上的平均应力。

一般情况下,内力沿截面并非均匀分布,平均应力之值及其方向将会随着所取的微小面积 ΔA 的大小而有所不同。为了更确切地表明分布内力在 k 点处的集度,应使 ΔA 无限缩小而趋近于零,由此所得平均应力的极限值,称为截面 m-m 上 k 点处的应力或总应力,并用 p 表示,即

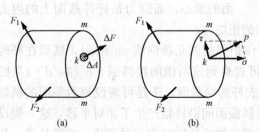

图 4.8 内力与应力的关系

(a)ΔA 面积上的分布力;(b)k 点应力分量

$$p = \lim_{\Delta A \to 0} \frac{\Delta F}{\Delta A} = \frac{\mathrm{d}F}{\mathrm{d}A} \tag{4.1}$$

由于 ΔF 是矢量，因而总应力 p 也是一个矢量，一般既不与截面垂直，也不与截面相切。因此，通常将总应力 p 分解为与截面垂直的法向分量 σ 和与截面相切的切向分量 τ，如图 4.8（b）所示。其中，与截面垂直的法向分量 σ 称为正应力，与截面相切的切向分量 τ 称为切应力。显然

$$p^2 = \sigma^2 + \tau^2 \tag{4.2}$$

应力的量纲为 $ML^{-1}T^{-2}$。在国际单位制（SI）中，力的单位为牛顿（N），应力的单位为帕斯卡（pascal），或简称帕（Pa）。$1Pa = 1N/m^2$。工程实际中，应力的常用单位为千帕（kPa）、兆帕（MPa）或吉帕（GPa）。其中，$1kPa = 10^3 Pa$，$1MPa = 10^6 Pa$，$1GPa = 10^9 Pa$。

注意：①应力定义在受力物体的某一截面上的某一点处，因此，讨论应力必须明确指出具体截面位置及具体指定点处。②对于正应力的方向通常规定为：离开截面的正应力为正，指向截面的正应力为负，即拉应力为正，压应力为负。③对于切应力的方向通常规定：在截面内侧取一微段，使微段产生顺时针转动趋势的切应力为正，反之为负。④截面上各点处的应力与微元面积 dA 之乘积在截面上积分（即合力），即为该截面上的内力。

4.4.2　圣维南原理

当作用在杆端的轴向外力，沿横截面非均匀分布时，外力作用点附近各截面的应力，也为非均匀分布。圣维南（Saint-Venant）原理指出，力作用于杆端的分布方式，只影响杆端局部范围的应力分布，影响区的轴向范围约离杆端 1～2 个杆的横向尺寸。此原理已为大量试验与计算所证实。例如，图 4.9 所示承受集中力 F 作用的杆，其截面宽度为 h，在 $x = h/4$ 和 $h/2$ 的横截面 1-1 与 2-2 上，应力虽为非均匀分布，但在 $x = h$ 的横截面 3-3 上，应力则趋向均匀，因此，只要外力合力的作用线沿杆件轴线，在离外力作用面稍远处，横截面上的应力分布均可视为均匀的。至于外力作用处的应力分析，则将在以后讨论。

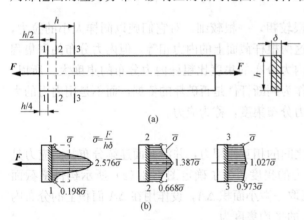

图 4.9　不同位置截面应力分布
（a）轴向拉杆；（b）1-1 截面应力

4.4.3　拉（压）杆横截面上的应力

拉（压）杆横截面上的内力为轴力，其方向垂直于横截面，且通过横截面的形心，而应力是杆件截面上的内力分布集度。显然，与轴力相应的是垂直于横截面的正应力。

现在，取一等直杆（见图 4.10），在其侧面作相邻的两条横向线 ab 和 cd，然后在杆两端施加一对轴向拉力 F 使杆发生变形。此时，可观察到该两横向线移到 $a'b'$ 和 $c'd'$（见图 4.10 中的虚线），根据这一现象，设想横向线代表杆的横截面，于是可假设原为平面的横截面在杆变形后仍为平面，且仍与杆轴垂直，只是横截面间沿杆轴产生了相对平移，这一假设称为平面假设。根据平面假设，拉杆变形后两横截面将沿杆轴线作相对平移，也就是说，拉杆在其任意两个横截面之间纵向线段的伸长变形是均匀的。

由于假设材料是均匀的，而杆的分布内力集度又与杆纵向线段的变形相对应，因而，拉杆在横截面上的分布内力也是均匀分布的，即横截面上各点处的正应力 σ 都相等。然后，按静力学求合力的概念

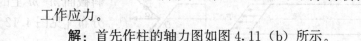

$$F_N = \int_A \sigma dA = \sigma \int_A dA = \sigma A$$

即得拉杆横截面上的正应力 σ 的计算公式

$$\sigma = \frac{F_N}{A} \qquad (4.3)$$

式中：F_N 为轴力；A 为杆横截面面积。

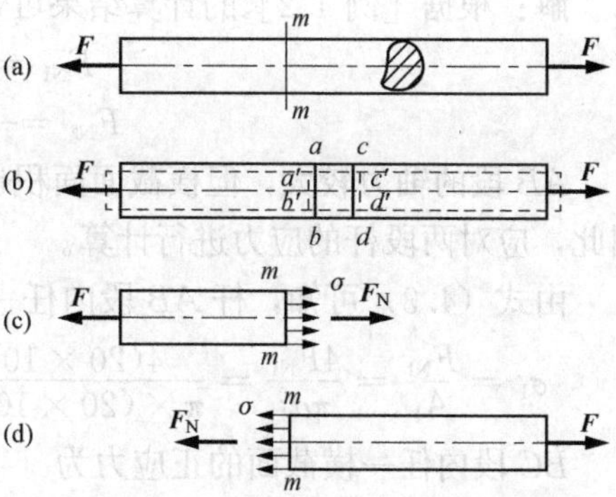

图 4.10 截面变形及应力分布

对轴向压缩的杆，上式同样适用。由于已规定了轴力的正负号，由式（4.3）可知，正应力的正负号与轴力的正负号是一致的。

式（4.3）是根据正应力在杆横截面上各点处相等这一结论而导出的。应该指出，这一结论实际上只在杆上离外力作用点稍远的部分才正确，而在外力作用点附近，由于杆端连接方式的不同，其应力情况较为复杂。

当等直杆受几个轴向外力作用时，由轴力图可求得其最大轴力 $F_{N,max}$，代入式（4.3）即得杆内的最大正应力为

$$\sigma_{max} = \frac{F_{N,max}}{A} \qquad (4.4)$$

最大轴力所在的横截面称为危险截面，危险截面上的正应力称为最大工作应力。

【例 4.3】 一横截面为正方形的砖柱分上、下两段，其受力情况、各段长度及横截面尺寸如图 4.11（a）所示。已知 $F = 50\text{kN}$，试求荷载引起的最大工作应力。

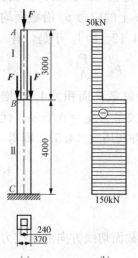

图 4.11 ［例 4.3］图
(a) 砖柱；(b) 轴力图

解： 首先作柱的轴力图如图 4.11（b）所示。

由于砖柱为变截面杆，故须利用式（4.3）求出每段柱的横截面上的正应力，从而确定全柱的最大工作应力。

Ⅰ、Ⅱ 两段柱［见图 4.11（a）］横截面上的正应力，分别由轴力图及横截面尺寸算得为

$$\sigma_1 = \frac{F_{N1}}{A_1} = \frac{-50 \times 10^3 \text{N}}{0.24\text{m} \times 0.24\text{m}}$$

$$= -0.87 \times 10^6 \text{Pa} = -0.87 (\text{MPa}) (\text{压应力})$$

和

$$\sigma_2 = \frac{F_{N2}}{A_2} = \frac{-150 \times 10^3 \text{N}}{0.37\text{m} \times 0.37\text{m}}$$

$$= -1.1 \times 10^6 \text{Pa} = -1.1 (\text{MPa}) (\text{压应力})$$

由上述计算结果可见，砖柱的最大工作应力在柱的下段，其值为 1.1MPa，是压应力。

【例 4.4】 ［例 4.2］所示阶梯形圆截面杆，杆段 AB 与 BC 的直径分别为 $d_1 = 20\text{mm}$，$d_2 = 10\text{mm}$，试计算杆内横截面的最大正应力。

解：根据［例 4.2］的计算结果可知，杆段 AB 与 BC 的轴力分别为

$$F_{N1} = F_R = 20\text{kN}(拉力)$$
$$F_{N2} = -F_2 = -10\text{kN}(压力)$$

AB 段的轴力较大，但横截面面积也较大，BC 段的轴力虽较小，但横截面面积也较小，因此，应对两段杆的应力进行计算。

由式（4.3）可知，杆 AB 段内任一横截面的正应力为

$$\sigma_1 = \frac{F_{N1}}{A_1} = \frac{4F_{N1}}{\pi d_1^2} = \frac{4(20 \times 10^3 \text{N})}{\pi \times (20 \times 10^{-3}\text{m})^2} = 63.7 \times 10^6 \text{Pa} = 63.7(\text{MPa})(拉应力)$$

BC 段内任一横截面的正应力为

$$\sigma_2 = \frac{F_{N2}}{A_2} = \frac{4F_{N2}}{\pi d_2^2} = \frac{4(-10 \times 10^3 \text{N})}{\pi \times (10 \times 10^{-3}\text{m})^2} = -127.39 \times 10^6 \text{Pa} = -127.39(\text{MPa})(压应力)$$

可见，杆内横截面的最大正应力为

$$\sigma_{\max} = |\sigma_2| = 127.39(\text{MPa})$$

4.4.4 拉（压）杆斜截面上的应力

上面分析了拉（压）杆横截面上的正应力，现研究与横截面成 α 角的任一斜截面 $m\text{-}m$ 上的应力［见图 4.12（a）］。为此，假想地用一平面沿斜截面 $m\text{-}m$ 将杆截分为二，并研究左段杆的平衡［见图 4.12（b）］。于是，可得斜截面 $m\text{-}m$ 上的内力 F_α 为

$$F_\alpha = F \tag{4.5}$$

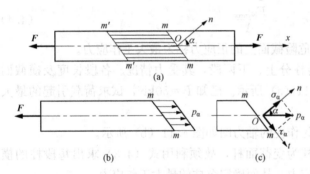

由前述分析可知，杆内各纵向纤维的变形相同，因此，在相互平行的截面 $m\text{-}m$ 与 $m'\text{-}m'$ 间，各纵向纤维的变形也相同［见图 4.12（a）］。因此，斜截面 $m\text{-}m$ 上的应力 p_α 沿截面均匀分布［见图 4.12（b）］。于是，有

$$p_\alpha = \frac{F_\alpha}{A_\alpha} \tag{4.6}$$

图 4.12　斜截面应力分布
(a) 斜截面 $m\text{-}m$ 上的应力；(b) 左段杆平衡；
(c) 斜截面 $m\text{-}m$ 上的应力及分量

式中：A_α 为斜截面面积。A_α 与横截面面积 A 的关系为 $A_\alpha = A/\cos\alpha$，代入式（4.6），并利用式（4.5），即得

$$p_\alpha = \frac{F}{A}\cos\alpha = \sigma_0\cos\alpha \tag{4.7}$$

式中：$\sigma_0 = \dfrac{F}{A}$，即拉杆在横截面（$\alpha = 0$）上的正应力。

总应力 p_α 是矢量，可以分解为沿截面法线方向的正应力和沿截面切线方向的切应力两个分量，并分别用 σ_α 和 τ_α 表示，如图 4.12（c）所示。

上述两个应力分量可表示为

$$\sigma_\alpha = p_\alpha\cos\alpha = \sigma_0\cos^2\alpha \tag{4.8}$$

和

$$\tau_\alpha = p_\alpha\sin\alpha = \frac{\sigma_0}{2}\sin2\alpha \tag{4.9}$$

式（4.8）和式（4.9）表达了通过拉杆内任一点处不同方位斜截面上的正应力 σ_α 和切应力 τ_α 随 α 角而改变的规律。通过一点的所有不同方位截面上应力的全部情况，称为该点处的应力状态。由式（4.8）和式（4.9）两式可知，在所研究的拉杆中，一点处的应力状态由其横截面上的正应力 σ_0 即可完全确定，这样的应力状态称为单向应力状态。关于应力状态的问题将在以后详细讨论。

由式（4.8）和式（4.9）两式可见，通过拉杆内任意一点不同方位截面上的正应力 σ_α 和切应力 τ_α，其数值随 α 角作周期性变化，它们的最大值及其所在截面的方位为：①当 $\alpha=0°$ 时，$\sigma_\alpha=\sigma_0$ 是 σ_α 中的最大值。即通过拉杆内某一点的横截面上的正应力，是通过该点的所有不同方位截面上正应力中的最大值。②当 $\alpha=45°$ 时，$\tau_\alpha=\dfrac{\sigma_0}{2}$ 是 τ_α 中的最大值，即与横截面成 $45°$ 的斜截面上的切应力，是拉杆所有不同方位截面上切应力中的最大值。

为便于应用上述公式，现对方位角与切应力的正负符号做如下规定：以 x 轴为始边，方位角 α 为逆时针转向者为正；将截面外法线 On 沿顺时针方向旋转 $90°$，与该方向同向的切应力 τ_α 为正。按此规定，图4.12（c）所示之 σ 与 τ 均为正。

以上的全部分析结果对于压杆也同样适用。

4.5 拉（压）杆的变形

当杆件承受轴向载荷时，其轴向与横向尺寸均发生变化（见图4.13）。杆件沿轴线方向的变形称为杆的轴向变形；垂直轴线方向的变形称为杆的横向变形。

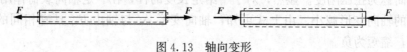

图4.13 轴向变形

4.5.1 拉压杆的轴向变形与胡克定律

设原长为 l 的拉杆，在承受一对轴向拉力 F 的作用后，其长度增加为 l_1（见图4.14），则杆的纵向伸长为

$$\Delta l = l_1 - l$$

由于拉杆各段的伸长是均匀的，因此，其变形程度可用每单位长度的纵向伸长（即 $\Delta l/l$）来表示。每单位长度的伸长（或缩短），称为线应变，并用记号 ε 表示。于是，拉杆的纵向线应变为

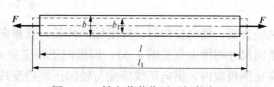

图4.14 轴向荷载作用下杆件变形

$$\varepsilon = \frac{\Delta l}{l}$$

由上两式可知，杆受拉伸长，Δl 为正，则其线应变为正，杆受压缩短，Δl 为负，则其线应变为负。

应该指出，上式所表达的是在长度 l 内的平均线应变。如果沿杆长度为非均匀变形，则某点处的线应变应该用极限值形式来表达。

轴向拉压试验表明，在比例极限（将在材料的力学性能中介绍）内，正应力与纵向线应

变成正比，即

$$\sigma \propto \varepsilon$$

引进比例系数 E，则

$$\sigma = E\varepsilon \tag{4.10}$$

上述关系式称为胡克定律。比例系数 E 称为材料的弹性模量，其值随材料而异，并由试验测定。

由上式可知，弹性模量 E 与应力 σ 具有相同的量纲。弹性模量的常用单位为 GPa（吉帕）。

现在，利用胡克定律研究拉压杆的轴向变形。

设杆件原长为 l（见图 4.14），横截面的面积为 A，在轴向拉力 F 作用下，杆长变为 l_1，则杆的轴向变形与轴向线应变分别为

$$\Delta l = l_1 - l$$

$$\varepsilon = \frac{\Delta l}{l} \tag{4.11}$$

横截面上的正应力为

$$\sigma = \frac{F}{A} = \frac{F_N}{A} \tag{4.12}$$

将式（4.11）与式（4.12）代入式（4.10），于是得

$$\Delta l = \frac{Fl}{EA} = \frac{F_N l}{EA} \tag{4.13}$$

上述关系式仍称为胡克定律，适用于等截面常轴力拉压杆。它表明，在比例极限内，拉压杆的轴向变形 Δl 与轴力 F_N 及杆长 l 成正比，与乘积 EA 成反比。乘积 EA 称为杆截面拉压刚度，或简称为拉压刚度。显然，对于一给定长度的杆，在一定轴向载荷作用下，拉压刚度越大，杆的轴向变形越小。由上式可知，轴向变形 Δl 与轴力 F_N 具有相同的正负符号，即伸长为正，缩短为负。

4.5.2　拉压杆的横向变形与泊松比

如图 4.14 所示，设杆件的原宽度为 b，在轴向拉力作用下，杆件宽度变为 b_1，则杆的横向变形与横向正线应变分别为

$$\Delta b = b_1 - b$$

$$\varepsilon' = \frac{\Delta b}{b} \tag{4.14}$$

试验表明，轴向拉伸时，杆沿轴向伸长，其横向尺寸减小，轴向压缩时，杆沿轴向缩短，其横向尺寸则增大（见图 4.3），即横向正线应变 ε' 与轴向正线应变 ε 恒为异号。试验还表明，在比例极限内，横向正线应变与轴向正线应变成正比。

将横向正线应变与轴向正线应变之比的绝对值用 μ 表示，则由上述试验可知

$$\mu = \left| \frac{\varepsilon'}{\varepsilon} \right| = -\frac{\varepsilon'}{\varepsilon}$$

或

$$\varepsilon' = -\mu\varepsilon \tag{4.15}$$

比例系数 μ 称为泊松比。在比例极限内，泊松比 μ 是一个常数，其值随材料而异，由试验测定。对于绝大多数各向同性材料，$0 < \mu < 0.5$。

将式（4.10）代入式（4.15），得

$$\varepsilon' = -\frac{\mu\sigma}{E} \tag{4.16}$$

几种常用材料的弹性模量 E 与泊松比 μ 之约值如表 4.1 所示。

表 4.1　　　　　　　　　　材料的弹性模量与泊松比的约值

材料名称	牌号	E/GPa	ν
低碳钢	Q235	200～210	0.24～0.28
中碳钢	45	205	
低合金钢	16Mn	200	0.25～0.30
合金钢	40CrNiMoA	210	
灰口铸铁		60～162	0.23～0.27
球墨铸铁		150～180	
铝合金	LY12	71	0.33
硬质合金		380	
混凝土		15.2～36	0.16～0.18
木材（顺纹）		9～12	

【例 4.5】　如图 4.15 所示圆截面杆，已知 $F=4\text{kN}$，$l_1=l_2=100\text{mm}$，弹性模量 $E=200\text{GPa}$。为保证杆件正常工作，要求其总伸长不超过 0.10mm，即许用变形 $[\Delta l]=0.10\text{mm}$。试确定杆径 d。

解：杆段 AB 与 BC 的轴力分别为

$$F_{\text{N1}} = 2F$$

$$F_{\text{N2}} = F$$

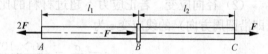

由式（4.13）得其轴向变形分别为　　　　　　　　图 4.15　[例 4.5] 图

$$\Delta l_1 = \frac{F_{\text{N1}} l_1}{EA} = \frac{8Fl_1}{E\pi d^2}$$

$$\Delta l_2 = \frac{F_{\text{N2}} l_2}{EA} = \frac{4Fl_1}{E\pi d^2}$$

所以，杆 AC 的总伸长为

$$\Delta l = \Delta l_1 + \Delta l_2 = \frac{8Fl_1}{E\pi d^2} + \frac{4Fl_1}{E\pi d^2} = \frac{12Fl_1}{E\pi d^2}$$

按照设计要求，总伸长 Δl 不得超过许用变形 $[\Delta l]$，即要求

$$\frac{12Fl_1}{E\pi d^2} \leqslant [\Delta l]$$

由此得

$$d \geqslant \sqrt{\frac{12Fl_1}{E\pi[\Delta l]}} = \sqrt{\frac{12(4\times10^3\,\text{N})(100\times10^{-3}\,\text{m})}{\pi(200\times10^9\,\text{Pa})(0.10\times10^{-3}\,\text{m})}} = 8.7\times10^{-3}\,(\text{m})$$

取　　　　　　　　　　　　　　　　$d=9.0\text{mm}$

【例 4.6】　长为 b、内径 $d=200\text{mm}$、壁厚 $\delta=5\text{mm}$ 的薄壁圆环，承受 $p=2\text{MPa}$ 的内压力作用，如图 4.16（a）所示，已知材料的弹性模量 $E=210\text{GPa}$。试求圆环径向截面上的拉应力，并求径向应变及圆环直径的改变量。

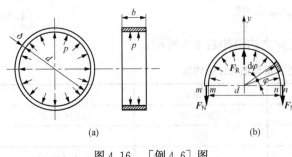

图 4.16　［例 4.6］图

解：（1）求圆环径向截面上的拉应力。薄壁圆环在内压力作用下要均匀胀大，故在包含圆环轴线的任何径向截面上，作用有相同的法向拉力 F_N。为求该拉力，可假想地用一直径平面将圆环截分为二，并研究留下的半环［见图 4.16（b）］的平衡。半环上的内压力沿 y 方向的合力为

$$F_R = \int_0^\pi \left(pb \cdot \frac{d}{2} \mathrm{d}\varphi \right) \sin\varphi = \frac{pbd}{2} \int_0^\pi \sin\varphi \mathrm{d}\varphi = pbd$$

其作用线与 y 轴重合。

因壁厚远小于内径 d，故可近似地认为在圆环任一径向截面 m-m 或 n-n 上各点处的正应力相等（如果 $\delta \leqslant d/20$，这种近似足够精确）。由对称关系可知，两径向截面上正应力必组成数值相等的合力 F_N。由平衡方程 $\sum F_y = 0$，求得

$$F_N = \frac{F_R}{2} = \frac{pbd}{2}$$

于是横截面上的正应力 σ 为

$$\sigma = \frac{F_N}{A} = \frac{pbd}{2b\delta} = \frac{pd}{2\delta} = \frac{2 \times 10^6 \times 0.2\mathrm{m}}{2 \times 5 \times 10^{-3}\mathrm{m}} = 40 \times 10^6 (\mathrm{Pa}) = 40(\mathrm{MPa})$$

（2）径向应变。若正应力不超过材料的比例极限，则由胡克定律求得沿正应力 σ 方向（即沿圆周方向）的线应变 ε 为

$$\varepsilon = \frac{\sigma}{E} = \frac{40 \times 10^6 \mathrm{Pa}}{210 \times 10^9 \mathrm{Pa}} = 1.9 \times 10^{-4}$$

而

$$\varepsilon = \frac{\pi(d + \Delta d) - \pi d}{\pi d} = \frac{\Delta d}{d} = \varepsilon_d$$

即圆环的周向应变 ε 就等于其径向应变 ε_d。

（3）圆环直径的改变量。根据上式即可算出圆环在内压力 p 作用下的直径增大量为

$$\Delta d = \varepsilon_d \cdot d = 1.9 \times 10^{-4} \times 0.2\mathrm{m} = 3.8 \times 10^{-5} (\mathrm{m}) = 0.038(\mathrm{mm})$$

【例 4.7】　如图 4.17（a）所示桁架，在结点 A 处承受铅垂载荷 F 作用，已知杆 1 用钢制成，弹性模量 $E_1 = 200\mathrm{GPa}$，横截面面积 $A_1 = 100\mathrm{mm}^2$，杆长 $l_1 = 1\mathrm{m}$；杆 2 用硬铝制成，弹性模量 $E_2 = 70\mathrm{GPa}$，横截面面积 $A_2 = 250\mathrm{mm}^2$，杆长 $l_2 = 707\mathrm{mm}$；载荷 $F = 10\mathrm{kN}$。试求结点 A 的位移。

解：（1）轴力计算。根据结点 A 的平衡条件，求得杆 1、2 的轴力分别为

$$F_{N1} = \sqrt{2}F = \sqrt{2}(10 \times 10^3 \mathrm{N}) = 1.414 \times 10^4 (\mathrm{N})(拉力)$$

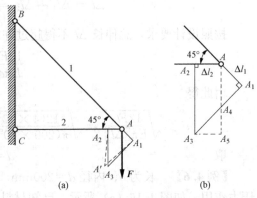

图 4.17　［例 4.7］图

$$F_{N2} = F = 1.0 \times 10^4 (压力)$$

(2) 杆件轴向变形计算。

$$\Delta l_1 = \frac{F_{N1} l_1}{E_1 A_1} = \frac{(1.414 \times 10^4 N) \times 1.0 m}{(200 \times 10^9 Pa)(100 \times 10^{-6} m^2)} = 7.07 \times 10^{-4} (m) = 0.707 (mm)$$

$$\Delta l_2 = \frac{F_{N2} l_2}{EA} = \frac{(1.0 \times 10^4 N)(1.0 \cos 45° m)}{(70 \times 10^9 Pa)(250 \times 10^{-6} m^2)} = 4.04 \times 10^{-4} (m) = 0.404 (mm)$$

(3) 确定结点 A 在位移后的位置。加载前，杆 1 与杆 2 在结点 A 处相连，加载后，各杆的长度虽然改变，但仍连在一起。因此，为了确定结点 A 在位移后的位置，可以分别以 B、C 为圆心，并分别以 BA_1（即 $l_1 + \Delta l_1$）与 CA_2（即 $l_2 + \Delta l_2$）为半径作圆弧，其交点 A' 即为结点 A 的新位置。

通常杆的变形均很小，在小变形的条件下，Δl_1 和 Δl_2 与杆的原长相比甚为微小（我们已经算出图中杆 1 的变形 Δl_1 仅为杆原长 l_1 的 0.0707%），弧线 $A_1 A'$ 与 $A_2 A'$ 也很短，因而可以近似地采用切线来代替圆弧。于是，过 A_1 与 A_2 分别作 BA_1 与 CA_2 的垂线 [图 4.17 (b)]，其交点 A_3 即可视为结点 A 的新位置。

(4) 计算结点 A 的位移。由图 4.17 可知，结点 A 的水平位移为

$$\Delta_{Ax} = \overline{AA_2} = \Delta l_2 = 0.404 (mm)$$

结点 A 的铅垂位移为

$$\Delta_{Ay} = \overline{AA_4} + \overline{A_4 A_5} = \frac{\Delta l_1}{\sin 45°} + \frac{\Delta l_2}{\tan 45°} = 1.404 (mm)$$

(5) 讨论。当变形与构件或结构的原始尺寸相比甚为微小时，所产生的变形称为小变形。在小变形的条件下，通常可按构件或结构的原始尺寸计算约束反力与内力，并可采用上述以切线代替圆弧的方法确定位移。利用小变形这一重要概念，可使许多问题的分析计算大为简化。

4.6　拉（压）杆内的应变能

弹性体在外力作用下会发生变形，载荷在相应的位移上做功，与此同时弹性体内将积蓄能量。外力撤去后，变形随之消失，弹性体内积蓄的能量也同时释放出来。如钟表的发条（弹性体）被拧紧（发生变形）以后，在它放松的过程中将带动齿轮系，使指针转动，这样，发条就做了功。这说明拧紧了的发条具有做功的本领，这是因为发条在拧紧状态下积蓄有能量。为了计算这种能量，现以受重力作用且仅发生弹性变形的拉杆为例，利用能量守恒原理找出外力所做的功与弹性体内所积蓄的能量在数量上的关系。设杆（见图 4.18）的上端固定，在其下端的小盘上逐渐增加重量。每加一点重量，杆将相应地有一点儿伸长，已在盘上的重物也相应地下沉，因而重物的位能将减少。由于重量是缓慢增加的，故在加载过程中，可认为杆没有动能改变。按能量守恒原理，略去其他微小的能量损耗不计，重物失去的位能将全部转变为积蓄在杆内的能量。因为杆的变形是弹性变形，故在卸除荷载以后，这种能量又随变形的消失而全部转换为其他形式的能量。物体发生弹性变形时积蓄的能量称为应变能，并用 V_ε 表示。在所讨论的情况下，应变能就等于重物所失去的位能。

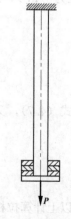

图 4.18　位能转变为应变能

因为重物失去的位能在数值上等于它下沉时所做的功，所以杆内的应变能在数值上就等于重物在下沉时所做的功。推广到一般弹性体受静荷载（不一定是重力）作用的情况，可以认为在弹性体的变形过程中，积蓄在弹性体内的应变能 V_ε 在数值上等于图 4.18 外力所做的功 W，即

$$V_\varepsilon = W \tag{4.17}$$

式（4.17）称为弹性体的功能原理。应变能 V_ε 的单位为 J。

为推导拉杆（见图 4.19）应变能的计算式，先求外力所做的功 W。在静荷载 F 的作用下，杆伸长了 Δl，这就是拉力 F 的作用点的位移。力 F 对此位移所做的功可以从 F 与 Δl 的关系图线下的面积来计算。由于在弹性变形范围内 F 与 Δl 呈线性关系，如图 4.19 所示，于是，可求得力 F 所做的功 W 为

$$W = \frac{1}{2}F\Delta l$$

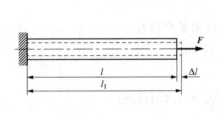
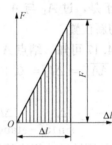

图 4.19 静荷载作用下的应变能

从式（4.17）可知，积蓄在杆内的应变能为

$$V_\varepsilon = \frac{1}{2}F\Delta l \tag{4.18}$$

又因 $F_N = F$，故可将上式改写为

$$V_\varepsilon = \frac{1}{2}F_N\Delta l \tag{4.19}$$

利用式（4.13）中的关系，可从式（4.18）、式（4.19）分别得到

$$V_\varepsilon = \frac{F^2 l}{2EA} = \frac{F_N^2 l}{2EA} \tag{4.20a}$$

或

$$V_\varepsilon = \frac{EA}{2l}\Delta l^2 \tag{4.20b}$$

由于在拉杆的各横截面上所有点处的应力均相同，故杆的单位体积内所积蓄的应变能，可由杆的应变能 V_ε 除以杆的体积 V 来计算。这种单位体积内的应变能，称为应变能密度（单位为 J/m^3），并用 v_ε 表示，即

$$v_\varepsilon = \frac{V_\varepsilon}{V} \tag{4.21a}$$

于是

$$v_\varepsilon = \frac{V_\varepsilon}{V} = \frac{\frac{1}{2}F\Delta l}{Al} = \frac{1}{2}\sigma\varepsilon$$

利用式（4.7），又可得

$$v_\varepsilon = \frac{\sigma^2}{2E} \tag{4.21b}$$

或

$$v_\varepsilon = \frac{E\varepsilon^2}{2} \tag{4.21c}$$

以上计算拉杆内应变能的各公式也适用于压杆。而式（4.21b）及式（4.21c）则普遍适用于所有的单轴应力状态。当然，这些公式都只有在应力不超过材料的比例极限这一前提下才能应用，也就是说，只适用于线弹性范围以内。

利用应变能的概念可以解决与结构或构件的弹性变形有关的问题。这种方法称为能量法。本节将用能量法求解一些较简单的拉（压）杆的位移。

【例4.8】 如图4.20（a）所示杆系由材料相同的钢杆1和钢杆2组成。已知杆端铰接，两杆与铅垂线均成$\alpha=30°$的角度，长度均为$l=2m$，直径均为$d=25mm$，钢的弹性模量为$E=210GPa$。设在结点A处悬挂一重量为$P=100kN$的重物，试计算该结构的应变能，并求结点A的位移Δ_A。

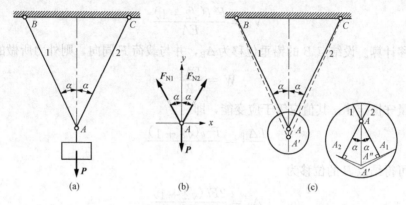

图4.20　［例4.8］图

解： 由图4.20知，组成该结构的两杆材料相同，长度和横截面面积相等，受力也相等。因此，两杆的应变能必相等。根据式（4.20a）求得结构的应变能为

$$V_e = 2\frac{F_{N1}^2 l}{2EA} = \frac{P^2 l}{(2\cos\alpha)^2 EA}$$

$$= \frac{(100\times10^3 N)^2\times2m}{(2\cos30°)^2(210\times10^9 Pa)\left[\frac{\pi}{4}(25\times10^{-3}m)^2\right]}$$

$$= 64.67(N\cdot m) = 64.7(J)$$

因结点A的位移Δ_A与载荷P的方向相同，由弹性体的功能原理，载荷P所做的功在数值上应等于该结构之应变能，即

$$\frac{1}{2}P\Delta_A = V_e$$

于是，可得结点A的位移为

$$\Delta_A = \frac{2V_e}{P} = \frac{2\times64.67N\cdot m}{100\times10^3 N} = 1.293\times10^{-3}(m) = 1.293mm(\downarrow)$$

所得位移Δ_A为正值，表示位移Δ_A的方向与力P的指向相同，即铅垂向下。

【例4.9】 如图4.21所示桁架，在结点B承受集中载荷F作用，设各杆各截面的拉压刚度均为EA，试求结点B的铅垂位移。

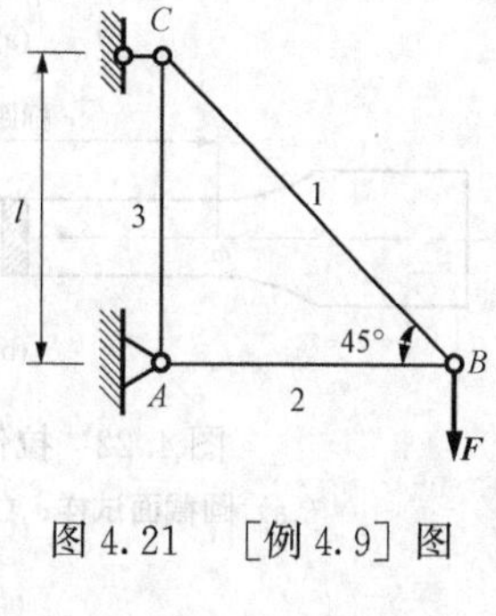

解：（1）内力分析。根据结点B与C的平衡，求得杆1、杆2和杆3的轴力分别为

$$F_{N1} = \sqrt{2}F(拉力)$$

图4.21　［例4.9］图

$$F_{N2} = F(\text{压力})$$
$$F_{N3} = F(\text{压力})$$

（2）应变能计算。桁架由三根杆组成，其应变能为

$$V_\varepsilon = \sum_{i=1}^{3} \frac{F_{N1}^2 l_i}{2E_i A_i} = \frac{F_{N1}^2 \cdot \sqrt{2} l}{2EA} + \frac{F_{N2}^2 l}{2EA} + \frac{F_{N3}^2 l}{2EA}$$

将各杆的轴力表达式代入上式，得

$$V_\varepsilon = \frac{F^2 l(\sqrt{2}+1)}{EA}$$

（3）位移计算。设结点 B 的铅垂位移为 Δ_B，并与载荷 F 同向，则外力所做的功为

$$W = \frac{F\Delta_B}{2}$$

根据能量守恒定律，其值应等于应变能，即

$$\frac{F\Delta_B}{2} = \frac{F^2 l(\sqrt{2}+1)}{EA}$$

于是，可得结点 B 的位移为

$$\Delta_B = \frac{2Fl(\sqrt{2}+1)}{EA}$$

所得位移 Δ_B 为正值，表示位移 Δ_B 的方向与载荷 F 同向的假设是正确的。实际上，由于应变能 V_ε 恒为正，因此，载荷所做的功也恒为正，即载荷作用点沿载荷方向的位移必与该载荷同向。

4.7　材料在拉伸和压缩时的力学性能

构件的强度、刚度与稳定性，不仅与构件的形状、尺寸及所受外力有关，而且与材料的力学性能有关，本节研究材料在拉伸与压缩时的力学性能。

4.7.1　拉伸试验与应力—应变图

材料的力学性能由试验测定。拉伸试验是研究材料力学性能最基本、最常用的试验。标准拉伸试样如图 4.22 所示，标记 m 与 n 之间的杆段为试验段，其长度 l 称为标距。对于试验段直径为 d 的圆截面试样 [图 4.22（a）]，通常规定

$$l = 10d \text{ 或 } l = 5d$$

而对于试验段横截面面积为 A 的矩形截面试样 [图 4.22（b）]，则规定

$$l = 11.3\sqrt{A} \text{ 或 } l = 5.65\sqrt{A}$$

试验时，首先将试样安装在材料试验机的上、下夹头内（见图 4.23），并在标记 m 与 n 处安装测量轴向变形的仪器。然后开动机器，缓慢加载。随着载荷 F 的增大，试样逐渐被拉长，试验段的拉伸变形用 Δl 表示。拉力 F 与变形 Δl 间的关系曲

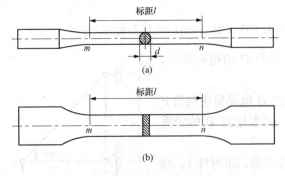

图 4.22　拉伸试验试样
（a）圆截面试样；（b）矩形截面试样

线称为试样的力伸长曲线或拉伸图。试验一直进行到试样断裂为止。

显然，拉伸图不仅与试样的材料有关，而且与试样的横截面尺寸及标距的大小有关。如试验段的横截面面积越大，将其拉断所需之拉力越大；在同一拉力作用下，标距越大，拉伸变形 Δl 也越大。因此，不宜用试样的拉伸图表征材料的力学性能。

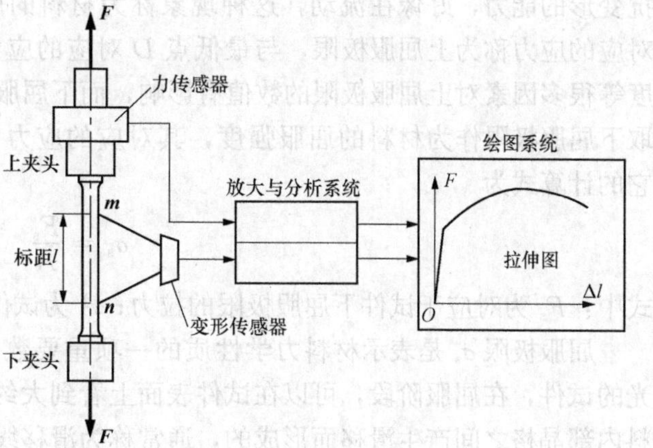

将拉伸图的纵坐标 F 除以试样横截面的原面积 A，将其横坐标 Δl 除以试验段的原长 l（即标距），由此所得应力与应变间的关系曲线，称为材料的应力—应变图。

图 4.23 拉伸试验

4.7.2 低碳钢的拉伸力学性能

低碳钢是工程中广泛应用的金属材料，其应力—应变图也非常具有典型意义。低碳钢的应力—应变图如图 4.24 所示，现以该曲线为基础，并结合试验过程中所观察到的现象，介绍低碳钢的力学性能。根据它的变形特点，大致可以分为以下四个阶段。

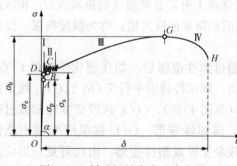

图 4.24 低碳钢的应力—应变图

1. 弹性阶段（阶段Ⅰ）

在图 4.24 中 OB 段内材料是弹性的，即卸载后，变形能够完全恢复。这种变形称为弹性变形。与弹性阶段最高点 B 相对应的应力 σ_e 称为弹性极限。在弹性阶段卸载后的试件，其长度不变。

在弹性阶段中，从 O 到 A 点应力—应变曲线为一直线，这说明在此阶段内，正应力 σ 与正应变 ε 成正比。即

$$\sigma \propto \varepsilon$$

与线性阶段最高点 A 相对应的正应力，称为材料的比例极限，以符号 σ_p 表示。比例极限是材料的正应力与正应变成正比的最大应力值。低碳钢的比例极限 $\sigma_p = 190 \sim 200\text{MPa}$。

图 4.24 中若假设直线 OA 与水平轴的夹角为 α，则其正切为

$$\tan\alpha = \frac{\sigma}{\varepsilon} = E \tag{4.22}$$

由应力—应变图可知，其初始直线（图 4.24 中的直线 OA）的斜率，即等于弹性模量之值。也就是说，可由 OA 直线的斜率来确定材料的弹性模量 E。

图 4.24 中的 A 点比 B 点略低，AB 段已不成直线，稍有弯曲，但仍然属于弹性阶段。比例极限与弹性极限的概念不同，但二者的数值很接近，所以有时也把二者不加区别地统称为弹性极限。在工程应用中，一般均使构件在弹性变形范围内工作。

2. 屈服阶段（阶段Ⅱ）

弹性阶段后，在 σ-ε 曲线上出现水平或是上下发生微微抖动的一段（图 4.24 中的 DC

段）。此时试件的应力基本上不变，但应变却迅速增长，说明材料对增长的变形暂时失去抵抗变形的能力，好像在流动，这种现象称为材料的屈服或流动。在屈服阶段，与最高点 C 对应的应力称为上屈服极限，与最低点 D 对应的应力称为下屈服极限。试验指出，加载速度等很多因素对上屈服极限的数值有影响，而下屈服极限值则较为稳定。因此，工程上通常取下屈服极限作为材料的屈服强度，其对应的应力值以 σ_s 表示，称屈服极限或流动极限。它的计算式为

$$\sigma_s = \frac{F_s}{A}$$

式中：F_s 为对应于试件下屈服极限的拉力；A 为试件横截面的原面积。

屈服极限 σ_s 是表示材料力学性质的一项重要数据。对于 A3 钢，$\sigma_s = 240\text{MPa}$。经过抛光的试件，在屈服阶段，可以在试件表面上看到大约与试件轴线成 $45°$ 的线条，这是由于材料内部晶格之间产生滑移而形成的，通常称为滑移线。

加载超过了屈服阶段的试件，其长度产生了明显的残余变形。工程实际中的许多构件，当它们发生较大的塑性变形时，就不能正常工作，因此，设计中对低碳钢一类的塑性材料常取屈服极限作为材料的强度指标。

3. 强化阶段（阶段Ⅲ）

强化阶段即图 4.24 中曲线 CG 部分。超过屈服阶段后，要使试件继续变形就必须增加拉力。这种现象称为材料的强化。这时 σ-ε 曲线又逐渐上升，直到曲线的最高点 G，相应的拉力达到最大值。这个最大载荷除以试件横截面原面积得到的应力值，称为强度极限，以符号 σ_b 表示。对于 A3 钢，σ_b 约为 400MPa。

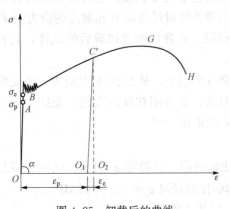

图 4.25　卸载后的曲线

拉力超过弹性范围后，如在硬化阶段的 C' 点，若去掉拉力，则试件将沿平行于 OA 的 $C'O_1$ 线退回至水平轴（见图 4.25）。O_1O_2 这段应变在卸载过程中消失了，属弹性变形。OO_1 这段应变则不能恢复，称为残余变形或塑性变形。由此可见，当应力超过弹性极限后，材料的应变包括弹性应变与塑性应变，但在卸载过程中，应力与应变之间仍保持线性关系。

4. 局部颈缩阶段（阶段Ⅳ）

应力达到强度极限 σ_b 后，试件的变形开始集中于某一局部区域内，这时该区域内的横截面逐渐收缩（见图 4.26），形成颈缩现象。由于局部截面收缩，试件继续变形时，所需的拉力逐渐减小，应力—应变曲线相应呈现下降趋势，最后在颈缩处被拉断。

低碳钢在拉伸过程中，经历了上述的弹性、屈服、强化和局部颈缩四个阶段，并有 σ_p、σ_e、σ_s 和 σ_b 四个强度特征值。其中屈服极限 σ_s 和强度极限 σ_b 是衡量其强度的主要指标。正确理解比例极限 σ_p 的概念，对掌握虎克定律、杆件的应力分析和压杆的稳定计算都十分重要。

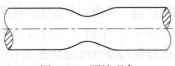

图 4.26　颈缩现象

此外，试件断裂后，变形中的弹性部分恢复而消失，但塑性变形（残余变形）部分则遗

留下来。试样断裂时的残余变形最大。材料能经受较大塑性变形而不破坏的能力，称为材料的塑性或延性。工程中，材料的塑性常用延伸率或断面收缩率这两个塑性指标度量。若试件工作段的长度（标距）由 l 伸长为 l_1，断口处的横截面面积由原来的 A 缩减为 A_1，则它们的相对残余变形用两个塑性指标表示为

延伸率 $$\delta = \frac{l_1 - l}{l} \times 100\% \qquad (4.23)$$

断面收缩率 $$\psi = \frac{A - A_1}{A} \times 100\% \qquad (4.24)$$

对于 Q235 钢，衡量其强度和塑性指标的平均值约为

$$\sigma_s = 240\text{MPa}, \quad \sigma_b = 390\text{MPa}, \quad \delta = 20\% \sim 30\%, \quad \psi \approx 60\%$$

在工程上，根据断裂时塑性变形的大小，通常把 $\delta \geqslant 5\%$ 的材料称为塑性（或延性）材料，如钢材、铜、铝等；$\delta < 5\%$ 的材料称为脆性材料，如铸铁、砖石等。必须指出，上述划分是以材料在常温、静载和简单拉伸的前提下所得到的 δ 为依据的。而温度、变形速度、受力状态和热处理等都会影响材料的性质。材料的塑性和脆性在一定条件下可以相互转化。

由前述已知，材料拉伸至强化阶段的 C' 点处（见图 4.25），若逐渐卸去载荷，则试件的应力和应变关系将沿平行于 OA 的 $C'O_1$ 线退回至水平轴。试验中发现，如果在卸载至 O_1 点后立即重新加载，则 σ-ε 曲线将基本沿着卸载时的同一直线 O_1C' 上升到 C' 点，然后仍遵循着原来的 σ-ε 图的曲线变化，直至断裂。因此，如果将卸载后已有塑性变形的试样当作新试样重新进行拉伸试验，其比例极限或弹性极限将得到提高，而断裂时的残余变形则减小。由于预加塑性变形，而使材料的比例极限或弹性极限提高的现象，称为冷作硬化。工程中常利用冷作硬化来提高钢筋和钢缆绳等构件在线弹性范围内所能承受的最大荷载。值得注意的是，若试样拉伸至强化阶段后卸载，经过一段时间后再受拉，则其线弹性范围的最大荷载还有所提高，如图 4.27 中虚线 cb' 所示。这种现象称为冷作时效。冷作时效不仅与卸载后至加载的时间间隔有关，而且与试样所处的温度有关。较详细的讨论可参阅有关书籍。

4.7.3　其他金属材料在拉伸时的力学性能

与低碳钢在 σ-ε 曲线上相似的材料，还有 16 锰钢及另外一些高强度低合金钢等。如图 4.28 所示，从 σ-ε 曲线图中可以看出，这些材料断裂时均具有较大的残余变形，即均属于塑性材料。这些材料的屈服极限和强度极限与低碳钢相比，都有了显著的提高，但有些没有明显的屈服阶段。工程中通常以卸载后产生数值为 0.2% 的残余应变—应力作为这些塑性材料的屈服应力，称为屈服强度或名义屈服极限，用 $\sigma_{0.2}$ 表示。如图 4.29 所示。

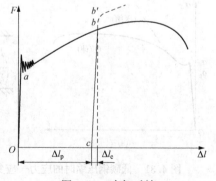

图 4.27　冷却时效

另外一类典型材料的共同特点是延伸率 δ 均很小，如前所述，通常以延伸率 $\delta < 5\%$ 作为定义脆性材料的界限，这类材料均为脆性材料。图 4.30 所示的就是脆性材料灰口铸铁在拉伸时的 σ-ε 曲线。灰口铸铁的 σ-ε 曲线从很低的应力开始就不是直线，但由于直到拉断时试

样的变形都非常小，且没有屈服阶段、强化阶段和局部颈缩变形阶段，因此，在工程计算中，通常取总应变为 0.1％时 σ-ε 曲线的割线（图 4.30 中的虚线）斜率来确定其弹性模量，称为割线弹性模量。

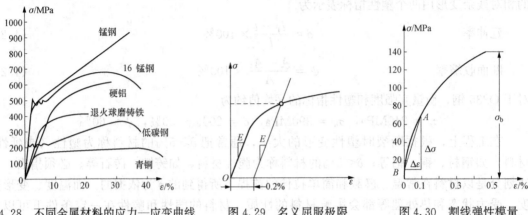

图 4.28　不同金属材料的应力—应变曲线　　　图 4.29　名义屈服极限　　　图 4.30　割线弹性模量

衡量脆性材料拉伸强度的唯一指标是材料的拉伸强度 σ_b。这个应力可看成是试样被拉断时的真实应力。因为脆性材料的试样被拉断时，其横截面面积的缩减极其微小。只在出现较小的变形时即被拉断。常用的灰铸铁的抗拉强度很低，为 $120 \sim 180$ MPa，它的延伸率为 $0.4\% \sim 0.5\%$。断口则垂直于试样轴线，即断裂发生在最大拉应力作用面。

4.7.4　金属材料在压缩时的力学性能

材料受压时的力学性能由压缩试验测定。一般细长杆压缩时容易产生失稳现象，为了保证试验过程中试样不发生屈曲，在金属压缩试验中，常采用短粗圆柱形试样。

低碳钢压缩时的应力—应变曲线如图 4-31（a）中的虚线所示，为便于比较，图中还画出了拉伸时的应力—应变曲线。可以看出，在弹性阶段和屈服阶段，压缩曲线与拉伸曲线基本重合，压缩与拉伸时的屈服应力与弹性模量大致相同。屈服阶段以后，随着压力不断增大，低碳钢试样将越压越扁平〔见图 4.31（b）〕。

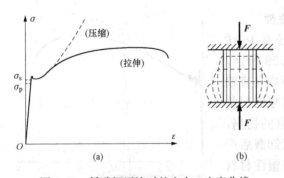

图 4.31　低碳钢压缩时的应力—应变曲线

（a）低碳钢压缩时的应力—应变曲线；（b）低碳钢试样

与低碳钢类的塑性材料不同，脆性材料在压缩和拉伸时的力学性能有较大的区别。图 4.32（a）给出了灰口铸铁压缩时的应力—应变曲线，其压缩破坏的形式如图 4.32（b）所示，断口的方位角为 $50° \sim 55°$。由于在该截面上存在较大切应力，所以，灰铸铁压缩破坏的方式是剪断。为比较灰口铸铁在拉伸和压缩时的强度极限，给出了图 4.33。由图 4.33 可看出，其压缩强度极限远高于拉伸强度极限。其他脆性材料如混凝土与石料等也具有上述特点，所以，脆性材料宜用作受压构件。从灰口铸铁拉伸和压缩时的应力—应变曲线中能够看出，其 σ-ε 曲线中的直线部分都很短，因此，只能认为是近似地符合胡克定律的。

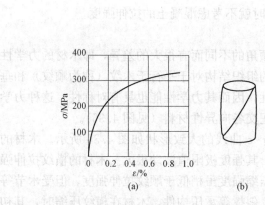

图 4.32 灰口铸铁压缩时的应力—应变曲线及破坏形式
(a) 灰口铸铁压缩时的应力—应变曲线；(b) 灰口铸铁压缩破坏形式

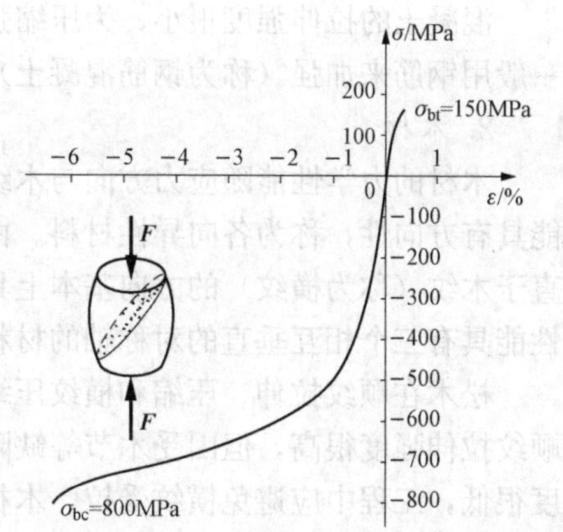

图 4.33 灰口铸铁在拉伸和压缩时的
应力—应变曲线

值得注意的是，根据材料在常温、静荷载下拉伸试验所得的伸长率大小，将材料区分为塑性材料和脆性材料。这两类材料在力学性能上的主要差异是：塑性材料在断裂前的变形较大，塑性指标（伸长率和断面收缩率）较高，抵抗拉断的能力较好，其常用的强度指标是屈服极限，而且，一般地说，在拉伸和压缩时的屈服极限值相同；脆性材料在断裂前的变形较小，塑性指标较低，其强度指标是强度极限，而且其拉伸强度 σ_b 远低于压缩强度 σ_{bc}。但是，材料是塑性的还是脆性的，将随材料所处的温度、应力状态等条件的变化而不同。如具有尖锐切槽的低碳钢试样，在轴向拉伸时将在切槽处发生突然的脆性断裂；而在很大的外压作用下，铸铁试样在轴向拉伸时也将发生大的塑性变形和缩颈现象。

4.7.5 几种非金属材料的力学性能

1. 混凝土

混凝土是由水泥、石子和砂加水搅拌均匀经水化作用后而形成的人造材料。由于石子粒径较构件尺寸要小得多，故可近似地看作匀质、各向同性材料。

混凝土和天然石料都是脆性材料，一般都用作受压缩构件。混凝土的压缩强度是以标准的立方体试块，在标准养护条件下经过 28 天养护后进行测定的。混凝土的标号就是根据其压缩强度标定的。

混凝土压缩时的 σ-ε 曲线如图 4.34 (a) 所示。在加载初期有很短的一直线段，以后明显弯曲，在变形不大的情况下突然断裂。混凝土的弹性模量规定以 $\sigma = 0.4\sigma_b$ 时的割线斜率来确定。混凝土在压缩试验中的破坏形式，与两端压板和试块的接触面的润滑条件有关。当润滑不好、两端面的摩阻力较大时，压坏后成两个对接的截锥体；当润滑较好，摩阻力较小时则沿纵向开裂。两种破坏形式所对应的压缩强度也有差异。因此，在这类材料的压缩试验中还规定其端部条件，这样所得的压缩强度才能作为衡量材料强度的一种比较性指标。

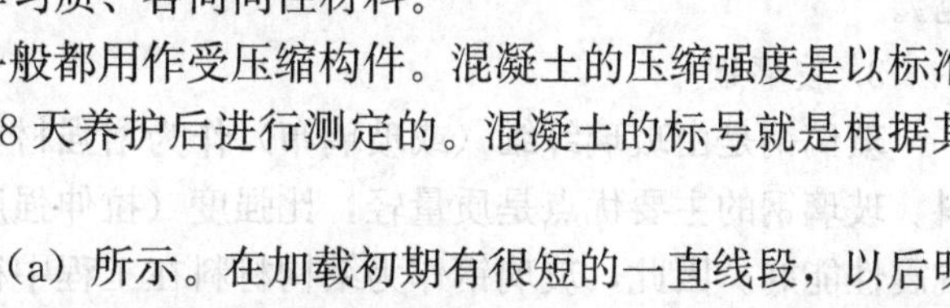

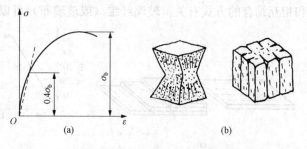

图 4.34 混凝土压缩时的应力—应变曲线及破坏形式

混凝土的拉伸强度很小，为压缩强度的 $1/5\sim1/20$，故在用作弯曲构件时，其受拉部分一般用钢筋来加强（称为钢筋混凝土），在计算时就不考虑混凝土的拉伸强度。

2. 木材

木材的力学性能随应力方向与木纹方向间倾角的不同而有很大的差异，即木材的力学性能具有方向性，称为各向异性材料。由于木材的组织结构对于平行于木纹（称为顺纹）和垂直于木纹（称为横纹）的方向基本上具有对称性，因而其力学性能也具有对称性。这种力学性能具有三个相互垂直的对称轴的材料，称为正交各向异性材料（见图 4.35）。

松木在顺纹拉伸、压缩和横纹压缩时，其 σ-ε 曲线的大致形状如图 4.36 所示。木材的顺纹拉伸强度很高，但因受木节等缺陷的影响，其强度极限值波动很大。木材的横纹拉伸强度很低，工程中应避免横纹受拉。木材的顺纹压缩强度虽稍低于顺纹拉伸强度，但受木节等缺陷的影响较小，因此，在工程中广泛用作柱、斜撑等承压构件。木材在横纹压缩时，其初始阶段的应力—应变关系基本上呈线性关系，当应力超过比例极限后，曲线趋于水平，并产生很大的塑性变形，工程中通常以其比例极限作为强度指标。

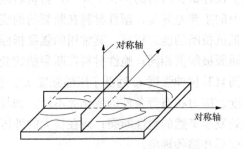

图 4.35 正交各向异性材料

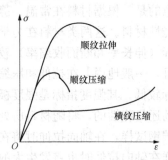

图 4.36 正交各向异性材料的应力—应变曲线

由于木材的力学性能具有方向性，因而在设计计算中，其弹性模量 E 和许用应力 $[\sigma]$，都应随应力方向与木纹方向间倾角的不同而采用不同的数值，详情可参阅《木结构设计规范》。

3. 玻璃钢

玻璃钢是由玻璃纤维（或玻璃布）作为增强材料，与热固性树脂黏合而成的一种复合材料。玻璃钢的主要优点是质量轻，比强度（拉伸强度/密度）高，成型工艺简单，且耐腐蚀、抗震性能好。因此，玻璃钢作为结构材料在工程中得到广泛应用。我国自行设计制造的双层列车车厢，就已经采用了玻璃钢材料。

玻璃钢的力学性能与所用的玻璃纤维（或玻璃布）和树脂的性能，以及两者的相对用量和相互结合的方式有关。玻璃纤维（或玻璃布）可以是同一方向排列的，也可以将每层按不同方向叠合黏结在一起（见图 4.37）。纤维呈单向排列的玻璃钢沿纤维方向拉伸时的 σ-ε 曲线如图 4.37（b）所示，直至断裂前，基本上是线弹性的。由于纤维的方向性，显然，玻璃钢的力学性能是各向异性的。

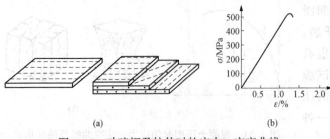

图 4.37 玻璃钢及拉伸时的应力—应变曲线

关于玻璃钢在纤维排列方式不同和应力作用方向不同时的力学计算，可参阅有关复合材料力学的书籍。

近代的纤维增强复合材料所用的增强纤维，已发展为强度更高的碳纤维、硼纤维等，从力学计算的角度来看，基本上与玻璃钢相仿。

最后必须指出，本节讨论的几种在土建工程中常用的材料的力学性能，都是在常温、静荷载条件下由实验测定的。材料在高温或低温下的力学性能与常温下并不相同，不仅与温度值有关，而且与荷载的作用时间有关。而荷载的作用方式（如冲击荷载或随时间作周期性变化的交变荷载等）对材料的力学性能也将产生明显的影响。有关这方面的详细讨论见以后章节。

4.8 强 度 条 件

由式（4.4）求得拉（压）杆的最大工作应力后，并不能判断杆件是否会因强度不足而发生破坏。只有把杆件的最大工作应力与材料的强度指标联系起来，才有可能作出判断。

4.8.1 许用应力

前述试验表明，对于脆性材料，当其正应力达到强度极限 σ_b 时，会引起断裂；对于塑性材料，当其正应力达到屈服应力 σ_s 时，将产生屈服或出现显著塑性变形。因此，通常将强度极限与屈服应力统称为材料的极限应力，并用 σ_u 表示。对于脆性材料，强度极限为其唯一强度指标，因此，以强度极限作为极限应力；对于塑性材料，由于其屈服应力小于强度极限，故通常以屈服应力作为极限应力。

根据分析计算所得构件之应力，称为工作应力。在理想的情况下，为了充分利用材料的强度，应尽可能使构件的工作应力接近于材料的极限应力，但由于作用在构件上的外力常常估计不准确；构件的外形与所受外力往往比较复杂，计算所得应力通常均带有一定程度的近似性；实际材料的组成与品质等难免存在差异，不能保证构件所用材料与标准试样具有完全相同的力学性能等不确定性因素，都会使构件的实际工作条件比设想的要偏于不安全。为了保证构件在外力作用下，能安全可靠地工作，构件应具有适当的强度储备，特别是对于因破坏将带来严重后果的构件，更应给予较大的强度储备。

由此可见，构件工作应力的最大容许值，必须低于材料的极限应力。对于由一定材料制成的具体构件，工作应力的最大容许值，称为材料的许用应力，并用 $[\sigma]$ 表示。许用应力与极限应力的关系为

$$[\sigma] = \frac{\sigma_u}{n} \tag{4.25}$$

式中：n 为大于 1 的因数，称为安全因数。

确定安全系数时应该考虑的因素一般有：①载荷估计的准确性；②简化过程和计算方法的精确性；③材料的均匀性和材料性能数据的可靠性；④构件的重要性。此外，还要考虑零件的工作条件，减轻自重和其他意外因素等。

安全系数的确定与许多因素有关，对一种材料规定一个一成不变的安全系数，并用它来设计各种不同工作条件下的构件显然是不科学的。应该按具体情况，分别选用。正确选取安全系数，关系到构件的安全与经济。过大的安全系数，会浪费材料；太小的安全系数则又可

能使构件不能安全工作。因此，应该在保证构件安全可靠的前提下，尽量采用较大的许用应力或较小的安全系数。

在一般构件的设计中，以屈服极限作为极限应力时的安全系数为 n_s，通常规定为 $1.5\sim2.0$；强度极限作为极限应力时的安全系数为 n_b，则为 $2.0\sim5.0$。

现将适用于常温、静载和一般工作条件下的基本许用应力 $[\sigma]$ 的值列于表 4.2 中。

表 4.2   **常用材料的许用应力约值**
（适用于常温、静载荷和一般工作条件下的拉杆和压杆）

材料名称	牌号	许用应力（MPa）	
		轴向拉伸	轴向压缩
低碳钢	Q235	170	170
低合金钢	16Mn	230	230
灰口铸铁		34～54	160～200
混凝土	C20	0.44	7
	C30	0.6	10.3
红松（顺纹）		6.4	10

如上所述，安全因数是由多种因素决定的。各种材料在不同工作条件下的安全因数或许用应力，可从有关规范或设计手册中查到。在一般静强度计算中，对于塑性材料，按屈服应力所规定的安全因数 n_s，通常取为 $1.5\sim2.2$；对于脆性材料，按强度极限所规定的安全因数 n_b，通常取为 $3.0\sim5.0$，甚至更大。

构件在交变应力作用下可能发生疲劳破坏，所以疲劳破坏也是构件破坏或失效的一种形式。关于构件在交变应力作用下的疲劳强度问题，将在以后详细讨论。

4.8.2　强度条件

根据以上分析，为了保证拉压杆在工作时不致因强度不够而破坏，杆内的最大工作应力 σ_{max} 不得超过材料的许用应力 $[\sigma]$，即要求

$$\sigma_{max} = \left(\frac{F_N}{A}\right)_{max} \leqslant [\sigma] \tag{4.26}$$

上述判据称为拉压杆的强度条件。

对于等截面拉压杆，上式则变为

$$\frac{F_{N,max}}{A} \leqslant [\sigma] \tag{4.27}$$

利用上述强度条件，可以解决以下三类强度问题：

1. 校核强度

当已知拉压杆的截面尺寸、许用应力与所受外力时，通过比较工作应力与许用应力的大小，以判断该杆在所述外力作用下能否安全工作。

2. 选择截面尺寸

如果已知拉压杆所受外力和许用应力，根据强度条件可以确定该杆所需横截面面积。如对于等截面拉压杆，其所需横截面面积为

$$A \geqslant \frac{F_{N,max}}{[\sigma]} \tag{4.28}$$

3. 确定承载能力

如果已知拉压杆的截面尺寸和许用应力，根据强度条件可以确定该杆所能承受的最大轴力，其值为

$$[F_N] = A[\sigma] \tag{4.29}$$

最后还应指出，如果工作应力 σ_{max} 超过了许用应力 $[\sigma]$，但只要超过量（即 σ_{max} 与 $[\sigma]$ 之差）不大，如不超过许用应力的 5%，在工程计算中仍然是允许的。

【例 4.10】 三角屋架的主要尺寸如图 4.38 所示，承受长度为 $l=9.3$m 的竖向均布荷载，其荷载集度为 $q=4.2$kN/m。屋架中的钢拉杆直径 $d=16$mm，许用应力 $[\sigma]$ $=170$MPa。试校核拉杆的强度。

解：（1）做计算简图：由于两屋面板之间和拉杆与屋面板之间的接头难以阻止微小的相对转动，故可将接头看作铰接，于是得屋架的计算简图如图 4.38 (b) 所示。

（2）求支反力：取屋架整体为研究对象，列平衡方程

$$\sum F_x = 0, \quad F_{Ax} = 0$$

为了简便，可利用对称关系，得

$$F_{Ay} = F_{By} = \frac{1}{2}ql$$

$$= \frac{1}{2}(4.2 \times 10^3 \text{N/m}) \times 9.3\text{m}$$

$$= 19.5 \times 10^3(\text{N}) = 19.5(\text{kN})$$

（3）求拉杆的轴力 F_N：取半个屋架为分离体 [见图 4.38（c）]，列平衡方程

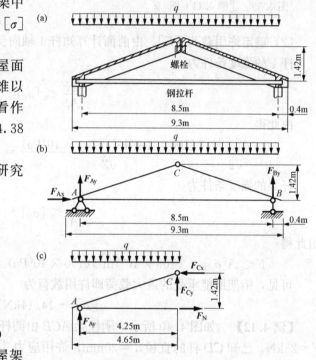

图 4.38 [例 4.10] 图

$$\sum M_c = 0, \quad (1.42\text{m})F_N + \frac{(4.65\text{m})^2}{2}q - (4.25\text{m})F_{Ay} = 0$$

解得

$$F_N = 26.3\text{kN}$$

（4）求拉杆横截面上的工作应力 σ

$$\sigma = \frac{F_N}{A} = \frac{26.3 \times 10^3 \text{N}}{\frac{\pi}{4}(16 \times 10^{-3}\text{m})^2} = 131 \times 10^6(\text{Pa}) = 131(\text{MPa})$$

（5）强度校核：因为

$$\sigma = 131\text{MPa} < [\sigma]$$

满足强度条件，故钢拉杆的强度是安全的。

【例 4.11】 如图 4.39（a）所示桁架，由杆 1 与杆 2 组成，在结点 B 承受载荷 F 作用。试计算载荷 F 的最大允许值即所谓许用载荷 $[F]$。已知杆 1 与杆 2 的横截面面积均为 $A=100\text{mm}^2$，许用拉应力 $[\sigma_t]=200$MPa，许用压应力为 $[\sigma_c]=150$MPa。

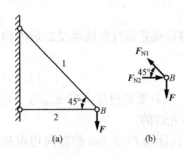

图 4.39　[例 4.11] 图

解：（1）轴力分析。设杆 1 轴向受拉，杆 2 轴向受压，杆 1 与杆 2 的轴力分别为 F_{N1} 与 F_{N2} [见图 4.39（b）]，则根据结点 B 的平衡方程

$$\sum F_x = 0, \quad F_{N2} - F_{N1}\cos 45° = 0$$

$$\sum F_y = 0, \quad F_{N1}\sin 45° - F = 0$$

解得

$$F_{N1} = \sqrt{2}F(\text{拉力})$$

$$F_{N2} = F(\text{压力})$$

（2）确定许用载荷 $[F]$。由前面计算知杆 1 轴向受拉，杆 2 轴向受压。

杆 1 的强度条件为

$$\frac{\sqrt{2}F}{A} \leqslant [\sigma_t]$$

由此得

$$F \leqslant \frac{A[\sigma_t]}{\sqrt{2}} = \frac{(100 \times 10^{-6}\,\text{m}^2)(200 \times 10^6\,\text{Pa})}{\sqrt{2}} = 1.414 \times 10^4 (\text{N}) = 14.14 (\text{kN})$$

杆 2 的强度条件为

$$\frac{F}{A} \leqslant [\sigma_c]$$

由此得

$$F \leqslant A[\sigma_c] = (100 \times 10^{-6}\,\text{m}^2)(150 \times 10^6\,\text{Pa}) = 1.50 \times 10^4 (\text{N}) = 15 (\text{kN})$$

可见，桁架所能承受的最大载荷即许用载荷为

$$[F] = 14.14\text{kN}$$

【例 4.12】　如图 4.40 所示，刚性梁 ACB 由圆杆 CD 悬挂在 C 点，B 端作用集中载荷 $F=25$kN，已知 CD 杆的直径 $d=20$mm，许用应力 $[\sigma]=160$MPa，试校核 CD 杆的强度，并求：

（1）结构的许用载荷 $[F]$。

（2）若 $F=50$kN，设计 CD 杆的直径 d。

解：（1）受力分析。作 AB 杆的部分受力图，如图 4.40（b）所示，列平衡方程

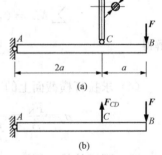

$$\sum m_A = 0, \quad 2aF_{CD} = 3aF$$

解得

$$F_{CD} = \frac{3}{2}F$$

（2）强度校核。CD 杆的应力为

图 4.40　[例 4.12] 图

$$\sigma_{CD} = \frac{F_{CD}}{A} = \frac{4 \times \frac{3}{2}F}{\pi d^2} = \frac{6 \times 25 \times 10^3\,\text{N}}{\pi \times (20 \times 10^{-3}\,\text{m})^2} = 119.4 \times 10^6 (\text{Pa}) = 119.4 (\text{MPa})$$

即 $\sigma_{CD} < [\sigma]$，故 CD 杆满足强度要求。

（3）确定结构的许用载荷 $[F]$。由强度条件

$$\sigma_{CD} = \frac{F_{CD}}{A} = \frac{6F}{\pi d^2} \leqslant [\sigma]$$

解得

$$F \leqslant \frac{\pi d^2 [\sigma]}{6} = \frac{\pi \times (20 \times 10^{-3} \text{m})^2 \times 160 \times 10^6 \text{Pa}}{6} = 33.5 \times 10^3 (\text{N}) = 33.5 (\text{kN})$$

所以结构的许用载荷为

$$[F] = 33.5 \text{kN}$$

（4）设计 CD 杆的直径。若 $F = 50$kN，根据强度条件公式

$$\sigma_{CD} = \frac{F_{CD}}{A} = \frac{6F}{\pi d^2} \leqslant [\sigma]$$

有

$$d \geqslant \sqrt{\frac{6F}{\pi [\sigma]}} = \sqrt{\frac{6 \times 50 \times 10^3 \text{N}}{\pi \times 160 \times 10^6 \text{Pa}}} = 2.44 \times 10^{-2} (\text{m}) = 24.4 (\text{mm})$$

取 $d = 25$mm。

习 题

4-1 拉压杆横截面上的正应力公式是如何建立的？为什么要做假设？该公式的应用条件是什么？

4-2 弹性模量 E 的物理意义是什么？如低碳钢的弹性模量 $E_s = 210$GPa，混凝土的弹性模量 $E_c = 28$GPa，试求下列各项：

（1）在横截面上正应力 σ 相等的情况下，钢和混凝土杆的纵向线应变 ε 之比。

（2）在纵向线应变 ε 相等的情况下，钢和混凝土杆横截面上正应力 σ 之比。

（3）当纵向线应变 $\varepsilon = 0.0015$ 时，钢和混凝土杆横截面上正应力 σ 的值。

4-3 若两杆的截面面积 A、长度 l 及所受载荷 F 均相同，而材料不同，试问所产生的应力 σ、变形 Δl 是否相同。

4-4 低碳钢在拉伸过程中表现为几个阶段？各有何特点？何谓比例极限、屈服极限与强度极限？

4-5 何谓塑性材料与脆性材料？如何衡量材料的塑性？试比较塑性材料与脆性材料的力学性能的特点。

4-6 试指出下列概念的区别：

（1）内力与应力。

（2）变形与应变。

（3）弹性变形与塑性变形。

（4）强度极限与极限应力。

（5）极限应力与许用应力。

（6）工作应力、许用应力。

4-7 何谓许用应力？何谓强度条件？利用强度条件可以解决哪些类型的强度问题？

4-8 何谓杆截面拉压刚度？拉压刚度越大，则对杆是越有利还是越不利？

4-9 试求图 4.41 所示各杆的轴力，指出轴力的最大值，并画出各杆的轴力图。

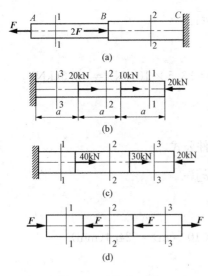

图 4.41 题 4-9 图

4-10 若图 4.41（c）所示杆为圆截面杆，其横截面面积为 $A=200\text{mm}^2$，各段杆长分别为 100、120、100mm，弹性模量 $E=200\text{GPa}$，求杆的总伸长 Δl。

4-11 一木桩受力如图 4.42 所示。柱的横截面为边长 200mm 的正方形，材料可认为符合胡克定律，其弹性模量 $E=10\text{GPa}$。如不计柱的自重，试求：

（1）作轴力图。

（2）各段柱横截面上的应力。

（3）各段柱的纵向线应变。

（4）柱的总变形。

4-12 吊车在如图 4.43 所示托架的 AC 梁上移动，斜杆 AB 的截面为圆形，直径为 20mm，$[\sigma]=120\text{MPa}$。试校核 AB 的强度（提示：应考虑危险工作状况）。

4-13 一空心圆截面杆，内径 $d=15\text{mm}$，承受轴向压力 $F=20\text{kN}$ 作用，已知材料的屈服应力 $\sigma_s=240\text{MPa}$，安全因数 $n_s=1.6$。试确定杆的外径 D。

4-14 如图 4.44 所示结构中，水平杆 AB 为刚性杆，斜杆 CD 为钢杆。已知 CD 钢杆的直径为 $d=20\text{mm}$，许用应力 $[\sigma]=160\text{MPa}$，试求结构的许用载荷。

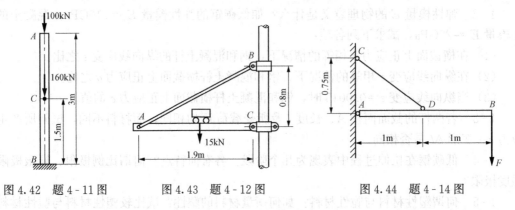

图 4.42 题 4-11 图　　图 4.43 题 4-12 图　　图 4.44 题 4-14 图

4-15 如图 4.45 所示结构中，梁 AB 受均布线载荷 $q=10\text{kN/m}$ 作用，B 端用斜杆 BC 拉住。

（1）斜杆用钢丝索做成，每根钢丝的直径 $d=2\text{mm}$，$[\sigma]=160\text{MPa}$，求所需钢丝根数 n。

（2）若斜杆改用两根∟$63\times63\times5$ 等边角钢，在连接处每个角钢打一个直径 $d=20\text{mm}$ 的销钉孔，材料的许用应力 $[\sigma]=140\text{MPa}$，试校核其强度。

4-16 如图 4.46 所示桁架，杆 1 与杆 2 的横截面均为圆形，直径分别为 $d_1=30\text{mm}$ 与 $d_2=20\text{mm}$，两杆材料相同，许用应力 $[\sigma]=160\text{MPa}$，该桁架在结点 A 处承受铅垂方向的载荷 $F=80\text{kN}$ 作用。

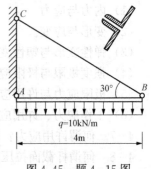

图 4.45 题 4-15 图

（1）试校核桁架的强度。

（2）确定该桁架的许用载荷。

4-17　如图 4.47 所示两端固定等截面直杆，横截面的面积为 A，承受轴向载荷 F 作用，试计算杆内横截面上的最大拉应力与最大压应力。

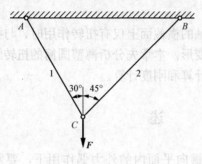
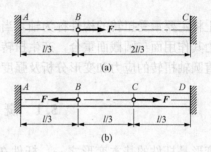

图 4.46　题 4-16 图　　　　　　图 4.47　题 4-17 图

5 圆 轴 扭 转

工程上将主要承受扭转的构件称为轴，当轴的横截面上仅有扭转作用时，与扭矩相对应的分布内力其作用面与圆截面重合，产生扭转变形。本章先分析薄壁圆筒的扭转问题，再重点介绍等直圆轴扭转的应力和变形分析及强度计算和刚度计算。

5.1 概 述

扭转变形是杆件的基本变形之一。杆件在横向平面内的外力偶作用下，要发生扭转变形，它的任意两个横截面将由于各自绕杆的轴线所转动的角度不相等而产生相对角位移，即相对扭转角。

受力特点：杆件受到作用面垂直于杆轴线的力偶的作用。

变形特点：相邻横截面绕杆轴产生相对旋转变形。

产生扭转变形的杆件多为传动轴，房屋的雨篷梁也有扭转变形，如图 5.1 所示。

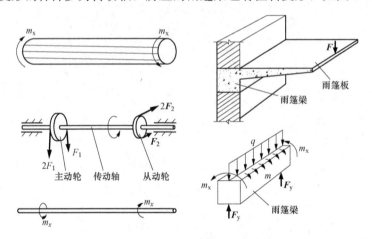

图 5.1 扭转变形实例

5.2 薄壁圆筒的扭转——剪切胡克定律

5.2.1 薄壁圆筒扭转时的应力

为了观察薄壁圆筒的扭转变形现象，先在圆筒表面上画出图 5.2 所示的纵向线及圆周线，由图可见，当圆筒两端加上一对力偶 m 后，各纵向线仍近似为直线，且其均倾斜了同一微小角度 γ，各圆周线的形状和大小没有变化，圆周线绕轴线转了不同角度。由此说明，圆筒横截面及含轴线的纵向截面上均没有正应力，则横截面上只有切于截面的切应力 τ。因为薄壁的厚度 δ 很小，所以可以认为切应力沿壁厚方向均匀分布，如图 5.2 所示。

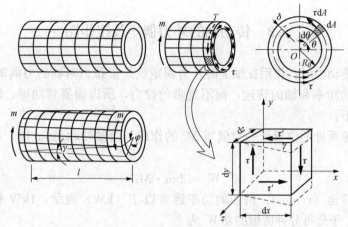

图 5.2　扭转变形及应力分布

由
$$\sum m_\mathrm{x} = 0, \quad \int_0^{2\pi} \tau R_0^2 \delta \mathrm{d}\theta - m = 0$$

解得
$$\tau = \frac{m}{2\pi R_0^2 \delta} \tag{5.1}$$

式中：R_0 为圆筒的平均半径。

扭转角 ϕ 与切应变 γ 的关系，由图 5.2（b）有
$$R\phi \approx l\gamma$$

即
$$\gamma = R\frac{\phi}{l} \tag{5.2}$$

5.2.2　切应力互等定理

用相邻的两个横截面、两个纵向截面及两个圆柱面，从圆筒中取出边长分别为 $\mathrm{d}x$、$\mathrm{d}y$、$\mathrm{d}z$ 的单元体（图 5.2），单元体左、右两侧面是横截面的一部分，其上有等值、反向的切应力 τ，其组成一个力偶矩为 $(\tau \mathrm{d}z\mathrm{d}y)\mathrm{d}x$ 的力偶。则单元体上、下面上的切应力 τ' 必组成一等值、反向的力偶与其平衡。

由
$$\sum m = 0, \quad (\tau \mathrm{d}z\mathrm{d}x)\mathrm{d}y - (\tau \mathrm{d}z\mathrm{d}y)\mathrm{d}x = 0$$

解得
$$\tau = \tau'$$

上式表明：在互相垂直的两个平面上，切应力总是成对存在，且数值相等；两者均垂直两个平面交线，方向则同时指向或同时背离这一交线。如图 5.2 所示的单元体的四个侧面上，只有切应力而没有正应力作用，这种情况称为纯剪切。

5.2.3　剪切胡克定律

通过薄壁圆筒扭转试验可得逐渐增加的外力偶矩 m 与扭转角 ϕ 的对应关系，然后由式（5.1）和式（5.2）得一系列的 τ 与 γ 的对应值，便可作出图 5.3 所示的 τ-γ 曲线（由低碳钢材料得出的），其与 σ-ε 曲线相似。在 τ-γ 曲线中 OA 为一直线，其直线段对应最大的切应力为 τ_P，表明 $\tau \leqslant \tau_\mathrm{P}$ 时，$\tau \propto \gamma$ 就是剪切胡克定律，即
$$\tau = G\gamma \tag{5.3}$$

式中：G 为比例系数，称为剪切弹性模量。

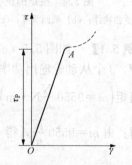

图 5.3　薄壁圆筒剪切应力—应变曲线

5.3 传动轴的外力偶矩及扭矩图

在计算带轮传动轴时,作用在轴上的外力偶矩就是带拉力对轴的力偶矩 M_e,但通常给出的是轴所传递的功率和轴的转速,而不是带的拉力,所以需要将功率、转速换算为力偶矩。换算关系如下:

假想轴在带轮所处的位置受一力偶矩 M_e 的作用,当轴转动 1min 时,该力偶矩所作用的功 W 为

$$W = 2\pi n \cdot M_e$$

式中:n 为轴的转速 (r/min)。机器的功率通常以 P (kW) 表示,1kW 相当于每秒钟作 1000N·m 的功,于是每分钟所做的功 W' 为

$$W' = 60000P$$

式中:P 的单位为 kW;W' 的单位为 N·m。

因为 W 和 W' 都代表每分钟所做的功,它们应相等,于是比较得到根据功率 P(kW),转速 n(r/min) 来计算外力偶矩 M_e(N·m) 的公式

$$M_e = \frac{60000P}{2\pi n} = 9550 \frac{P}{n} \tag{5.4}$$

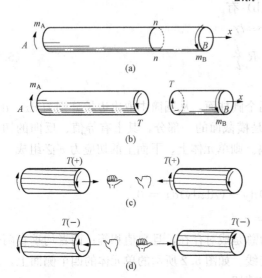

图 5.4 扭矩的正负号规则
(a) 受扭构件;(b) 截面截开;(c) 正方向;(d) 负方向

如图 5.4 (a) 所示为一受扭杆,用截面法来求 n-n 截面上的内力,取左段 [见图 5.4 (b)],作用于其上的仅有一力偶矩 m_A,因其平衡,则作用于 n-n 截面上的内力必合成为一力偶。

由 $\sum m_x = 0 \quad T - m_A = 0$

解得 $T = m_A$

式中:T 称为 n-n 截面上的扭矩。

杆件受到外力偶作用而发生扭转变形时,在杆的横截面上产生的内力称扭矩(T),单位为 N·m 或 kN·m。

符号规定:按右手螺旋法则将 T 表示为矢量,当矢量方向与截面外法线方向相同为正 [见图 5.4 (c)];反之为负 [见图 5.4 (d)]。

【例 5.1】 如图 5.5 (a) 所示的传动轴的转速 $n = 300$r/min,主动轮 A 的功率 $N_A = 400$kW,3 个从动轮输出功率分别为 $N_C = 120$kW,$N_B = 120$kW,$N_D = 160$kW,试求指定截面的扭矩 $\left(m = 9550 \frac{N}{n} \text{N·m}\right)$。

解: 由 $m = 9550 \frac{N}{n}$,得

$$m_A = 9550 \times \frac{N_A}{n} = 12.73(\text{kN·m})$$

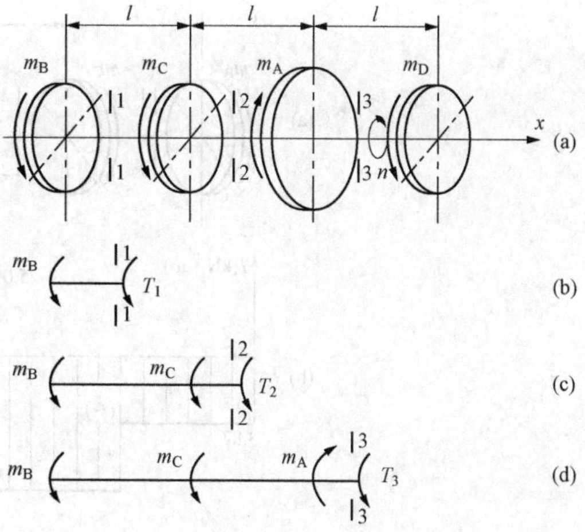

$$m_B = m_C = 9550 \times \frac{N_B}{n} = 3.82(\text{kN} \cdot \text{m})$$

$$m_D = 9550 \times \frac{N_D}{n} = 5.09(\text{kN} \cdot \text{m})$$

由　$\sum m_x = 0$，$T_1 + m_B = 0$

解得　$T_1 = -m_B = -3.82\text{kN} \cdot \text{m}$

如图 5.5（b）所示。

由　$\sum m_x = 0$，$T_2 + m_B + m_C = 0$

解得　$T_2 = -m_B - m_C = -7.64\text{kN} \cdot \text{m}$

如图 5.5（c）所示。

由 $\sum m_x = 0$，$T_3 - m_A + m_B + m_C = 0$

解得 $T_3 = m_A - m_B - m_C = 5.09\text{kN} \cdot \text{m}$

如图 5.5（c）所示。

图 5.5　［例 5.1］图

由上述扭矩计算过程推得：任一截面的扭矩值等于对应截面一侧所有外力偶矩的代数和，且外力偶矩的符号采用右手螺旋法则规定，如果以右手四指表示扭矩的转向，则拇指的指向离开截面时的扭矩为正，反之拇指指向截面时则扭矩为负，即

$$T = \sum m \tag{5.5}$$

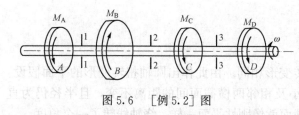

图 5.6　［例 5.2］图

【例 5.2】　　如图 5.6 所示的传动轴有 4 个轮子，作用轮上的外力偶矩分别为 $m_A = 3\text{kN} \cdot \text{m}$，$m_B = 7\text{kN} \cdot \text{m}$，$m_C = 2\text{kN} \cdot \text{m}$，$m_D = 2\text{kN} \cdot \text{m}$，试求指定截面的扭矩。

解：由 $T = \sum m$，得

取左段 $T_1 = -m_A = -3\text{kN} \cdot \text{m}$

取右段 $T_1 = -m_B + m_C + m_D = -3\text{kN} \cdot \text{m}$

取左段 $T_2 = -m_A + m_B = 4\text{kN} \cdot \text{m}$

取右段 $T_2 = m_C + m_D = 4\text{kN} \cdot \text{m}$

取左段 $T_3 = -m_A + m_B - m_C = 2\text{kN} \cdot \text{m}$

取右段 $T_3 = m_D = 2\text{kN} \cdot \text{m}$

【例 5.3】　试作出［例 5.1］中传动轴的扭矩图。

解：BC 段：$T(x) = -m_B = -3.82\text{kN} \cdot \text{m}(0 < x < l)$

$$T_B^+ = T_C^- = -3.82\text{kN} \cdot \text{m}$$

CA 段：$T(x) = -m_B - m_C = -7.64\text{kN} \cdot \text{m}(l < x < 2l)$

$$T_C^+ = T_A^- = -7.64\text{kN} \cdot \text{m}$$

AD 段：$T(x) = m_D = 5.09\text{kN} \cdot \text{m}(2l < x < 3l)$

$$T_A^+ = T_D^- = 5.09\text{kN} \cdot \text{m}$$

根据 T_B^+、T_C^-、T_C^+、T_A^-、T_A^+、T_D^- 的对应值便可作出图 5.7（b）所示的扭矩图。T^+ 及 T^- 分别对应横截面右侧及左侧相邻横截面的扭矩。

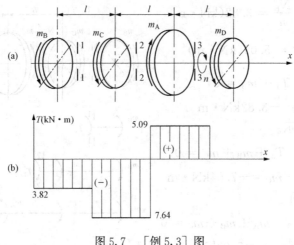

图 5.7　[例 5.3] 图

由例子可见，轴的不同截面上有不同的扭矩，而对轴进行强度计算时，对等直圆轴要以轴内最大的扭矩为计算依据，所以必须知道各个截面上的扭矩，以便确定出最大的扭矩值。这就需要画扭矩图来解决。

5.4　等直圆杆扭转时的应力强度条件

5.4.1　等直径圆杆扭转时的应力

1. 扭转变形现象及平面假设

由图 5.8 可知，圆轴与薄壁圆筒的扭转变形相同。由此作出圆轴扭转变形的平面假设：圆轴变形后其横截面仍保持为平面，其大小及相邻两横截面间的距离不变，且半径仍为直线。按照该假设，圆轴扭转变形时，其横截面就像刚性平面一样，绕轴线转了一个角度。

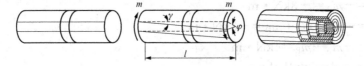

图 5.8　等直径圆轴扭转变形

2. 变形的几何关系

从圆轴中取出长为 dx 的微段 [见图 5.9 (a)]，截面 n-n 相对于截面 m-m 绕轴转了 dφ 角，半径 O_2C 转至 O_2C' 位置。若将圆轴看成无数薄壁圆筒组成，则在此微段中，组成圆轴的所有圆筒的扭转角 dφ 均相同。设其中任意圆筒的半径为 ρ，切应变为 γ_ρ [见图 5.9 (b)]，由式 (5.2) 有

$$\gamma_\rho = \rho \frac{\mathrm{d}\varphi}{\mathrm{d}x} = \rho\theta \tag{5.6}$$

式中：θ 为沿轴线方向单位长度的扭转角。对一个给定的截面 θ 为常数。显然 γ_ρ 发生在垂直于 O_2H 半径的平面内。

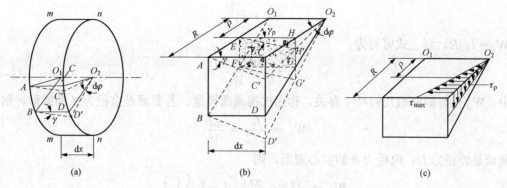

图 5.9 圆轴扭转时的变形协调关系

(a) 微段；(b) 几何关系；(c) 物理关系

3. 物理关系

以 τ_ρ 表示横截面上距圆心为 ρ 处的切应力，由式（5.3），有

$$\tau_\rho = G\gamma_\rho$$

将式（5.6）代入上式，得

$$\tau_\rho = G\rho \frac{\mathrm{d}\varphi}{\mathrm{d}x} = G\rho\theta \tag{5.7}$$

上式表明，横截面上任意点的切应力 τ_ρ 与该点到圆心的距离 ρ 成正比。因为 γ_ρ 发生在垂直于半径的平面内，所以 τ_ρ 也与半径垂直，切应力在纵、横截面上沿半径分布如图 5.9 (c) 所示。

4. 静力学关系

在横截面上距圆心为 ρ 处取一微面积 $\mathrm{d}A$（见图 5.10），其上内力 $\tau_\rho\mathrm{d}A$ 对 x 轴之矩为 $\tau_\rho\mathrm{d}A\rho$，所有内力矩的总和即为该截面上的扭矩

$$T = \int_A \rho\tau_\rho\mathrm{d}A \tag{5.8}$$

将式（5.6）代入式（5.8），得

$$T = G\theta\int_A \rho^2 \mathrm{d}A = G\theta I_P \tag{5.9}$$

式中：I_P 为横截面对点 O 的极惯性矩。

对于直径为 d 的实心圆截面

$$I_P = \int_A \rho^2 \mathrm{d}A = \frac{\pi d^4}{32}$$

由式（5.9）可得单位长度扭转角为

$$\theta = \frac{T}{GI_P} \tag{5.10}$$

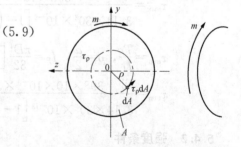

图 5.10 圆轴扭转时的静力学关系

将式（5.3）代入式（5.7），得

$$\tau_\rho = \frac{T\rho}{I_P} \tag{5.11}$$

这就是圆轴扭转时横截面上任意点的切应力公式。

在圆截面边缘上，ρ 的最大值为 R，则最大切应力为

$$\tau_{\max} = \frac{TR}{I_P}$$

令 $W_n = I_P/R$，则上式可写为

$$\tau_{\max} = \frac{T}{W_n} \qquad (5.12)$$

式中：W_n 仅与截面的几何尺寸有关，称为抗扭截面模量。若截面是直径为 d 的圆形，则

$$W_n = \frac{I_P}{d/2} = \frac{\pi d^3}{16}$$

若截面是外径为 D，内径为 d 的空心圆形，则

$$W_n = \frac{I_P}{D/2} = \frac{\pi D^3}{16}\left[1 - \left(\frac{d}{D}\right)^4\right]$$

【例 5.4】 如图 5.11 所示，传动轴的转速 $n = 360 \text{r/min}$，其传递的功率 $N = 15 \text{kW}$。已知 $D = 30 \text{mm}$，$d = 20 \text{mm}$。试计算 AC 段横截面上的最大切应力；CB 段横截面上的最大和最小切应力。

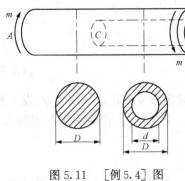

图 5.11　[例 5.4] 图

解： 由 $m = 9550\dfrac{N}{n}$ 计算外力偶矩

$$m = 9550 \times \frac{15}{360} = 398(\text{N}\cdot\text{m})$$

计算扭矩为

$$T = m = 398\text{N}\cdot\text{m}$$

AC 段：$\tau_{\max} = \dfrac{T}{W_n}$，$W_n = \dfrac{\pi}{16}D^3$

$$\tau_{\max} = \frac{398 \times 16}{3.14 \times 30^3 \times 10^{-9}} = 75 \times 10^6 \text{Pa}$$
$$= 75(\text{MPa})$$

CB 段：$\tau_{\max} = \dfrac{T}{W_n}$，$W_n = \dfrac{\pi D^3}{16}\left[1 - \left(\dfrac{d}{D}\right)^4\right]$

$$\tau_{\max} = \frac{398 \times 16}{3.14 \times 30^3 \times 10^{-9}\left[1 - \left(\frac{2}{3}\right)^4\right]} = 93.6 \times 10^6 \text{Pa} = 93.6(\text{MPa})$$

$$\tau_{\min} = \frac{T\rho}{I_P}, \quad \rho = \frac{d}{2}, \quad I_P = \frac{\pi D^4}{32}\left[1 - \left(\frac{d}{D}\right)^4\right]$$

$$\tau_{\min} = \frac{398 \times 10 \times 10^{-3} \times 32}{3.14 \times 30^4 \times 10^{-12}\left[1 - \left(\frac{2}{3}\right)^4\right]} = 62.4 \times 10^6 \text{Pa} = 62.4(\text{MPa})$$

5.4.2　强度条件

由式（5.11）得，圆轴扭转时切应力强度条件为

$$\tau_{\max} = \frac{T}{W_n} \leqslant [\tau] \qquad (5.13)$$

【例 5.5】 如图 5.12（a）所示的阶梯形圆轴，AB 段的直径 $d_1 = 40\text{mm}$，BD 段的直径 $d_2 = 70\text{mm}$，外力偶矩分别为：$m_A = 0.7\text{kN}\cdot\text{m}$，$m_C = 1.1\text{kN}\cdot\text{m}$，$m_D = 1.8\text{kN}\cdot\text{m}$。许用切应力 $[\tau] = 60\text{MPa}$。试校核该轴的强度。

解： AC、CD 段的扭矩分别为 $T_1 = -0.7\text{kN}\cdot\text{m}$，$T_2 = -1.8\text{kN}\cdot\text{m}$。扭矩图如图 5.12

(b) 所示。

虽然 CD 段的扭矩大于 AB 段的扭矩，但 CD 段的直径也大于 AB 段直径，所以，对这两段轴均应进行强度校核。

AB 段：$\tau_{max}=\dfrac{T_1}{W_n}=55.7\text{MPa}<$

$60\text{MPa}=[\tau]$

CD 段：$\tau_{max}=\dfrac{T_2}{W_n}=26.7\text{MPa}<$

$60\text{MPa}=[\tau]$

故该轴满足强度条件。

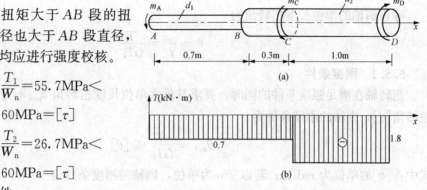

图 5.12 [例 5.5] 图

【例 5.6】 材料相同的实心轴与空心轴，通过牙嵌离合器相连，传递外力偶矩为 $m=0.7\text{kN}\cdot\text{m}$。设空心轴的内外径比 $\alpha=0.5$，许用切应力 $[\tau]=20\text{MPa}$。试计算实心轴直径 d_1 与空心轴外径 D_2，并比较两轴的截面面积。

解： 扭矩为 $T=m=0.7\text{kN}\cdot\text{m}$，有

$$W_n\geqslant\frac{T}{[\tau]}=35\text{cm}^3 \tag{5.14}$$

对实心轴 $W_n=\pi d_1^3/16$ 代入式（5.14），解得

$$d_1\geqslant5.6\text{cm}$$

取 $d_1=5.6\text{cm}$。

对空心轴 $W_n=\dfrac{\pi D_2^3}{16}(1-\alpha^4)$ 代入式（5.14），解得

$$D_2\geqslant5.75\text{cm}$$

取 $D_2=5.75\text{cm}$，则内径 $d_2=2.83\text{cm}$。

实心轴与空心轴的截面积比为

$$\frac{A_1}{A_2}=\frac{\pi d_1^2}{4}\bigg/\frac{\pi D_2^2}{4}(1-\alpha^2)=1.248$$

可见，在传递同样的力偶矩时，空心轴所耗材料比实心轴少。

5.5 等直圆杆扭转时的变形——刚度条件

5.5.1 等直圆杆扭转时的扭转角

将 $\theta=\dfrac{\mathrm{d}\varphi}{\mathrm{d}x}$ 代入式（5.10）并积分，便得相距为 l 的两个截面间的扭转角 φ 为

$$\varphi=\int\mathrm{d}\varphi=\int\frac{T}{GI_P}\mathrm{d}x \tag{5.15}$$

若相距为 l 的两个截面间的 T、G、I_P 均不变，则此二截面间扭转角为

$$\varphi=\frac{Tl}{GI_P} \tag{5.16}$$

由式（5.15）可知，当 l 及 T 均为常数时，GI_P 越大则扭转角 φ 越小，所以 GI_P 称为圆

轴的抗扭刚度。

等直圆轴的单位长度扭转角为

$$\theta = \frac{\varphi}{l} = \frac{T}{GI_P} \qquad (5.17)$$

5.5.2　刚度条件

扭转轴在满足强度条件的同时，要求其最大单位长度扭转角 θ_{max} 不应大于许用单位长度扭转角 $[\theta]$，则轴的刚度条件为

$$\theta_{max} = \frac{T}{GI_P} \leqslant [\theta] \qquad (5.18)$$

式中：$[\theta]$ 的单位为 rad/m；若以 °/m 为单位，则轴的刚度条件为

$$\theta_{max} = \frac{T}{GI_P} \times \frac{180}{\pi} \leqslant [\theta] \qquad (5.19)$$

【例 5.7】　有一闸门启闭机的传动轴。已知：材料为 45 号钢，剪切弹性模量 $G=79GPa$，许用切应力 $[\tau]=88.2MPa$，许用单位扭转角 $[\theta]=0.5°/m$，使圆轴转动的电动机功率为 16kW，转速为 3.86r/min，试根据强度条件和刚度条件选择圆轴的直径。

解：（1）计算传动轴传递的扭矩。

$$T = m = 9550 \frac{N}{n} = 9550 \times \frac{16}{3.86} = 39.59(\text{kN} \cdot \text{m})$$

（2）由强度条件确定圆轴的直径。

由式（5.12）有

$$W_n \geqslant \frac{T}{[\tau]} = 0.4488 \times 10^{-3}(\text{m}^3)$$

而 $W_n = \frac{\pi d^3}{16}$，则

$$d \geqslant \sqrt[3]{\frac{16W_n}{\pi}} = 131(\text{mm})$$

（3）由刚度条件确定圆轴的直径。

由式（5.16）有

$$I_P \geqslant \frac{T}{G[\theta]} \times \frac{180}{\pi}$$

而 $I_P = \frac{\pi d^4}{32}$，则

$$d \geqslant \sqrt[4]{\frac{32T}{\pi G[\theta]} \times \frac{180}{\pi}} = 155(\text{mm})$$

选择圆轴的直径 $d=160mm$。既满足强度条件又满足刚度条件。

【例 5.8】　一电机的传动轴传递的功率为 30kW，转速为 1400r/min，直径为 40mm，轴材料的许用切应力 $[\tau]=40MPa$，剪切弹性模量 $G=80GPa$，许用单位扭转角 $[\theta]=1°/m$，试校核该轴的强度和刚度。

解：（1）计算扭矩为

$$T = m = 9550 \frac{N}{n} = 9550 \times \frac{30}{1400} = 204.6(\text{N} \cdot \text{m})$$

(2) 强度校核。由式 (5.12) 有

$$\tau_{\max} = \frac{T}{W_n} = \frac{16 \times 204.6}{\pi \times (40 \times 10^{-3})^3} = 16.3\text{MPa} < 40\text{MPa} = [\tau]$$

(3) 刚度校核。由式 (5.16) 有

$$\theta = \frac{T}{GI_P} \times \frac{180}{\pi} = \frac{32 \times 204.6}{80 \times 10^9 \times \pi \times (40 \times 10^{-3})^4} \times \frac{180}{\pi} = 0.58°/\text{m} < 1°/\text{m} = [\theta]$$

该传动轴既满足强度条件又满足刚度条件。

习 题

5-1 外力偶矩与扭矩的区别和联系是什么?

5-2 薄壁圆筒纯扭转时,如果在其横截面及径向截面上有正应力,试问取出的分离体能否平衡?

5-3 试绘出实心圆轴的横截面及径向截面上的切应力变化情况的图形。

5-4 低碳钢和铸铁受扭失效如何用圆轴扭转时斜截面上的应力解释。

5-5 从强度方面考虑,空心圆截面轴为何比实心圆截面轴合理。

5-6 如图 5.13 所示,传动轴转速 $n = 13\text{r/min}$, $N_A = 13\text{kW}$, $N_B = 30\text{kW}$, $N_C = 10\text{kW}$, $N_D = 7\text{kW}$。画出该轴扭矩图。

5-7 如图 5.14 所示圆截面轴,AB 与 BC 段的直径分别为 d_1 和 d_2,且 $d_1 = 4d_2/3$。试求轴内的最大扭转切应力与截面 C 的转角,并画出轴表面母线的位移情况,材料的切变模量为 G。

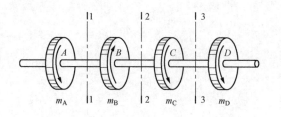

图 5.13 题 5-6 图

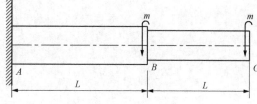

图 5.14 题 5-7 图

5-8 一根外径 $D = 80\text{mm}$,内径 $d = 60\text{mm}$ 的空心圆截面轴,其传递的功率 $N = 150\text{kW}$,转速 $n = 100\text{r/min}$。求内圆上一点和外圆上一点的应力。

5-9 如图 5.15 所示的传动轴,其直径 $d = 50\text{mm}$。试计算:

(1) 轴的最大切应力。

(2) 截面 Ⅰ - Ⅰ 上半径为 20mm 圆轴处的切应力。

(3) 从强度考虑三个轮子如何布置比较合理?为什么?

5-10 如图 5.16 所示的传动轴,转速 $n = 500\text{r/min}$,主动轮 1 输入的功率 $N_1 = 500\text{kW}$,从动轮 2、3 输出功率分别为 $N_2 = 200\text{kW}$,$N_3 = 300\text{kW}$。已知 $[\tau] = 70\text{MPa}$。试确定 AB 段的

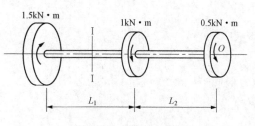

图 5.15 题 5-9 图

直径 d_1 和 BC 段的直径 $d_2 = 50$mm。若将主动轮 1 和从动轮 2 调换位置，试确定等直圆轴 AC 的直径 d。

5-11 如图 5.17 所示，阶梯轴直径分别为 $d_1 = 40$mm，$d_2 = 70$mm，轴上装有三个皮带轮。已知轮 3 输入的功率 $N_3 = 30$kW，轮 1 输出功率 $N_1 = 13$kW，轴转速 $n = 200$r/min，材料的许用应力 $[\tau] = 60$MPa，试校核轴的强度。

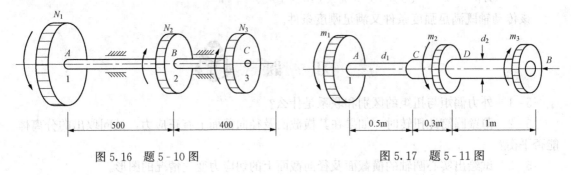

图 5.16 题 5-10 图   图 5.17 题 5-11 图

6 弯　　曲

本章将首先分析和计算梁上剪力和弯矩，以确定梁的危险截面；进而分析横截面上应力分布，得到应力计算公式，以确定横截面上的危险点，然后进行强度计算；最后分析梁的弯曲变形，并进行刚度计算。

6.1 弯　曲　内　力

6.1.1 弯曲的概念

工程中经常遇到像桥式起重机的大梁、火车轮轴这样的杆件，如图 6.1 所示。作用于这些杆件上的外力垂直于杆件的轴线，使原为直线的轴线变形后成为曲线。这种形式的变形称为弯曲变形。以弯曲变形为主的杆件习惯上称为梁。

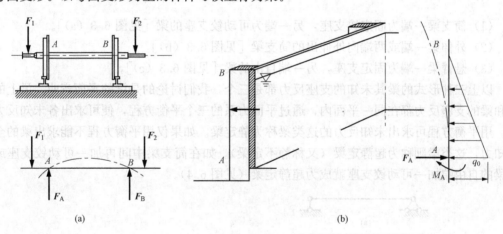

图 6.1　弯曲实例

（a）起重机梁；（b）火车轮轴

工程问题中，绝大部分受弯杆件的横截面都有一根对称轴，因而整个杆件有一个包含轴线的纵向对称面。由于梁的几何、物性和外力均对称于梁的纵向对称面，因此，梁变形后的轴线必定是一条在该纵向对称面的平面曲线，这种弯曲称为对称弯曲。对称弯曲时，由于梁变形后的轴线所在平面与外力所在平面相重合，因此也称为平面弯曲，如图 6.2 所示。平面弯曲是最简单的弯曲变形，是一种基本变形。本章重点介绍单跨静定梁的平面弯曲内力。上面提到的桥式起重机大梁、火车轮轴等都属于这种情况。

6.1.2 受弯杆件的简化

在工程中，将一受力构件（或结构）抽象为力学上的计算简图，是一项重要而复杂的工作，其遵循的基本原则是：按计算简图计算的结果应符合客观实际；同时，应尽可能使计算简单、方便。

工程中常用的简单梁依支座情况有下列几种：

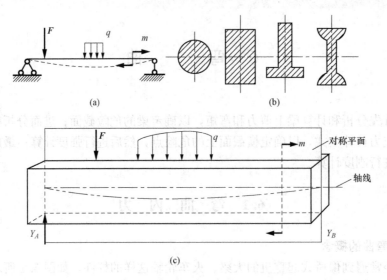

图 6.2　梁的弯曲

（a）平面弯曲；（b）截面型式；（c）对称弯曲

（1）简支梁一端为固定铰支座，另一端为可动铰支座的梁［见图 6.3（a）］。

（2）外伸梁一端或两端向外伸出的简支梁［见图 6.3（b）］。

（3）悬臂梁一端为固定支座，另一端自由的梁［见图 6.3（c）］。

以上三种形式的梁其未知的支座反力都是三个，我们讨论的是梁的平面弯曲，梁上的荷载和梁的支座反力都在同一平面内，通过平面力系的三个平衡方程，便可求出各未知反力。

用平衡方程可求出未知反力的这类梁称为静定梁。如果仅用平衡方程不能求出梁的全部未知力，这类梁则称为超静定梁（又称静不定梁）。如在简支梁中间再加一可动铰支座或悬臂梁的自由端加一可动铰支座就成为超静定梁（见图 6.4）。

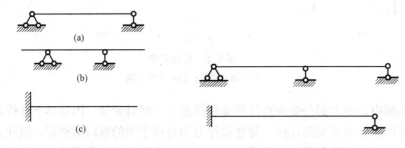

图 6.3　常见的三种形式梁　　　　　图 6.4　超静定梁

（a）简支梁；（b）外伸梁；（c）悬臂梁

6.1.3　剪力和弯矩

如图 6.5 所示的简支梁，受集中载荷 P_1、P_2、P_3 的作用，为求距 A 端 x 处横截面 m-m 上的内力，首先求出支座反力 R_A、R_B，然后用截面法沿截面 m-m 假想地将梁一分为二，取如图 6.5 所示的左半部分为研究对象。因为作用于其上的各力在垂直于梁轴方向的投影之和一般不为零，为使左段梁在垂直方向平衡，则在横截面上必然存在一个切于该横截面的合力 F_s，称为剪力。它是与横截面相切的分布内力系的合力；同时左段梁上各力对截面形心

O 之矩的代数和一般不为零，为使该段梁不发生转动，在横截面上一定存在一个位于荷载平面内的内力偶，其力偶矩用 M 表示，称为弯矩。它是与横截面垂直的分布内力系的合力偶矩。由此可知，梁弯曲时横截面上一般存在两种内力，如图 6.5 所示。

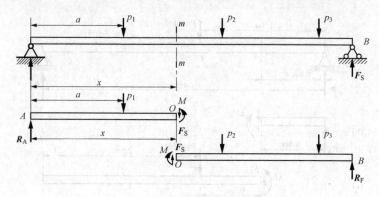

图 6.5　梁弯曲时横截面上的内力

由　　　　　　　　　　$$\sum F_Y = 0 \quad R_A - P_1 - F_S = 0$$

解得　　　　　　　　　　$$F_S = R_A - P_1$$

由　　　　　　　　$$\sum m_o = 0 \quad -R_A x + P_1(x-a) + m = 0$$

解得　　　　　　　　　$$m = R_A x - P_1(x-a)$$

剪力与弯矩的符号规定：

剪力符号：当截面上的剪力使分离体作顺时针方向转动时为正；反之为负。按此规定，如考虑左段分离体时，剪力向下为正，向上为负；如考虑右段分离体时，剪力向上为正，向下为负。

弯矩符号：当截面上的弯矩使分离体上部受压、下部受拉时为正，反之为负。按上述规定，不论考虑左段分离体还是右段分离体，同一截面上内力的符号总是一致的。

6.1.4　剪力方程和弯矩方程剪力图及弯矩图

在一般情况下，梁的不同截面上的内力是不同的，即剪力和弯矩是随截面位置而变化。由于在进行梁的强度计算时，需要知道各横截面上剪力和弯矩中的最大值以及它们所在截面的位置，因此，就必须知道剪力、弯矩随截面而变化的情况。为了便于形象地看到内力的变化规律，通常是将剪力、弯矩沿梁长的变化情况用图形来表示，这种表示剪力和弯矩变化规律的图形分别称为剪力图和弯矩图。

剪力图、弯矩图都是函数图形，其横坐标表示梁的截面位置，纵坐标表示相应截面的剪力、弯矩。剪力图、弯矩图的做法是：先列出剪力、弯矩随截面位置而变化的函数式，再由函数式画成函数图形。

任一截面上的剪力的数值等于对应截面一侧所有外力在垂直于梁轴线方向上的投影的代数和，且当外力对截面形心之矩为顺时针转向时外力的投影取正，反之取负。

任一截面上弯矩的数值等于对应截面一侧所有外力对该截面形心的矩的代数和，若取左侧，则当外力对截面形心之矩为顺时针转向时取正，反之取负；若取右侧，则当外力对截面形心之矩为逆时针转向时取正，反之取负。即

$$F_{S} = \sum P, \quad M = \sum m \tag{6.1}$$

【例 6.1】　如图 6.6 所示简支梁，在点 C 处作用一集中力 $P=10\text{kN}$，求截面 n-n 上的剪力和弯矩。

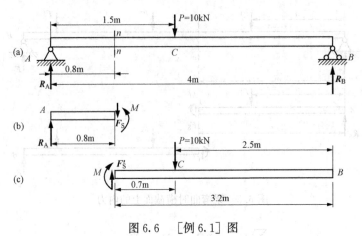

图 6.6　［例 6.1］图

解：求梁的支座反力。

由
$$\sum m_{A} = 0 \quad 4R_{B} - 1.5P = 0$$

解得
$$R_{B} = 3.75\text{kN}$$

由
$$\sum Y = 0 \quad R_{A} + R_{B} - P = 0$$

解得
$$R_{A} = 6.25\text{kN}$$

取左段
$$F_{S} = R_{A} = 6.25\text{kN}$$
$$M = R_{A} \times 0.8 = 5(\text{kN} \cdot \text{m})$$

取右段
$$F_{S} = P - R_{B} = 6.25(\text{kN})$$
$$M = R_{B}(4 - 0.8) - P(1.5 - 0.8) = 5(\text{kN} \cdot \text{m})$$

【例 6.2】　试作出图 6.7（a）所示梁的剪力图和弯矩图。

解：求梁的支座反力。

由
$$\sum m_{A} = 0 \quad 4Y_{B} - 4q \times 2 - m + 20 \times 1 = 0$$

解得
$$Y_{B} = 25\text{kN}$$

由
$$\sum Y = 0 \quad Y_{A} + Y_{B} - 4q - 20 = 0$$

解得
$$Y_{A} = 35\text{kN}$$

CA 段：
$$F_{S}(x) = R_{A} = -20\text{kN}(0 < x < 1)$$
$$M(x) = -20x(0 \leqslant x < 1)$$
$$F_{SC}^{+} = F_{SA}^{-} = -20\text{kN} \quad M_{C} = 0, \ M_{A}^{-} = -20\text{kN} \cdot \text{m}$$

AB 段：
$$F_{S}(x) = q(5 - x) - Y_{B} = 25 - 10(x)(1 < x < 5)$$
$$F_{SA}^{+} = 15\text{kN} \quad F_{SB}^{-} = -25\text{kN}$$
$$M(x) = Y_{B}(5 - x) - \frac{1}{2}qP(5 - x)^{2} = 25x - 5x^{2}(1 < x \leqslant 5)$$

根据 F_{SB}^{-}、F_{SC}^{-}、F_{SA}^{-}、F_{SA}^{+} 的对应值便可作出图 6.7（b）所示的剪力图。

根据 M_C、M_B、M_{max}、M_A^-、M_A^+ 的对应值便可作出图 6.7（c）所示的弯矩图（机械类将弯矩图画在梁受压侧，土建类将弯矩图画在梁受拉侧）。

由上述内力图可见，集中力作用处的横截面，轴力图及剪力图均发生突变，突变的值等于集中力的数值；集中力偶作用的横截面，剪力图无变化，扭矩图与弯矩图均发生突变，突变的值等于集中力偶的力偶矩数值。

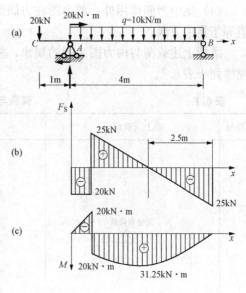

图 6.7 ［例 6.2］图

6.1.5 载荷集度、剪力和弯矩间的关系

$F_S(x)$、$M(x)$ 和 $q(x)$ 间的微分关系，将进一步揭示载荷、剪力图和弯矩图三者间存在的某些规律，在不列内力方程的情况下，能够快速准确地画出内力图。

如图 6.8（a）所示的梁上作用的分布载荷集度 $q(x)$ 是 x 的连续函数。设分布载荷向上为正，反之为负，并以 A 为原点，取 x 轴向右为正。用坐标分别为 x 和 $x+\mathrm{d}x$ 的两个横截面从梁上截出长为 $\mathrm{d}x$ 的微段，其受力图如图 6.8（b）所示。

由

$$\sum Y = 0 \quad F_S(x) + q(x)\mathrm{d}x - [F_S(x) + \mathrm{d}F_S(x)] = 0$$

解得

$$q(x) = \frac{\mathrm{d}F_S(x)}{\mathrm{d}x} \tag{6.2}$$

由

$$\sum m_C = 0 \quad -M(x) - F_S(x)\mathrm{d}x - \frac{1}{2}q(x)(\mathrm{d}x)^2 + [M(x) + \mathrm{d}M(x)] = 0$$

略去二阶微量 $\frac{1}{2}q(x)(\mathrm{d}x)^2$ 解得

$$F_S(x) = \frac{\mathrm{d}M(x)}{\mathrm{d}x} \tag{6.3}$$

将式（6.3）代入式（6.2）得

$$q(x) = \frac{\mathrm{d}^2 M(x)}{\mathrm{d}x^2} \tag{6.4}$$

式（6.2）～式（6.4）是荷载集度、剪力和弯矩间的微分关系。由此可知，$q(x)$ 和 $F_S(x)$ 分别为剪力图和弯矩图的斜率。

根据上述各关系式及其几何意义，可得出画内力图的一些规律如下：

（1）$q = 0$：剪力图为一水平直线，弯矩图为一斜直线。

（2）$q =$ 常数：剪力图为一斜直线，弯矩图为一抛物线。

（3）集中力 P 作用处：剪力图在 P 作用处有突变，突变值等于 P。弯矩图为一折线，P 作用处有转折。

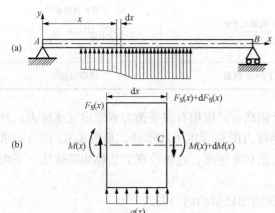

图 6.8 剪力、弯矩与荷载集度之间的关系

(a) 梁上作用分布荷载；(b) 微段受力

（4）集中力偶作用处：剪力图在力偶作用处无变化。弯矩图在力偶作用处有突变，突变值等于集中力偶。

掌握上述载荷与内力图之间的规律，将有助于绘制和校核梁的剪力图和弯矩图。将这些规律列于表 6.1。

表 6.1 　　　　　　　　　　　　　**荷载与内力图的关系**

序号	梁上荷载情况	剪力图	弯矩图
1	无分布荷载 (q=0)	F_S图为水平直线 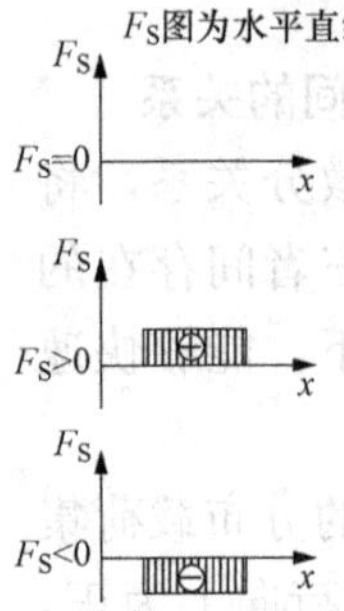 $F_S=0$ $F_S>0$ $F_S<0$	M图为斜直线 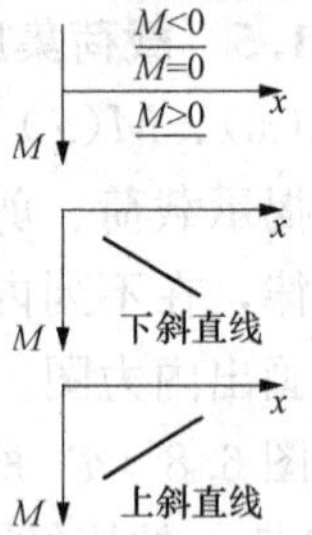 $M<0$　$M=0$　$M>0$ 下斜直线 上斜直线
2	均布荷载向上作用 q>0 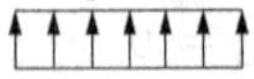	上斜直线 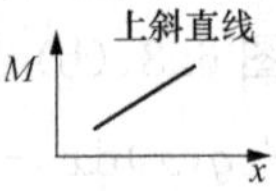	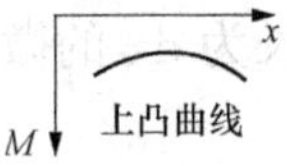 上凸曲线
3	均布荷载向下作用 q<0	下斜直线 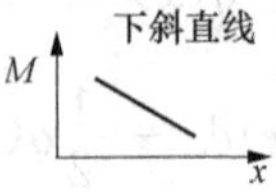	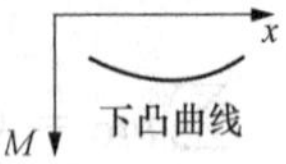 下凸曲线
4	集中力作用 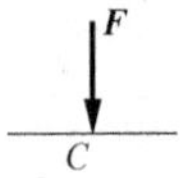 F C	C截面有变化 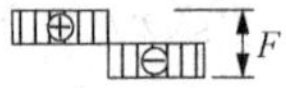	C截面有转折 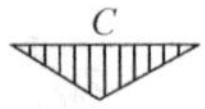 C
5	集中力偶作用 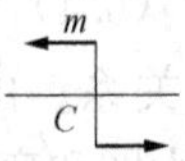 m C	C截面无变化	C截面有突变 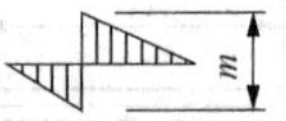 m
6		$F_S=0$ 截面	M 有极值

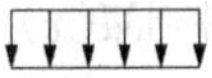

利用上述规律，首先根据作用于梁上的已知载荷，应用有关平衡方程求出支座反力，然后将梁分段，并由各段内载荷的情况初步确定剪力图和弯矩图的形状，最后由式（6.1）求出特殊截面上的内力值，便可画出全梁的剪力图和弯矩图。这种绘图方法称为简捷法。下面举例说明。

【例 6.3】 外伸梁如图 6.9（a）所示，试画出该梁的内力图。

解：（1）求梁的支座反力。

由
$$\sum m_{\mathrm{B}} = 0\ P \times 5 \times 0.6 - R_{\mathrm{A}} \times 3 \times 0.6 + m + \frac{1}{2}q(2 \times 0.6)^2 = 0$$

解得
$$R_{\mathrm{A}} = \frac{1}{3}\left(4P + \frac{m}{a} + 2q \times 0.6\right) = 10(\mathrm{kN})$$

由
$$\sum F_{\mathrm{Y}} = 0\ -P + R_{\mathrm{A}} + R_{\mathrm{B}} - 2q \times 0.6 = 0$$

解得
$$R_{\mathrm{B}} = P + 2q \times 0.6 - R_{\mathrm{A}} = 5(\mathrm{kN})$$

（2）画内力图。

CA 段：$q = 0\mathrm{kN}$，剪力图为水平直线；弯矩图为斜直线。

$$F_{\mathrm{SC}}^{+} = F_{\mathrm{SA}}^{-} = -P = -3\mathrm{kN}$$
$M_{\mathrm{C}} = 0$, $M_{\mathrm{A}} = -P \times a = -1.8(\mathrm{kN \cdot m})$

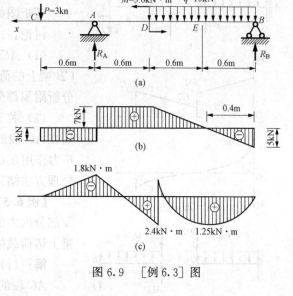

图 6.9　［例 6.3］图

AD 段：$q = 0\mathrm{kN}$，剪力图为水平直线；弯矩图为斜直线。

$$M_{\mathrm{A}} = -Pa = -1.8\mathrm{kN \cdot m}$$
$$F_{\mathrm{SA}}^{+} = F_{\mathrm{SD}} = -P + R_{\mathrm{A}} = 7(\mathrm{kN})$$
$$M_{\mathrm{D}}^{-} = -P \times 2a + R_{\mathrm{A}} \times a = 2.4(\mathrm{kN \cdot m})$$

DB 段：$q < 0$（因其为方向向下），剪力图为斜直线；弯矩图为抛物线。

$$F_{\mathrm{SB}}^{-} = -R_{\mathrm{B}} = -5\mathrm{kN}$$
$$F_{\mathrm{S}}(x) = -R_{\mathrm{B}} + qx\ (0 < x \leqslant 2a)$$

令 $Q(x) = 0$，得 $x = \dfrac{R_{\mathrm{B}}}{q} = 0.5\mathrm{m}$

$$M_{\mathrm{D}}^{+} = -P \times 2a + R_{\mathrm{A}} \times a - m = -1.2(\mathrm{kN \cdot m})$$
$$M_{\mathrm{E}} = R_{\mathrm{B}} \times 0.5 - q \times \frac{0.5^2}{2} = 1.25(\mathrm{kN \cdot m}), \quad M_{\mathrm{B}} = 0$$

根据 F_{SB}^{-}、F_{SC}^{+}、F_{SA}^{-}、F_{SA}^{+}、F_{SD} 的对应值便可作出图 6.9（b）所示的剪力图。由图可见，在 AD 段剪力最大，$F_{\mathrm{Smax}} = 7\mathrm{kN}$。

根据 M_{C}、M_{B}、M_{A}、M_{E}、M_{D}^{-}、M_{D}^{+} 的对应值便可作出图 6.9（c）所示的弯矩图。由图可见，梁上点 D 左侧相邻的横截面上弯矩最大，$M_{\mathrm{max}} = M_{\mathrm{D}}^{-} = 2.4\mathrm{kN \cdot m}$

在小变形情况下，梁在载荷作用下，其长度的改变可忽略不计，则当梁上同时作用有几个载荷时，其每一个载荷所引起梁的支座反力、剪力及弯矩将不受其他载荷的影响，$F_{\mathrm{S}}(x)$ 及 $M(x)$ 均是载荷的线性函数。因此，梁在几个载荷共同作用时的弯矩值，等于各载荷单独作用时弯矩的代数和。

【例 6.4】　作图 6.10（a）所示组合梁的剪力图和弯矩图。

解：（1）求反力。将梁从中间铰 C 稍右处截开，由 CB 部分的平衡条件得 C、B 截面的支座反力，将 C 处支座反力反向加在 AC 段的 C 截面处，如图 6.10（b）所示。

（2）作剪力图。AC、CB 段的剪力图均为斜直线，C 截面处剪力发生突变，由截面法求得

$$F_{\mathrm{S,A}} = F + \frac{1}{2}F + F = \frac{5F}{2}$$

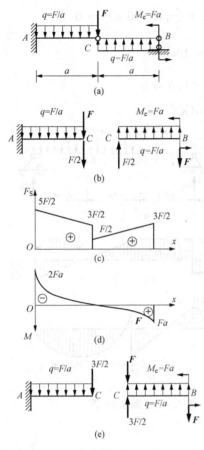

图 6.10 ［例 6.4］图

$$F_{S,C左} = F + \frac{1}{2}F = \frac{3}{2}F, \quad F_{S,C右} = \frac{1}{2}F, \quad F_{S,B} = \frac{3}{2}F$$

剪力图如图 6.10（c）所示。

（3）作弯矩图。AC 段的弯矩图为下凸的抛物线，CB 段的弯矩图为上凸的抛物线，由截面法求得

$$M_A = -\frac{3}{2}Fa - \frac{1}{2}\left(\frac{F}{a}\right)a^2 = -2Fa, \quad M_C = 0, \quad M_B = Fa$$

弯矩图如图 6.10（d）所示。

讨论：

（1）AC 段为悬梁的基本部分，CB 梁为附属部分。CB 梁上的荷载要传递到 AC 梁上，进行受力分析时先分析附属部分再分析基本部分。

（2）关于中间铰处的集中力 F，可以认为 F 力作用在 AC 段的 C 截面处［见图 6.10（b）］，也可以认为 F 力作用在 CB 段的 C 截面处［见图 6.10（e）］，两种处理方法结果相同。

【例 6.5】 已知简支梁的剪力图和弯矩图的形状及部分内力值分别如图 6.11（a）、（b）所示。试求此梁上诸荷载的形式及数值，并补齐内力图的内力值。

解：（1）由剪力图分析梁上的荷载。

AC 段的剪力图为水平线，$F_{S,AC} = 6\text{kN}$，故 AC 段上无分布荷载和集中力，支反力 $F_A = 6\text{kN}(\uparrow)$。$F_{S,C左} = 6\text{kN}$，$F_{S,C右} = 0$，故 C 截面有向下的集中力 $F = 6\text{kN}$。CB 段的剪力图为向右下方倾斜的直线，$F_{S,B}$ 为负，故 CB 段上有向下的均布荷载 q，$F_{SB} = -8\text{kN}$，支反力 $F_B = 8\text{kN}$。

以 C 截面右侧梁段为分离体

$$F_{S,C右} = F_B - 2q = 0$$

得

$$q = 4\text{kN/m}$$

（2）由弯矩图分析梁上的荷载并补充内力图的内力值。$M_{D左} = 3\text{kN} \cdot \text{m}$，$M_{D右} = 5\text{kN} \cdot \text{m}$，故 D 截面有顺时针转的力偶矩 $M_e = 2\text{kN} \cdot \text{m}$，以 C 截面左侧梁段为分离体，得简支梁上各荷载及反力如图 6.11（c）所示。为了验证以上分析是否正确，可用平衡方程校核支反力，再检查剪力图和弯矩图。

【例 6.6】 一根置于地基上的梁受荷载如图 6.12（a）所示，假设地基反力是均匀分布的。试求地基反力的荷载集度 q_R，并作梁的剪力及弯矩图。

解：（1）求地基反力 q_R。

由

$$\sum F_y = 0, \quad q_R l = \frac{1}{2}q_0 l$$

得

$$q_R = \frac{1}{2}q_0$$

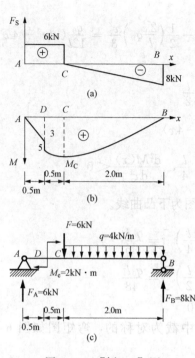

图 6.11 [例 6.5] 图

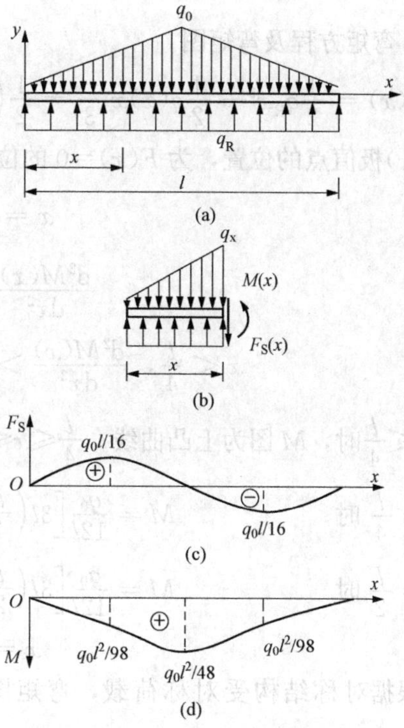

图 6.12 [例 6.6] 图

（2）剪力方程及剪力图。

取分离体如图 6.12（b）所示 $\left(0 \leqslant x \leqslant \dfrac{l}{2}\right)$

$$q(x) = \frac{2x}{l} q_0$$

$$F_S(x) = q_R x - \frac{1}{2} q(x) x = \frac{1}{2} q_0 x - \frac{1}{2}\left(\frac{2x}{l} q_0\right) x = \frac{q_0}{2l}(lx - 2x^2)$$

$F_S(x)$ 的极值点位置为

$$\frac{\mathrm{d}F_S(x)}{\mathrm{d}x} = \frac{q_0}{2l}(l - 4x_0^2) = 0$$

即

$$x_0 = \frac{l}{4}$$

$F_S(x) = 0$ 的位置为

$$F_S(x) = \frac{q_0}{2l}(lx - 2x^2), \quad x_1 = 0, \quad x_2 = \frac{l}{2}$$

当 $x = \dfrac{l}{4}$ 时

$$F_S = \frac{q_0}{2l}\left[\frac{l^2}{4} - 2\left(\frac{l}{4}\right)^2\right] = \frac{q_0 l}{16}$$

再根据对称结构，受对称荷载，剪力图是关跨中截面为反对称的，剪力图如图 6.12（c）

所示。

（3）弯矩方程及弯矩图。

$$M(x) = \frac{1}{2}q_R x^2 - \frac{1}{2}q(x)x\frac{x}{3} = \frac{1}{2}\left(\frac{1}{2}q_0\right)x^2 - \frac{1}{2}\left(\frac{2x}{l}q_0\right)\frac{x^2}{3} = \frac{q_0}{12l}(3lx^2 - 4x^3)$$

$M(x)$极值点的位置，为$F(x)=0$的位置，即

$$x = 0, \quad x = \frac{l}{2}$$

由

$$\frac{d^2 M(x)}{dx^2} = \frac{q_0}{2l}(l - 4x)$$

$$x < \frac{l}{4}, \ \frac{d^2 M(x)}{dx^2} > 0; \quad x > \frac{l}{4}, \ \frac{d^2 M(x)}{dx^2} < 0$$

故$0 \leqslant x \leqslant \frac{l}{4}$时，$M$图为上凸曲线；$\frac{l}{4} \leqslant x \leqslant \frac{l}{2}$，$M$图为下凸曲线。

$x = \frac{l}{4}$ 时
$$M = \frac{q_0}{12l}\left[3l\left(\frac{l}{4}\right)^2 - 4\left(\frac{l}{4}\right)^3\right] = \frac{q_0 l^2}{96}$$

$x = \frac{l}{2}$ 时
$$M = \frac{q_0}{12l}\left[3l\left(\frac{l}{2}\right)^2 - 4\left(\frac{l}{2}\right)^3\right] = \frac{q_0 l^2}{48}$$

$$x = 0, M = 0$$

再根据对称结构受对称荷载，弯矩图关于跨中截为对称的，弯矩图如图 6.12（d）所示。

6.2　弯　曲　应　力

6.2.1　纯弯曲

前一章详细讨论了梁横截面上的剪力和弯矩。弯矩是垂直于横截面的内力系的合力偶矩；而剪力是切于横截面的内力系的合力。在一般情况下，梁的横截面上既有弯矩，又有剪力，弯矩 M 只与横截面上的正应力相关，而剪力 F_s 只与切应力相关。如图 6.13（a）所示梁的 AC 及 DB 段。此二段梁不仅有弯曲变形，而且还有剪切变形，这种平面弯曲称为横力弯曲或剪切弯曲。为使问题简化，先研究梁内仅有弯矩而无剪力的情况。如图 6.13（a）所示梁 CD 段，这种弯曲称为纯弯曲。

6.2.2　纯弯曲时的正应力

1. 纯弯曲变形现象与假设

为观察纯弯曲梁变形现象，在梁表面上作出图 6.14 所示的纵、横线，当梁端上加一力偶 M 后，由图 6.14（b）可见：横向线转过了一个角度，但仍为直线；位于凸边的纵向线伸长了，位于凹边的纵向线缩短了；纵向线变弯后仍与横向线垂直。由此得纯弯曲变形的平面假设：梁变形后其横截面仍保持为平面，且仍与变形后的梁轴线垂直。同时还假设梁的各纵向纤维之间无挤压。即所有与轴线平行的纵向纤维均是轴向拉、压。梁的下部纵向纤维伸长，而上部纵向纤维缩短，由变形的连续性可

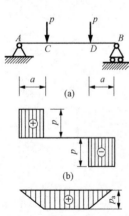

图 6.13　纯弯曲
（a）梁；（b）剪力图；（c）弯矩图

知，梁内肯定有一层长度不变的纤维层，称为中性层，
中性层与横截面的交线称为中性轴，由于载荷作用于梁
的纵向对称面内，梁的变形沿纵向对称，则中性轴垂直
于横截面的对称轴。梁弯曲变形时，其横截面绕中性轴
旋转某一角度。

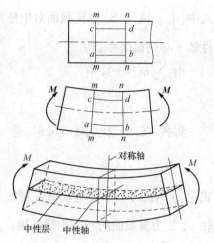

2. 变形的几何关系

如图 6.15 所示，从梁中取出的长为 dx 的微段，变
形后其两端相对转了 $d\varphi$ 角。距中性层为 y 处的各纵向
纤维变形，由图 6.16 得

$$ab = (\rho + y)d\varphi$$

式中：ρ 为中性层上的纤维 $\overline{O_1O_2}$ 的曲率半径。而 $\overline{O_1O_2} = \rho d\varphi = dx$，则纤维 $\overline{ab}$ 的应变为

图 6.14 纯弯曲梁变形

$$\varepsilon = \frac{\overline{ab} - dx}{dx} = \frac{(\rho + y)d\varphi - \rho d\varphi}{\rho d\varphi} = \frac{y}{\rho} \tag{6.5}$$

由式（6.5）可知，梁内任一层纵向纤维的线应变 ε 与其 y 的坐标成正比。

3. 物理关系

由于将纵向纤维假设为轴向拉压，当 $\sigma \leqslant \sigma_P$ 时，则有

$$\sigma = E\varepsilon = E\frac{y}{\rho} \tag{6.6}$$

由式（6.6）可知，横截面上任一点的正应力与该纤维层的 y 坐标成正比，其分布规律如图
6.16 所示。

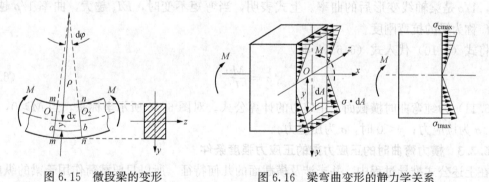

图 6.15 微段梁的变形   图 6.16 梁弯曲变形的静力学关系

4. 静力学关系

如图 6.16 所示，取截面的纵向对称轴为 y 轴，z 轴为中性轴，过轴 y、z 的交点沿纵向
线取为 x 轴。横截面上坐标为 (y, z) 的微面积上的内力为 $\sigma \cdot dA$。于是整个截面上所有内
力组成空间平行力系，由 $\sum X = 0$，有

$$\int_A \sigma dA = 0 \tag{6.7}$$

将式（6.6）代入式（6.7）得

$$\int_A E\frac{y}{\rho} dA = \frac{E}{\rho}\int_A y dA = 0$$

式中：$\int_A y\,\mathrm{d}A = S_z$ 为横截面对中性轴的静矩，而 $\dfrac{E}{\rho}\neq 0$，则 $S_z=0$。由 $S_z=A\cdot y_C$ 可知，中性轴 z 必过截面形心。

由 $\sum m_y=0$，有

$$\int_A z\sigma\,\mathrm{d}A = 0 \tag{6.8}$$

将式（6.6）代入式（6.8）得

$$\frac{E}{\rho}\int_A yz\,\mathrm{d}A = 0$$

式中：$\int_A yz\,\mathrm{d}A = I_{yz}$，为横截面对轴 y、z 的惯性积，因 y 轴为对称轴，且 z 轴又过形心，则轴 y、z 为横截面的形心主惯性轴，$I_{yz}=0$ 成立。

由 $\sum m_z=0$，有

$$\int_A y\sigma\,\mathrm{d}A = 0 \tag{6.9}$$

将式（6.6）代入式（6.9），得

$$M = \frac{E}{\rho}\int_A y^2\,\mathrm{d}A = 0$$

式中：$\int_A y^2\,\mathrm{d}A = I_z$，为横截面对中性轴的惯性矩，则上式可写为

$$\frac{1}{\rho} = \frac{M}{EI_z} \tag{6.10}$$

其中，$1/\rho$ 是梁轴线变形后的曲率。上式表明，当弯矩不变时，EI_z 越大，曲率 $1/\rho$ 越小，故 EI_z 称为梁的抗弯刚度。

将式（6.10）代入式（6.6），得

$$\sigma = \frac{My}{I_z} \tag{6.11}$$

式（6.11）为纯弯曲时横截面上正应力的计算公式。对图 6.16 所示坐标系，当 $M>0$，$y>0$ 时，σ 为拉应力；$y<0$ 时，σ 为压应力。

6.2.3　横力弯曲时的正应力梁的正应力强度条件

在上述公式推导过程中，并未涉及横截面的几何特征。所以只要载荷作用于梁的纵向对称面内，式（6.11）就适用。此外，虽然式（6.11）是在纯弯曲条件下推导的，但是，当梁较细长（$l/h>5$）时，该公式同样适用于横力弯曲时的正应力计算。

横力弯曲时，弯矩随截面位置变化。一般情况下，最大正应力 σ_{max} 发生于弯矩最大的横截面上距中性轴最远处。于是由式（6.11）得

$$\sigma_{max} = \frac{M_{max}y_{max}}{I_z}$$

令 $I_z/y_{max}=W_z$，则上式可写为

$$\sigma_{max} = \frac{M_{max}}{W_z} \tag{6.12}$$

式中：W_z 仅与截面的几何形状及尺寸有关，称为截面对中性轴的抗弯截面模量。I_z 的值可

参见附录，若截面是高为 h，宽为 b 的矩形，则

$$W_z = \frac{I_z}{h/2} = \frac{bh^3/12}{h/2} = \frac{bh^2}{6}$$

若截面是直径为 d 的圆形，则

$$W_z = \frac{I_z}{d/2} = \frac{\pi d^4/64}{d/2} = \frac{\pi d^3}{32}$$

若截面是外径为 D、内径为 d 的空心圆形，则

$$W_z = \frac{I_z}{D/2} = \frac{\pi(D^4 - d^4)/64}{D/2} = \frac{\pi D^3}{32}\left[1 - \left(\frac{d}{D}\right)^4\right]$$

【例 6.7】　如图 6.17 所示 T 形截面梁。已知 $P_1 = 8$kN，$P_2 = 20$kN，$a = 0.6$m；横截面的惯性矩 $I_z = 5.33 \times 10^6$ mm^4。试求此梁的最大拉应力和最大压应力。

解：（1）求支座反力。

由 $\sum m_A = 0$，$R_B \times 2a - P_2 a + P_1 a = 0$

解得　　　　$R_B = 6$kN

由 $\sum Y = 0$，$-R_B + P_2 + P_1 - R_A = 0$

解得　　　　$R_A = 22$kN

（2）作弯矩图。

DA 段：$M_D = 0$，$M_A = -Pa = -4.8$kN·m

AC 段：$M_C = R_B a = 3.6$kN·m

CB 段：$M_B = 0$

根据 M_D、M_A、M_C、M_B 的对应值便可作
出图 6.17 所示的弯矩图。

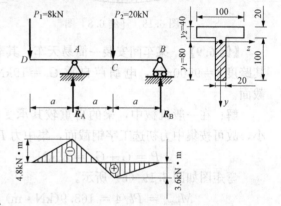

图 6.17　[例 6.7] 图

（3）求最大拉压应力。

由弯矩图可知，截面 A 的上边缘及截面 C 的下边缘受拉；截面 A 的下边缘及截面 C 的上边缘受压。

虽然 $|M_A| > |M_C|$，但 $|y_2| < |y_1|$，所以只有分别计算此两截面的拉应力，才能判断出最大拉应力所对应的截面；截面 A 下边缘的压应力最大。

截面 A 上边缘处

$$\sigma_t = \frac{M_A y_2}{I_z} = \frac{4.8 \times 10^3 \times 40 \times 10^{-3}}{5.33 \times 10^6 \times 10^{-12}} = 36(\text{MPa})$$

截面 C 下边缘处

$$\sigma_t = \frac{M_C y_1}{I_z} = \frac{3.6 \times 10^3 \times 80 \times 10^{-3}}{5.33 \times 10^6 \times 10^{-12}} = 54(\text{MPa})$$

比较可知在截面 C 下边缘处产生最大拉应力，其值为 $\sigma_{t\max} = 54$MPa

截面 A 下边缘处

$$\sigma_{c\max} = \frac{M_A y_1}{I_z} = \frac{4.8 \times 10^3 \times 80 \times 10^{-3}}{5.33 \times 10^6 \times 10^{-12}} = 72(\text{MPa})$$

由内力图可直观地判断出等直杆内力最大值所发生的截面，称为危险截面，危险截面上应力值最大的点称为危险点。为了保证构件有足够的强度，其危险点的有关应力需满足对应的强度条件。

梁弯曲的正应力强度条件为

$$\sigma_{max} = \frac{M_{max}}{W_z} \leqslant [\sigma] \tag{6.13}$$

【例 6.8】　图 6.18 为一受均布载荷的梁，其跨度 $l = 200\text{mm}$，梁截面直径 $d = 25\text{mm}$，许用应力 $[\sigma] = 150\text{MPa}$。试求沿梁每米长度上可能承受的最大载荷 q 为多少？

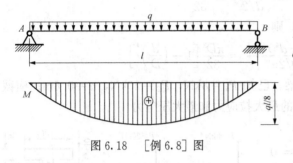

图 6.18　[例 6.8] 图

解：弯矩图如图 6.18 所示。最大弯矩发生在梁的中点所在横截面上，$M_{max} = ql^2/8 = 5 \times 10^{-3} q\,\text{N} \cdot \text{m}$。

由式（6.8）有

$$M_{max} \leqslant W_z[\sigma] = \frac{\pi d^3}{32}[\sigma] = 234\text{N} \cdot \text{m}$$

于是　　　　　$5 \times 10^{-3} q \leqslant 234$

解得　　　　　$q_{max} = 46.8\text{kN/m}$

【例 6.9】　某车间安装一简易天车，其载荷简化图如图 6.19 所示，起重量 $G = 50\text{kN}$，其跨度 $l = 9500\text{mm}$，电葫芦自重 $G_1 = 19\text{kN}$，许用应力 $[\sigma] = 145\text{MPa}$。试选择工字钢截面。

解：在一般机械中，梁的自重较其承受的其他荷载小，故可按集中力初选工字钢截面，集中力 P 值为

$$P = G + G_1 = 69\text{kN}$$

弯矩图如图 6.19（b）所示。

$$M_{pmax} = Pl/4 = 163.9(\text{kN} \cdot \text{m})$$

由式（6.12）有

$$W_z \geqslant \frac{M_{pmax}}{[\sigma]} = 1171 \times 10^3 (\text{mm}^3)$$

由型钢表找 W_z 比 $1153 \times 10^3 (\text{mm}^3)$ 稍大一些的工字钢型号，查出 40C 工字钢，其 $W_z = 1190 \times 10^3 (\text{mm}^3)$，此钢号的自重 $q = 801\text{N/m}$。自重单独作用时的弯矩图如图 6.19（c）所示。$M_{qmax} = ql^2/8 = 9.04\text{kN} \cdot \text{m}$。

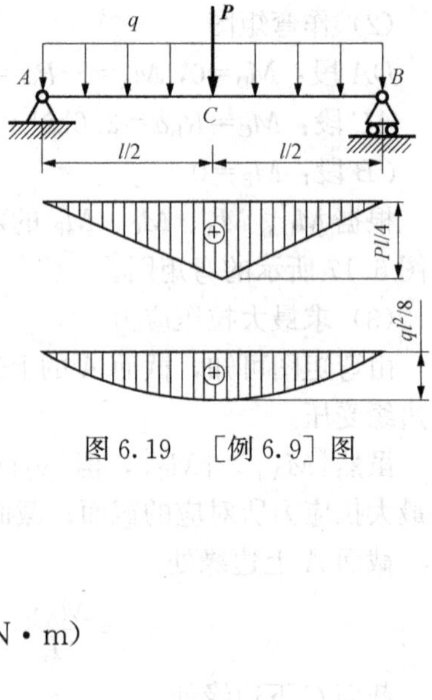

图 6.19　[例 6.9] 图

中央截面的总弯矩为

$$M_{max} = M_{pmax} + M_{qmax} = 173(\text{kN} \cdot \text{m})$$

于是考虑自重在内的最大工作应力为

$$\sigma_{max} = \frac{M_{max}}{W_z} = 145.4\text{MPa} > 145\text{MPa} = [\sigma]$$

$$\frac{\sigma_{max} - [\sigma]}{[\sigma]} \times 100\% = \frac{145.4 - 145}{145} \times 100\% = 0.3\%$$

式中，σ_{max} 虽大于许用应力 $[\sigma]$，但超出值在 5% 以内，工程中是允许的。

6.2.4　梁弯曲时的切应力梁的切应力强度条件

在工程中的梁，大多数并非发生纯弯曲，而是剪切弯曲。但由于其绝大多数为细长梁，并且在一般情况下，细长梁的强度取决于其正应力强度，而无需考虑其切应力强度。但在遇到梁的跨度较小或在支座附近作用有较大载荷；铆接或焊接的组合截面钢梁（如工字形截面

的腹板厚度与高度之比较一般型钢截面的对应比值小）；木梁等特殊情况，则必须考虑切应力强度。为此，将常见梁截面的切应力分布规律及其计算公式简介如下。

1. 矩形截面梁

如图 6.20（a）所示。若 $h>b$，假设横截面上任意点处的切应力均与剪力同向；且距中性轴等远的各点处的切应力大小相等。则横截面上任意点处的切应力按下述公式计算

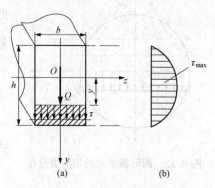

图 6.20　矩形截面梁切应力分布
(a) 梁剪切弯曲；(b) 切应力

$$\tau = \frac{F_S S_z^*}{I_z b} \tag{6.14}$$

式中：F_S 为横截面上的剪力；S_z^* 为距中性轴为 y 的横线以外的部分横截面的面积［见图 6.20（a）中的阴影线面积］对中性轴的静矩；I_z 为横截面对中性轴的惯性矩；b 为矩形截面的宽度。如图 6.20（a）所示，计算 S_z^*。

$$S_z^* = b\left(\frac{h}{2}-y\right)\left[y+\frac{1}{2}\left(\frac{h}{2}-y\right)\right] = \frac{b}{2}\left(\frac{h^2}{4}-y^2\right)$$

将 S_z^* 代入式（6.14）得

$$\tau = \frac{Q}{2I_z}\left(\frac{h^2}{4}-y^2\right)$$

由上式可知，矩形截面梁横截面上的切应力大小沿截面高度方向按二次抛物线规律变化［见图 6.20（b）］，且在横截面的上、下边缘处 $\left(y=\pm\dfrac{h}{2}\right)$ 的切应力为零，在中性轴上 $(y=0)$ 的切应力值最大，即

$$\tau_{\max} = \frac{F_S h^2}{8I_z} = \frac{F_S h^2}{8\times bh^3/12} = \frac{3F_S}{2bh} = \frac{3F_S}{2A} \tag{6.15}$$

式中：$A=bh$ 为矩形截面的面积。

2. 工字形截面梁

如图 6.21 所示，工字形截面梁由腹板和翼缘组成。横截面上的切应力主要分布于腹板上（如 18 号工字钢腹板上切应力的合力约为 $0.945F_S$）；翼缘部分的切应力分布比较复杂，数值很小，可以忽略。由于腹板是狭长矩形，则腹板上任一点的切应力可由式（6.14）计算。其切应力沿腹板高度方向的变化规律仍为二次抛物线（见图 6.21）。中性轴上切应力值最大，其值为

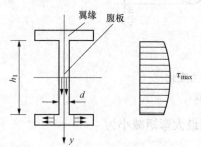

图 6.21　工字形截面梁切应力分布

$$\tau_{\max} = \frac{Q S_{z\max}^*}{I_z d} \tag{6.16}$$

式中：d 为腹板的厚度；$S_{z\max}^*$ 为中性轴一侧的截面面积对中性轴的静矩；比值 $I_z/S_{z\max}^*$ 可直接由型钢表查出。

3. 圆形截面梁的最大切应力

如图 6.22 所示，圆形截面上应力分布比较复杂，但其最大切应力仍在中性轴上各点处，由切应力互等定理可知，该圆形截面左右边缘上点的切应力方向不仅与其

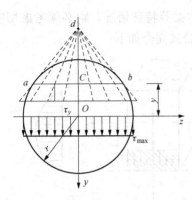

图 6.22　圆形截面梁的切应力分布

圆周相切，而且与剪力 F_S 同向。若假设中性轴上各点切应力均布，便可借用式（6.16）来求 τ_{max} 的近似值，此时，b 为圆的直径 d，而 S_z^* 则为半圆面积对中性轴的静矩 $\left[S_z^* = \left(\dfrac{\pi d^2}{8}\right)\dfrac{2d}{3\pi}\right]$。将 S_z^* 和 d 代入式（6.16），得

$$\tau_{max} = \frac{F_S S_z^*}{I_z b} = \frac{F_S \cdot \left(\dfrac{\pi d^2}{8}\right) \cdot \dfrac{2d}{3\pi}}{\dfrac{\pi d^4}{64} \cdot d} = \frac{4Q}{3A} \quad (6.17)$$

式中：$A = \dfrac{\pi}{4} d^2$ 为圆形截面的面积。

由式（6.16）得，梁弯曲时切应力强度条件为

$$\tau_{max} = \frac{F_{Smax} S_{zmax}^*}{I_z b} \leqslant [\tau]$$

6.2.5　提高弯曲强度的措施

前面曾经指出，弯曲正应力是控制梁的主要因素。所以弯曲正应力的强度条件

$$\sigma_{max} = \frac{M_{max}}{W_z} \leqslant [\sigma]$$

往往是设计梁的主要依据。从这个条件看出，要提高梁的承载能力应从两方面考虑，一方面是合理安排梁的受力情况，以降低最大弯矩的数值；另一方面则是采用合理的截面形状，以提高 W 的数值，充分利用材料的性能。

1. 合理安排梁的受力情况

改善梁的受力情况，尽量降低梁内最大弯矩，相对地说，也是提高了梁的强度。因此，首先要合理布置梁的支座。如图 6.23 以简支梁受均布载荷作用为例

$$M_{max} = \frac{ql^2}{8} = 0.125ql^2$$

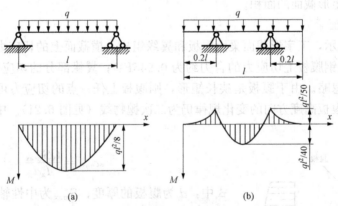

(a)　　　　　　　　　　(b)

图 6.23　改变梁的支座位置后内力变化

（a）原梁；（b）梁改变支座位置

若将两端支座靠近，移动距离 $0.2l$［见图 6.23（b）］，则最大弯矩减小为

$$M_{max} = \frac{ql^2}{40} = 0.025ql^2$$

只是前者的 $\frac{1}{5}$。即按图 6.23（b）设计支座，载荷可提高 4 倍。图 6.24（a）所示门式起重机的大梁、图 6.24（b）所示柱形容器等，其支撑点略向中间移动，都可以取得降低 M_{max} 的效果。

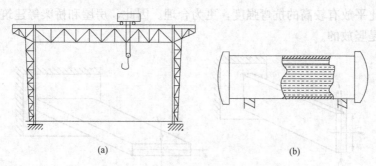

(a)　　　　　　　　　　　　　(b)

图 6.24　改变支撑位置可降低 M_{max}

另外，合理布置载荷，也可收到降低最大弯矩的效果。如将轴上的齿轮安置得紧靠轴承，就会使齿轮传动轴上的力紧靠支座。如图 6.25 所示，轴的最大弯矩仅为 $M_{max}=\frac{5}{36}Fl$；但如把集中力 F 作用于轴的中点，则 $M_{max}=\frac{1}{4}Fl$。相比之下，前者的弯矩就小很多。此外，在情况允许的条件下，应尽可能把较大的集中力分散成较小的力，或者改变成分布载荷，如把作用于跨度中点的集中力 F 分散成图 6.26 所示的两个集中力，则最大弯矩将由 $M_{max}=\frac{1}{4}Fl$ 降低为 $M_{max}=\frac{1}{8}Fl$。

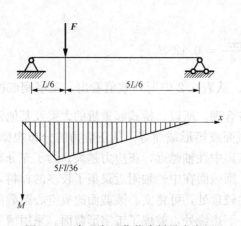
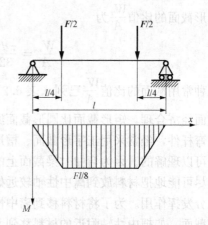

图 6.25　合理布置荷载降低最大弯矩　　　　图 6.26　分散集中力降低最大弯矩

2. 合理设计梁的截面

若把弯曲正应力的强度条件改写成

$$M_{max}\leqslant[\sigma]W$$

可见，梁可能承受的 M_{max} 与抗弯截面系数 W 成正比，W 越大越有利。另外，使用材料的多少和自重的大小，则与截面面积 A 成正比，面积越小越经济，越轻巧。因而合理的截面形状应是截面面积 A 较小，而抗弯截面系数 W 较大。如使截面高度 h 大于宽度 b 的矩形截面梁，抵抗垂直平面内的弯曲变形时，如把截面竖放，如图 6.27（a）所示，则 $W_{z1} = \dfrac{bh^2}{6}$；如把截面横放，则 $W_{z2} = \dfrac{b^2h}{6}$。两者之比是 $\dfrac{W_{z1}}{W_{z2}} = \dfrac{h}{b} > 1$。

　　所以竖放比平放有较高的抗弯强度，更为合理。因此，房屋和桥梁等建筑物中的矩形截面梁，一般都是竖放的。

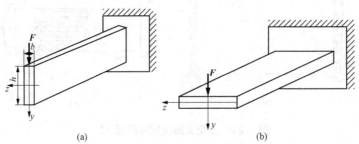

图 6.27　矩形截面竖放与平放
(a) 矩形截面竖放；(b) 矩形截面平放

　　截面形状不同，其抗弯截面系数 W_z 也就不同。可以用比值 $\dfrac{W_z}{A}$ 来衡量截面形状的合理性和经济性。比值 $\dfrac{W_z}{A}$ 较大，则截面的形状就较为经济合理。

　　可以算出矩形截面的比值 $\dfrac{W_z}{A}$ 为

$$\frac{W_z}{A} = \frac{bh^2}{6} / bh = 0.167h$$

圆形截面的比值 $\dfrac{W_z}{A}$ 为

$$\frac{W_z}{A} = \frac{\pi d^3}{32} / \frac{\pi d^2}{4} = 0.125d$$

　　几种常用截面的比值 $\dfrac{W_z}{A}$ 已列入表 6.2 中。从表 6.2 中所列数值看出，工字钢或槽钢比矩形截面经济合理，矩形截面比圆形截面经济合理。所以，桥式起重机的大梁及其他钢结构中的抗弯杆件，经常采用工字形截面、槽形截面或箱形截面等。从正应力的分布规律来看，这也是可以理解的。因为弯曲时梁截面上的点离中性轴越远，正应力越大。为了充分利用材料，应尽可能地把材料放到离中性轴较远处。圆截面在中性轴附近聚集了较多的材料，使其未能充分发挥作用。为了将材料移到离中性轴较远处，可将实心圆截面改成空心圆截面。至于矩形截面，如把中性轴附近的材料移到上、下边缘处，就成了工字形截面。采用槽形或箱形截面也是按同样的想法。

表 6.2　　　　　　　　　　　几种截面的 W_z 和 A 的比值

截面形状	矩形	圆形	槽钢	工字钢
$\dfrac{W_z}{A}$	$0.167h$	$0.125h$	$(0.27 \sim 0.31)\,h$	$(0.27 \sim 0.31)\,h$

　　以上是从静载抗弯强度的角度讨论问题。事物是复杂的，不能只从单方面考虑。如把一根细长的圆杆加工成空心杆，势必因加工复杂而提高成本。又如轴类零件，虽然也承受弯曲，但它还承受扭转，还要完成传动任务，对它还有结构和工艺上的要求。考虑到这些方面，采用圆轴就比较切合实际了。

　　在讨论截面的合理形状时，还应考虑材料的特性。对抗拉和抗压强度相等的材料（如碳钢），宜采用对中性轴对称的截面，如圆形、矩形、工字形等。这样可使截面上、下边缘处的最大拉应力和最大压应力数值相等，同时接近许用应力。对抗拉和抗压强度不相等的材料（如铸铁），宜采用对中性轴偏于一侧受拉的截面形状，如图 6.28 所示的一些截面。对这类截面，如能使 y_1 和 y_2 之比接近于下列关系：

$$\frac{\sigma_{tmax}}{\sigma_{cmax}} = \frac{M_{max}y_1}{I_z} \bigg/ \frac{M_{max}y_2}{I_z} = \frac{y_1}{y_2} = \frac{[\sigma_t]}{[\sigma_c]}$$

式中：$[\sigma_t]$ 和 $[\sigma_c]$ 分别表示拉伸和压缩的许用应力，则最大拉应力和最大压应力便可同时接近许用应力。

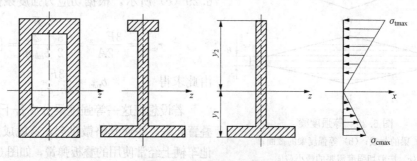

图 6.28　截面的合理形状

3. 等强度梁的概念

　　前面讨论的梁都是等截面的，$W=$ 常数，但梁在各截面上的弯矩却随截面的位置而变化。对于等截面梁来说，只有在弯矩为最大值 M_{max} 的截面上，最大应力才有可能接近许用应力。其余各截面上弯矩较小，应力也就较低，材料没有充分利用。为了节约材料，减轻自重，可改变截面尺寸，使抗弯截面系数随弯矩而变化。在弯矩较大处采用较大截面，而在弯矩较小处采用较小截面，这种截面沿轴线变化的梁，称为变截面梁。变截面梁的正应力计算仍可近似地用等截面梁的公式。如变截面梁各横截面上的最大正应力都相等，且都等于许用应力，就是等强度梁。设梁在任一截面上的弯矩为 $M(x)$，而截面的抗弯截面系数为 $W(x)$，根据上述等强度梁的要求，应有

$$\sigma_{max} = \frac{M(x)}{W(x)} = [\sigma]$$

或者写成

$$W(x) = \frac{M(x)}{[\sigma]} \tag{6.18}$$

这是等强度梁的 $W(x)$ 沿梁轴线变化的规律。

　　若图 6.29（a）所示在集中力 F 作用下的简支梁为等强度梁，截面为矩形，且设截面高度 $h=$ 常数，而宽度 b 为 x 的函数，即 $b=b(x)\left(0 \leqslant x \leqslant \frac{l}{2}\right)$，则由公式

$$W(x) = \frac{b(x)h^2}{6} = \frac{M(x)}{[\sigma]} = \frac{\frac{F}{2}x}{[\sigma]}$$

于是

$$b(x) = \frac{3Fx}{[\sigma]h^2}$$

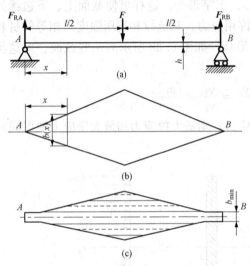

截面宽度 $b(x)$ 是 x 的一次函数如图 6.29 (b) 所示。因为载荷对称于跨度中点，因而截面形状也对跨度中点对称。按上式所表示的关系，在梁的两端，$x = 0$，$b(x) = 0$，即截面宽度等于零。这显然不能满足剪切强度要求。因而要按剪切强度条件改变支座附近截面的宽度。设所需要的最小截面宽度为 b_{min}，如图 6.29 (c) 所示，根据切应力强度条件

$$\tau_{max} = \frac{3F_{smax}}{2A} = \frac{3}{2}\frac{\frac{F}{2}}{b_{min}h} = [\tau]$$

由此求得

$$b_{min} = \frac{3F}{4h[\sigma]}$$

若设想把这一等强度梁分成若干狭条，然后叠置起来，并使其略微拱起，这就成为汽车及其他车辆上经常使用的叠板弹簧，如图 6.30 所示。

若上述矩形截面等强度梁的截面宽度 b 为常数，而高度 h 为 x 的函数，即 $h = h(x)$，用完全相同的方法可以求得

$$h(x) = \sqrt{\frac{3Fx}{b[\sigma]}}$$

$$h_{min} = \frac{3F}{4h[\tau]}$$

按上两式确定的梁的形状如图 6.31 所示。如把梁做成对应的形式，就成为在厂房建筑中广泛使用的"鱼腹梁"了。

图 6.29 等强度梁
(a) 梁的荷载；(b) 等强度梁的截面；
(c) 按剪切强度需要的最小截面

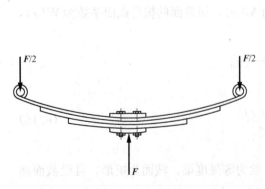

图 6.30 叠板弹簧

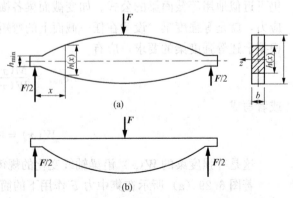

图 6.31 矩形截面等强度梁与"鱼腹梁"

6.3　弯　曲　变　形

6.3.1　工程中的弯曲变形问题

工程中对某些受弯杆件除强度要求外，往往还有刚度要求，即要求其变形不能过大。以图 6.32 所示的吊车梁为例，如果吊车梁变形过大，则吊车行驶会产生振动，不能平稳行驶。同时不能平稳地吊放零件。所以，变形超过允许数值，即被认为是一种失效。

工程中虽然经常限制变形，但在某些情况下，常常又利用弯曲变形达到某些目的。如叠板弹簧（见图 6.33）应有较大的变形，才能起到缓冲减压的作用。

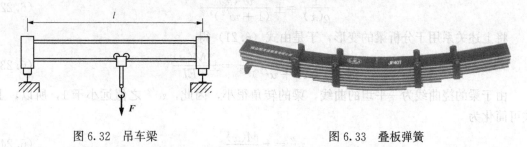

图 6.32　吊车梁　　　　　　　　　　　图 6.33　叠板弹簧

弯曲变形的计算除用于解决梁的刚度问题外，还要用于求解超静定问题和振动问题。

6.3.2　梁挠曲线的微分方程

研究等直梁在对称弯曲变形时，取变形前的梁轴线为 x 轴，垂直向下的轴为 y 轴。而 xy 平面即为梁上荷载作用的纵向对称面。在对称弯曲的情况下，变形后梁的轴线将变为 xy 平面内的一条曲线，称为挠曲线（deflection curve）。挠曲线上横坐标为 x 的任意点的纵坐标，用 w 来表示，它代表坐标为 x 的横截面的形心沿 y 方向的位移，称为该截面的挠度（deflection）。挠曲线的方程式可以表达为

$$w = f(x) \tag{6.19}$$

当梁弯曲时，由于梁的长度保持不变，因此，截面形心沿梁轴方向也存在位移，但在小变形的条件下，截面形心的轴向位移远小于挠度，因而可以忽略不计。

弯曲变形中，梁的横截面相对于原来位置所转过的角度，称为转角（slope），并用 θ 表示。根据平面假设，弯曲变形前垂直轴线的横截面，变形后仍垂直于挠曲线。因此，任一截面的转角 θ 也等于挠曲线在该截面处的切线与 x 轴的夹角 θ'，即

$$\theta = \theta'$$

在工程实际中，因为挠曲线是一平坦的曲线，θ 或 θ' 一般均很小，故有

$$\theta \approx \tan\theta = w' = f'(x) \tag{6.20}$$

即横截面的转角等于挠曲线在该截面处的斜率。

由此可见，求得挠曲线方程后，就能确定梁内任一截面挠度的大小、指向及转角的数值、转向。在图 6.34 所示的坐标系中，正值的挠度向下，负值向上；正值的转角为顺时针转向，负值的转角为逆时针转向。

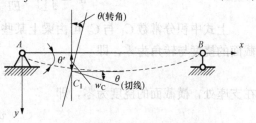

图 6.34　梁的变形

在建立纯弯曲正应力公式时，曾得到用中性层曲率表示的弯曲变形公式

$$\frac{1}{\rho} = \frac{M}{EI}$$

在横力弯曲时，梁横截面上有弯矩也有剪力，但在工程上常用的梁。其跨长往往大于横截面高度的 10 倍，剪力对梁变形的影响很小，可以忽略不计，故该式仍可适用。但这时式中的 M 和 ρ 皆为 x 的函数，即

$$\frac{1}{\rho(x)} = \frac{M(x)}{EI} \tag{6.21}$$

由高等数学可知，平面曲线 $w = w(x)$ 上任一点的曲率为

$$\frac{1}{\rho(x)} = \pm \frac{w''(x)}{(1+w'^2)^{3/2}} \tag{6.22}$$

将上述关系用于分析梁的变形，于是由式（6.21）得

$$\frac{1}{\rho(x)} = \frac{w''(x)}{(1+w'^2)^{3/2}} = \pm \frac{M(x)}{EI} \tag{6.23}$$

由于梁的挠曲线为一平坦的曲线，梁的转角很小，因此，w'^2 之值远小于 1，所以，上式可简化为

$$w'' = \pm \frac{M(x)}{EI} \tag{6.24}$$

上式称为梁的挠曲线近似微分方程。

w'' 与弯矩的关系如图 6.35 所示，当取 x 轴向右为正、y 轴向下为正时，曲线向上凸时 w'' 为正，向下凸时为负。而按弯矩的正、负号规定，梁弯曲后向下凸时为正，向上凸时为负。可见，在图示坐标系中，w'' 与 M 的正负号正好相反。即挠曲线近似微分方程为

$$w'' = -\frac{M(x)}{EI} \tag{6.25}$$

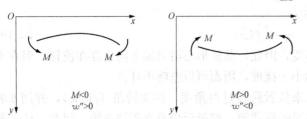

$M<0$　$w''>0$　　　$M>0$　$w''<0$

图 6.35　不同的挠度坐标取向

6.3.3　用积分法求梁的弯曲变形

由以上分析得到的挠曲线近似微分方程为

$$w'' = -\frac{M(x)}{EI}$$

将上述方程相继积分两次，依次得

$$\theta = w' = -\int \frac{M(x)}{EI} \mathrm{d}x + C_1 \tag{6.26}$$

$$w = \int \left[\int \frac{M(x)}{EI} \mathrm{d}x \right] \mathrm{d}x + C_1 x + C_2 \tag{6.27}$$

上式中积分常数 C_1 与 C_2 可由梁上某些截面的已知位移条件来确定。如在固定端处，横截面的挠度与转角为零，即

$$w = 0, \theta = 0$$

在支座处，横截面的挠度为零，即

$$w = 0$$

梁截面的已知位移条件或约束条件，称为梁位移的边界条件（boundary conditions）。

积分常数确定后，即得梁的挠曲线方程

$$w = f(x)$$

与转角方程

$$\theta = w' = f'(x)$$

并由此可求出任意截面的挠度和转角。

当弯矩方程需要分段建立，或弯曲刚度沿梁轴变化，以致其表达式需要分段建立时，挠曲线近似微分方程也需要分段建立，而在各段的积分中，将分别包含两个积分常数。为了确定这些常数，除利用位移边界条件外，还应利用分段处挠曲线的连续、光滑条件。因为在相邻梁段的交接处，相邻两截面应具有相同的挠度和转角。分段处挠曲线所应满足的连续、光滑条件，称为梁位移的连续条件（continuity conditions）。

由此可见梁的位移不仅与弯矩及梁的弯曲刚度有关，而且与梁位移的边界条件及连续条件有关。

【例 6.10】 如图 6.36 所示悬臂梁，自由端处承受集中力 F 作用。试求梁的挠曲线方程和转角方程并确定其最大挠度 w_{max} 和最大转角 θ_{max}。设弯曲刚度 EI 为常数。

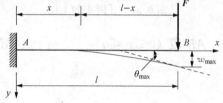

图 6.36 悬臂梁变形图

解：（1）建立挠曲线近似微分方程并积分。

梁的弯矩方程为 $M(x) = -F(l-x)$，得挠曲线近似微分方程

$$w'' = \frac{-M(x)}{EI} = \frac{F}{EI}(l-x)$$

将上式相继积分两次，即得

$$w' = \frac{Flx}{EI} - \frac{Fx^2}{2EI} + C_1 \tag{6.28}$$

$$w = \frac{Flx^2}{2EI} - \frac{Fx^3}{6EI} + C_1 x + C_2 \tag{6.29}$$

（2）确定积分常数。在固定端处，横截面的转角和挠度均为零，即

在 $x=0$ 处 $\qquad\qquad\qquad\qquad w=0$

在 $x=0$ 处 $\qquad\qquad\qquad\qquad w'=0$

将上述边界条件代入式（6.28）与式（6.29）中，得

$$C_1 = 0 \ \text{及} \ C_2 = 0$$

（3）建立转角与挠度方程。将确定的积分常数代入式（6.28）与式（6.29）中，得梁的转角与挠度方程分别为

$$w' = \frac{Flx}{EI} - \frac{Fx^2}{2EI} \tag{6.30}$$

$$w = \frac{Flx^2}{2EI} - \frac{Fx^3}{6EI} \tag{6.31}$$

（4）画出挠曲线并计算最大转角 θ_{max} 与挠度 w_{max}。根据梁的受力情况及边界条件，画出梁的挠曲线的示意图（见图 6.36）后可知，梁的最大转角 θ_{max} 与挠度 w_{max} 都发生在 $x=l$ 的自由端截面处。将 $x=l$ 代入式（6.28）与式（6.29）中，即得梁的最大转角与最大挠度分别为

$$\theta_{max} = \theta \mid_{x=l} = \frac{Fl^2}{EI} - \frac{Fl^2}{2EI} = \frac{Fl^2}{2EI}$$

$$w = w \mid_{x=l} = \frac{Fl^3}{2EI} - \frac{Fl^3}{6EI} = \frac{Fl^3}{3EI}$$

在以上结果中，挠度为正值，说明梁变形时 B 点向下移动；转角为正值，说明横截面 B 沿顺时针转动。

【例 6.11】 如图 6.37 所示简支梁，承受集中荷载 F 作用，试确定梁的挠曲线方程和转角方程，并求其最大挠度和最大转角。设弯曲刚度 EI 为常数。

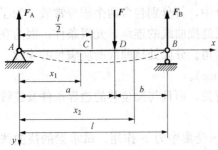

图 6.37 ［例 6.11］图

解：（1）建立挠曲线近似微分方程并积分。

由平衡方程可得梁的两个支反力分别为

$$F_A = \frac{Fb}{l} \text{ 和 } F_B = \frac{Fa}{l}$$

由于 AD 与 DB 段的弯矩方程不同，所以，挠曲线近似微分方程应分段建立，并分别进行积分。

AD 段（$0 \leqslant x_1 \leqslant a$）： $\quad M_1 = F_A x = \frac{Fb}{l} x_1$

$$w_1'' = -\frac{M_1}{EI} = -\frac{Fb}{EIl} x_1$$

$$w_1' = -\frac{Fb}{2EIl} x_1^2 + C_1 \tag{6.32}$$

$$w_1 = -\frac{Fb}{6EIl} x_1^3 + C_1 x_1 + D_1 \tag{6.33}$$

DB 段（$a \leqslant x_2 \leqslant l$）： $\quad M_2 = \frac{Fb}{l} x_2 - F(x_2 - a)$

$$w_2'' = -\frac{M_2}{EI} = -\frac{Fb}{EI} x_2 + \frac{F}{EI}(x_2 - a)$$

$$w_2' = -\frac{Fb}{2EIl} x_2^2 + \frac{F}{2EI}(x_2 - a)^2 + C_2 \tag{6.34}$$

$$w_2 = -\frac{Fb}{6EIl} x_1^3 + \frac{F}{6EI}(x_2 - a)^2 + C_2 x_2 + D_2 \tag{6.35}$$

在对 DB 进行积分运算时，对含有（$x_2 - a$）的项不要展开，而以（$x_2 - a$）作为自变量进行积分，这样可使下面确定积分常数的工作得到简化。

（2）确定积分常数。

利用 D 点的连续条件：

在 $x_1 = x_2 = a$ 处 $\qquad\qquad\qquad w_1' = w_2' \tag{6.36}$

在 $x_1 = x_2 = a$ 处 $\qquad\qquad\qquad w_1 = w_2 \tag{6.37}$

在两端的铰支座处，挠度均为零，即位移边界条件为

在 $x_1 = 0$ 处 $\qquad\qquad\qquad w_1 = 0 \tag{6.38}$

在 $x_2 = l$ 处 $\qquad\qquad\qquad w_2 = 0 \tag{6.39}$

将式（6.36）代入式（6.32）与式（6.34）中，得

$$C_1 = C_2$$

将式（6.37）代入式（6.33）与式（6.35）中，得

$$D_1 = D_2$$

将式（6.38）与式（6.39）分别代入式（6.33）与式（6.35）中，得

$$D_1 = D_2 = 0$$

$$C_1 = C_2 = \frac{Fb}{6lEI}(l^2 - b^2)$$

（3）建立转角与挠度方程。

将确定的积分常数代入式（6.32）～式（6.35）中，得两段梁的转角与挠度方程分别为

$$\theta_1 = w'_1 = \frac{Fb}{2lEI}\left[\frac{1}{3}(l^2 - b^2) - x^2\right] \tag{6.40}$$

$$w_1 = \frac{Fbx}{6lEI}(l^2 - b^2 - x^2) \tag{6.41}$$

$$\theta_2 = w'_2 = \frac{Fb}{2lEI}\left[\frac{l}{b}(x-a)^2 - x^2 + \frac{1}{3}(l^2 - b^2)\right] \tag{6.42}$$

$$w_2 = \frac{Fb}{6lEI}\left[\frac{l}{b}(x-a)^3 - x^3 + (l^2 - b^2)x\right] \tag{6.43}$$

（4）画出挠曲线大致形状并计算最大转角 $\theta_{\max}$ 与挠度 $w_{\max}$。

根据梁的受力情况及边界条件，画出梁的挠曲线的示意图（见图 6.37）后可知，梁的最大转角应出现在左右两支座处。

将 $x=0$ 和 $x=l$ 分别代入式（6.40）和式（6.42），即得左右两支座处的转角分别为

$$\theta_A = \theta_1 \mid_{x=0} = \frac{Fb(l^2 - b^2)}{6lEI} = \frac{Fab(l+b)}{6lEI}$$

$$\theta_B = \theta_2 \mid_{x=l} = -\frac{Fab(l+a)}{6lEI}$$

当 $a > b$ 时，右支座处截面的转角绝对值为最大，其值为

$$\theta_{\max} = \theta_B = -\frac{Fab(l+a)}{6lEI}$$

现确定梁的最大挠度。梁的最大挠度应在 $w'=0$ 处。如果 $a > b$，则最大挠度应发生在 AD 段内。

令 $w'_1 = 0$，得

$$x_1 = \sqrt{\frac{l^2 - b^2}{3}} = \sqrt{\frac{a(a+2b)}{3}}$$

将 x_1 值代入式（6.41）中，得

$$w_{\max} = \frac{Fb}{9\sqrt{3}lEI}\sqrt{(l^2 - b^2)^3}$$

在特殊情况下，如果荷载作用在简支梁的跨度中点处，即 $a = b = \dfrac{l}{2}$ 时，则

$$\theta_{\max} = \pm \frac{Fl^2}{16EI}$$

$$w_{\max} = w_C = \frac{Fl^3}{48EI}$$

在上例中，遵循了两个规则：①对各段梁，都从同一坐标原点到截面之间的梁段上的外

力列出弯矩方程，所以后一段梁的弯矩方程中包括前一段梁的弯矩方程和新增的 $(x-a)$ 项；②对 $(x-a)$ 项的积分时，以 $(x-a)$ 作为自变量。于是，由挠曲线在 $x=a$ 处的连续条件，就能得到两梁上相应的积分常数分别相等的结果，从而简化了确定积分常数的工作。

6.3.4　用叠加法求梁的弯曲变形

由前述分析可知，当梁的变形微小，且材料在线弹性范围内的情况下，挠曲线近似微分方程是线性的。又因在小变形的前提下，梁变形后其跨长的改变可以忽略不计，计算弯矩用的是变形前的位置，结果弯矩与荷载的关系也是线性的。

既然挠曲线近似微分方程为线性微分方程，而弯矩又与荷载呈线性关系，因此，梁上同时作用几个荷载时，挠曲线近似微分方程的解，必等于各荷载单独作用时挠曲线近似微分方程解的线性组合。而由此求得的挠度与转角也一定呈线性关系。

所以，当梁上同时作用几个荷载时，可分别求出每一个荷载单独作用引起的变形，把所得的变形叠加即为这些荷载共同作用时的变形。这就是计算弯曲变形的叠加法（superposition method）。

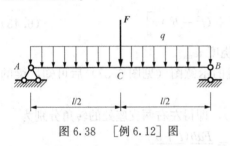

图 6.38　［例 6.12］图

当集中荷载 F 单独作用时，该截面的挠度为

$$w_F = \frac{Fl^3}{48EI}$$

根据叠加法，当荷载 q 与 F 共同作用时，截面 C 的挠度为

$$w = w_q + w_F = \frac{5ql^4}{384EI} + \frac{Fl^3}{48EI}$$

【例 6.13】　如图 6.39 所示外伸梁，求外伸端的挠度和转角。设弯曲刚度 EI 为常数。

解：将外伸梁 CA 看成悬臂端。

应用叠加法

$$\theta_C = \theta_{C1} + \theta_{C2}$$

其中

$$\theta_{C1} = \theta_{C1F} + \theta_{C1M_A}$$

由梁变形表查得

$$\theta_{C1F} = -\frac{Fa^2}{2EI}, \quad \theta_{C1M_A} = \theta_{AM_A} = -\frac{Fal}{3EI}$$

$$\theta_{C2} = \theta_{A2} = \frac{Fl^2}{16EI}$$

所以

【例 6.12】　如图 6.38 所示简支梁，同时承受均布荷载 q 与集中荷载 F 作用，使用叠加法计算横截面 C 的挠度。设弯曲刚度 EI 为常数。

解：由梁变形表查得当均布荷载 q 单独作用时，简支梁跨度中点截面 C 的挠度为

$$w_q = \frac{5ql^4}{384EI}$$

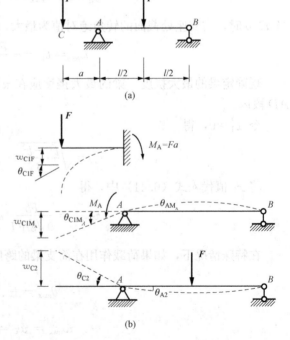

图 6.39　［例 6.13］图

$$\theta_C = -\frac{Fa^2}{2EI} - \frac{Fal}{3EI} + \frac{Fl^2}{16EI} = -\frac{F}{48EI}(24a^2+16al-3l^2)$$

$$w_C = w_{C1} + w_{C2}$$

其中
$$w_{C1} = w_{C1F} + w_{CM_A}$$

由梁变形表查得
$$w_{C1F} = \frac{Fa^3}{3EI}$$

又因为
$$w_{CM_A} = \theta_{C1M_A} \cdot a = \frac{Fal}{3EI} \cdot a$$

$$w_{C2} = -\theta_{C2} \cdot a = -\frac{Fl^2}{16EI} \cdot a$$

所以
$$w_C = \frac{Fa^3}{3EI} + \frac{Fa^2l}{3EI} - \frac{Fl^2a}{16EI} = \frac{Fa}{48EI}(16a+16l-3l^2)$$

6.3.5 梁的刚度校核及提高弯曲刚度的措施

1. 梁的刚度校核

对于机械与工程结构中的许多梁，为了正常工作，梁不仅应具有足够的强度，而且应具备必要的刚度。土建结构中，通常对梁的挠度加以限制，如桥梁的挠度过大，则在机车通过时将发生很大的振动。在机械制造中，往往对挠度转角都有一定的限制。如机床主轴的变形过大，将影响加工的精度。传动轴在轴承处的转角过大，将加大轴承的磨损等。

对于梁挠度，许可值通常用许可的挠度与跨长之比 $\left[\frac{w}{l}\right]$ 作为标准。

梁的刚度条件为

$$\left.\begin{array}{r} \dfrac{w_{max}}{l} \leqslant \left[\dfrac{w}{l}\right] \\ \theta_{max} \leqslant [\theta] \end{array}\right\}$$

梁或轴的许用位移值可从有关规范或手册中查得。

2. 提高弯曲刚度的措施

由挠曲线的近似微分方程及其积分可以看出，梁的变形与梁的受力、支承条件、跨度长短以及截面的弯曲刚度 EI 有关。所以，提高弯曲刚度应考虑以下因素。

（1）改善受力，减小弯矩。弯矩是引起弯曲变形的主要因素，而通过改善梁的受力状况可减小弯矩，从而减小梁的挠度和转角。如对于跨度中点承受集中荷载 F 的简支梁，最大挠度 $w_{max} = \frac{Fl^3}{48EI}$。如果将该荷载改为均布荷载（合力仍为 F，$F=ql$），最大挠度 $w_{max} = \frac{5Fl^3}{384EI}$。梁的最大挠度仅为前者的 62.5%。

（2）合理安排梁的约束。由于梁的挠度和转角值与其跨长的 n 次幂成正比，因此，设法缩短梁的跨长，将能显著地减小其挠度和转角值。工程中常调整约束位置采用两端外伸的结构，就是为缩短跨长从而减小梁的最大挠度值。如图 6.40（a）所示跨

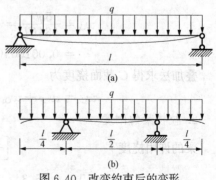

图 6.40 改变约束后的变形
（a）支座在两端；（b）支座向内移动

度为 l 的简支梁，承受均布荷载 q 作用，如果将梁两端的铰支座各向内移动 $l/4$，最大挠度仅为前者的 8.75%。

（3）适当增加支座。在梁的跨长不能缩短的情况下，增加梁的约束即做成超静定梁，也可以使梁的挠度显著减小。

（4）合理选择截面形状。影响梁强度的材料性能是极限应力 σ_u，而影响梁刚度的材料性能则是弹性模量 E。对于钢材来说，采用高强度钢可以显著提高梁的强度，但对梁的刚度改善并不明显，这是因为高强度钢与普通碳素钢的弹性模量 E 十分接近。因此，为提高梁的刚度，应设法增大惯性矩 I 值。在截面面积不变的情况下，采用适当的截面形状使截面面积分布在距中性轴较远处，以增大截面的惯性矩，这样不仅可降低应力，而且能增大梁的弯曲刚度以减小变形。所以工程中常采用工字形、箱形等面。

3. 梁的合理加强

梁的弯曲正应力取决于危险面的弯矩与抗弯截面系数；而梁的位移则与梁的所有微段的变形有关。

所以，对梁的危险截面采用局部加强，即可提高梁的强度，但为了提高梁的刚度，则必须在更大的范围内增加梁的弯曲刚度 EI。

【例 6.14】 起重量为 50kN 的单梁吊车，由 45b 号工字钢制成，其跨度 $l=10\text{m}$（见图 6.41）。已知许用挠度 $\left[\dfrac{w}{l}\right]=1/500$，材料的弹性模量 $E=210\text{GPa}$。试校核吊车梁的刚度。

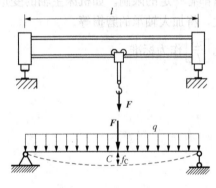

图 6.41 ［例 6.14］图

解： 吊车梁的计算简图如图 6.41 所示，梁的自重为均布荷载；吊车的轮压为集中荷载，当吊车行至梁的中点时，跨中点 C 截面所产生的挠度最大。

1. 求 C 截面的挠度

由型钢表知梁的自重及梁横面的惯性矩分别为

$$q = 875\text{N/m}$$
$$I = 33760 \times 10^{-8}(\text{m}^4)$$

集中荷载 F 和均布荷载 q 引起 C 截面挠度分别为

$$w_{\mathrm{CF}} = \frac{Fl^3}{48EI} = \frac{50 \times 10^3 \times 10^3}{48 \times 210 \times 10^9 \times 33760 \times 10^{-8}}$$
$$= 0.01469(\text{m}) = 14.69(\text{mm})$$

$$w_{\mathrm{Cq}} = \frac{5ql^4}{384EI} = \frac{5 \times 874 \times 10^4}{384 \times 210 \times 10^9 \times 33760 \times 10^{-8}}$$
$$= 0.001605(\text{m}) = 1.605(\text{mm})$$

叠加法求得 C 截面挠度为

$$w_\mathrm{C} = w_{\mathrm{CF}} + w_{\mathrm{Cq}} = 14.69 + 1.605 = 16.3(\text{mm})$$

2. 校核梁的刚度

梁的许用挠度 $\left[\dfrac{w}{l}\right] = \dfrac{1}{500} = 0.002$

$$\left[\frac{w_\mathrm{C}}{l}\right] = \frac{16.3}{10 \times 10^3} = 0.00163 < \left[\frac{w}{l}\right] = \frac{1}{500} = 0.002$$

因此，该梁满足刚度要求。

习　题

6-1　一个集中荷载 F 在简支梁上移动。问不论荷载在什么位置时最大弯矩是否总在荷载所在位置的横截面上？

6-2　列 $F_S(x)$ 及 $M(x)$ 方程时，在何处需要分段？

6-3　试问在求解横截面上的内力时，为什么可直接由该横截面任一侧梁上的外力的代数和来计算？

6-4　集中力及集中力偶左右的构件横截面上的轴力、扭矩、剪力、弯矩如何变化？

6-5　对于既有正弯矩区段又有负弯矩区段的梁，如果横截面为上下对称的工字形，则整个梁的横截面上的 $\sigma_{t,max}$ 和 $\sigma_{c,max}$ 是否一定在弯矩绝对值最大的横截面上？

6-6　对于全梁横截面上弯矩均为正值（或均为负值）的梁，如果中性轴不是横截面的对称轴，则整个梁的横截面上的 $\sigma_{t,max}$ 和 $\sigma_{c,max}$ 是否一定在弯矩最大的横截面上？

6-7　试问，在推导对称弯曲正应力公式时做了哪些假设？在什么条件下这些假设才是正确的？

6-8　请区别如下概念：纯弯曲与横力弯曲，中性轴与形心轴，弯曲刚度与弯曲截面系数。

6-9　如图 6.42 所示，用叠加法作各梁的弯矩图，并求 M_{max}。

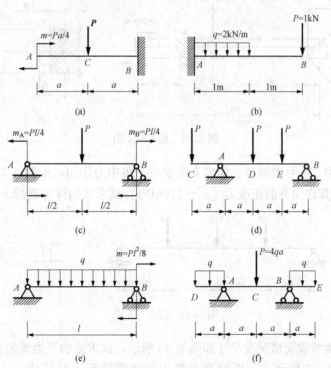

图 6.42　题 6-9 图

6-10 长度为 250mm、截面尺寸为 $b \times b = 0.8mm \times 25mm$ 的薄板尺，由于两端外力偶的作用而弯曲成中心角为 60° 的圆弧。已知弹性模量 $E = 210GPa$。试求钢尺横截面上的最大正应力。

6-11 厚度为 $h = 1.5mm$ 的钢带，卷成直径为 $D = 3mm$ 的圆环，试求钢带横截面上的最大正应力。已知钢的弹性模量 $E = 210GPa$。

6-12 直径为 d 的钢丝，其屈服强度为 $\sigma_{p0.2}$。现在两端施加外力偶使其弯曲成直径为 D 的圆弧。试求钢丝横截面上的最大正应力等于 $\sigma_{p0.2}$ 时 D 与 d 的关系式，并据此分析为何钢丝绳要用许多高强度的细钢丝组成。

6-13 梁在铅垂纵向对称面内受外力作用而弯曲。当梁具有如图 6.43 所示各种不同形状的横截面时，试分别绘出各横截面上的正应力沿其高度变化的图。

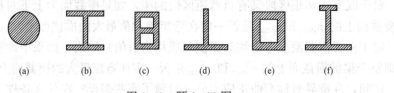

图 6.43 题 6-13 图

6-14 矩形截面的悬臂梁受集中力和集中力偶作用，如图 6.44 所示。试求截面 $m\text{-}m$ 和固定端面 $n\text{-}n$ 上 A、B、C、D 四点处的正应力。

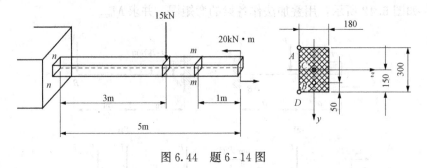

图 6.44 题 6-14 图

6-15 由两根 28a 号槽钢组成的简支梁受三个集中力作用，如图 6.45 所示。已知该梁材料为 Q235 钢，其许用弯曲正应力 $[\sigma] = 170MPa$。试求梁的许可载荷 F。

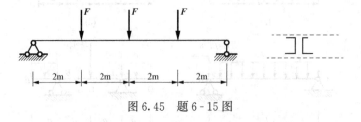

图 6.45 题 6-15 图

6-16 简支梁的载荷情况及尺寸如图 6.46 所示，试求梁的下边缘的总伸长。

6-17 如图 6.47 所示，一矩形截面简支梁由圆柱形木料锯成。已知 $F = 5kN$，$a = 1.5m$，$[\sigma] = 10MPa$。试确定弯曲截面系数为最大时矩形截面的高宽比 $\frac{h}{b}$，以及梁所需木料

的最小直径 d。

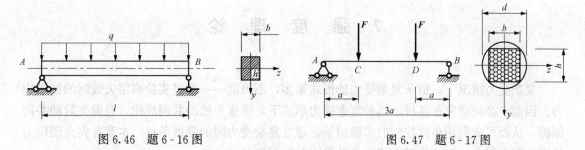

图 6.46　题 6-16 图　　　　　　　　图 6.47　题 6-17 图

6-18　横截面如图 6.48 所示的铸铁简支梁，跨长 $l=2\text{m}$，在其中点受一集中载荷作用 $F=80\text{kN}$。已知许用拉应力 $[\sigma_t]=30\text{MPa}$，许用压应力 $[\sigma_c]=90\text{MPa}$。试确定截面尺寸。

6-19　一铸铁梁如图 6.49 所示。已知材料的拉伸强度极限 $\sigma_{bt}=150\text{MPa}$，压缩强度极限 $\sigma_{bc}=630\text{MPa}$。试求梁的安全因数。

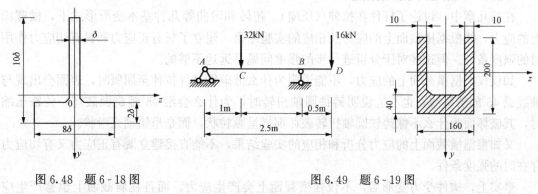

图 6.48　题 6-18 图　　　　　　　　图 6.49　题 6-19 图

6-20　用叠加法求图 6.50 所示梁中指定截面的挠度和转角。已知梁的弯曲刚度 EI 为常数。

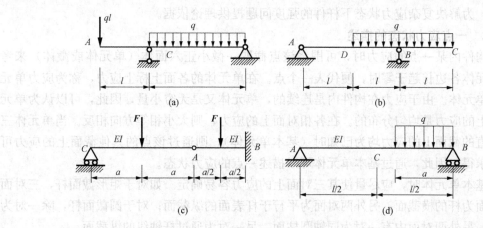

图 6.50　题 6-20 图

(a) θ_A，W_A；(b) θ_A，W_C；(c) W_A；(d) W_C

7 强 度 理 论

复杂受力情况下，由于复杂受力的形式繁多，不可能一一通过实验确定失效时的极限应力。因而，必须研究在各种不同的复杂受力形式下，强度失效的共同规律，假设失效的共同原因，从而可能利用单向拉伸的实验结果，建立复杂受力时的强度条件。本章首先介绍应力状态的基本概念，以此为基础建立复杂受力时的强度条件。

7.1 应力状态的概述

7.1.1 一点应力状态的概念

在前几章中，讨论了杆件在拉伸（压缩）、扭转和弯曲等几种基本变形形式下，横截面上的应力，并根据横截面上的应力及相应的实验结果，建立了只有正应力和只有切应力作用时的强度条件。但这些对于分析进一步的强度问题是远远不够的。

如仅仅根据横截面上的应力，不能说明为什么低碳钢试件拉伸至屈服时，表面会出现与轴线成 45°的滑移线；也不能说明铸铁圆轴扭转时，为什么会沿 45°螺旋面破坏；铸铁压缩时，其破坏面为什么不像铸铁圆轴扭转破坏那样呈颗粒状，而是呈错动光滑状。

又如根据横截面上的应力分析和相应的实验结果，不能直接建立既有正应力又有切应力存在时的强度条件。

事实上，构件受力变形后，不仅在横截面上会产生应力，而且在斜截面上也会产生应力，同一截面上各点应力一般也是不同的，所以以点为研究对象，通过一点所作各截面的应力情况，称为一点的应力状态。研究一点的应力状态，目的在于寻找该点应力的最大值及所在的方位，为解决复杂应力状态下杆件的强度问题提供理论依据。

7.1.2 一点应力状态的描述

研究构件内某一点的应力时，可围绕该点截取一微小正六面体（单元体或微体）来考虑。当单元体各边长趋于零时，便代表一个点。在单元体的各面上标上应力，称为应力单元体，简称单元体。由于应力在构件内是连续的，单元体又是无穷小量，因此，可以认为单元体各个面上的应力是均匀分布的。在各相对面上的应力，则大小相等方向相反。当单元体三对互相垂直的截面上的应力均为已知时（基本单元体），则通过该点的其他截面上的应力可用截面法求得。因此，通过基本单元体可以描述一点的应力状态。

在取基本单元体时，应尽量使其三对面上的应力容易确定。如对于矩形截面杆，三对面中的一对面为杆的横截面，另外两对面为平行于杆表面的纵截面；对于圆截面杆，除一对为横截面外，另外两对面中有一对为同轴圆柱面，另一对为通过杆轴线的纵截面。

图 7.1 所示为杆件拉伸时 K 点的基本单元体。

图 7.2 所示为受扭圆轴表面上 K 点的基本单元体。

图 7.3 所示为矩形截面梁上 K 点的基本单元体。

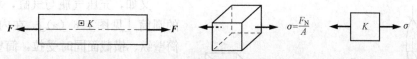

图 7.1　杆件拉伸时 K 点的基本单元体

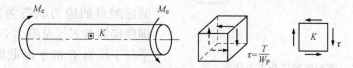

图 7.2　受扭圆轴表面上 K 点的基本单元体

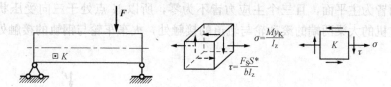

图 7.3　矩形截面梁上 K 点的基本单元体

7.1.3　主平面主应力

一点处切应力等于零的截面称为主平面，由主平面组成的单元体称为主单元体，主平面的法线方向称为主方向，主平面上的正应力称为主应力。

在弹性力学中已经证明：对受力构件内的任意一点一定可以找到由三对相互垂直的主平面组成的主单元体，其上的三个主应力用符号 σ_1、σ_2 和 σ_3 表示，并按它们代数值的大小顺序排列，即 $\sigma_1 \geqslant \sigma_2 \geqslant \sigma_3$。

7.1.4　应力状态的分类

一点处应力状态根据主应力情况可分成三类：①只有一个主应力不为零的称为单向应力状态［见图 7.4（a）］；②两个主应力不为零的称为二向应力状态［见图 7.4（b）］；③三个主应力都不为零的称为三向应力状态［见图 7.4（c）］。通常将单向应力状态称为简单应力状态，二向和三向应力状态统称为复杂应力状态。

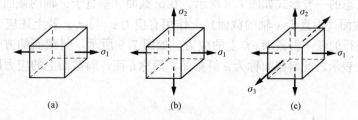

图 7.4　一点处的应力状态
（a）单向应力状态；（b）二向应力状态；（c）三向应力状态

应该注意的是，一点的应力状态的类型必须在计算主应力之后根据主应力情况确定。

7.1.5　应力状态的实例

在实际构件中，复杂应力状态是最常见的。

例如，图 7.5 所示螺旋桨轴既受拉，又受扭，轴表面上 K 点的应力状态。

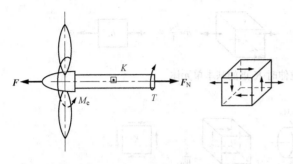

图 7.5　螺旋桨的复杂应力状态

又如，充压气瓶与气缸，均为受内压的圆筒［见图 7.6（a）］。在内压作用下，筒壁纵、横截面同时受拉，筒壁表面上 K 点的应力情况如图 7.6（b）所示。

再如，在滚珠轴承中，滚珠与外圈的接触点的应力状态为三向应力状态。围绕接触点 K［见图 7.7（a）］以垂直和平行于压力 F 的平面截取单元体，如图 7.7（b）所示。在滚珠与外圈的接触面上，有压应力，单元体向周围膨胀，于是引起周围材料对它的约束应力。所取单元体的三对相互垂直的面皆为主平面，且三个主应力皆不为零，所以 K 点处于三向受压状态。与此相似，桥式起重机的大梁两端的滚动轮与轨道的接触处，火车车轮与钢轨的接触处，也都是三向应力状态。

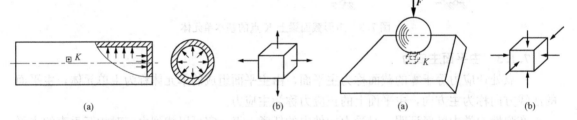

| (a) | (b) | (a) | (b) |

图 7.6　圆筒壁表面上 K 点的应力状态　　　图 7.7　滚珠轴承及接触点的应力状态
（a）受内压的圆筒；（b）K 点应力　　　　　（a）滚珠轴承；（b）K 点应力

7.2　平面应力状态分析——解析法

在单元体的六个侧面中，仅在四个侧面上有应力，而且应力作用线均平行于单元体的不受力表面，这种应力状态称为平面应力状态。

7.2.1　任意斜截面上的应力

平面应力状态的一般形式如图 7.8 所示。在 x 截面（垂直于 x 轴的截面）上作用有应力 σ_x 与 τ_x，在 y 截面（垂直于 y 轴的截面）上作用有应力 σ_y 与 τ_y。若上述应力均为已知，现在研究与 z 轴平行的任一斜截面 ef 上的应力。如图 7.9 所示，斜截面的方位以其外法线 n 与 x 轴的夹角 α 表示，此斜截面称为 α 斜截面，简称 α 面，斜截面上的应力用 σ_α 和 τ_α 表示。

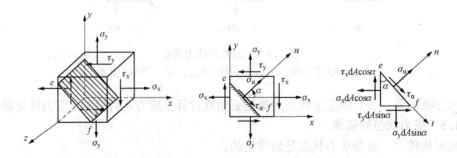

图 7.8　平面应力状态的一般形式　　　　　图 7.9　斜截面应力

用截面法，假想在 α 面上"截开"，取左下部分作为研究对象。设 α 面的面积为 $\mathrm{d}A$，微体受力如图 7.9 所示，其沿 α 面的法向与切向的平衡方程分别为

$$\sum F_n = 0, \quad \sigma_\alpha \mathrm{d}A + (\tau_x \mathrm{d}A\cos\alpha)\sin\alpha - (\sigma_x \mathrm{d}A\cos\alpha)\cos\alpha$$
$$+ (\tau_y \mathrm{d}A\sin\alpha)\cos\alpha - (\sigma_y \mathrm{d}A\sin\alpha)\sin\alpha = 0$$

$$\sum F_t = 0, \quad \tau_\alpha \mathrm{d}A - (\tau_x \mathrm{d}A\cos\alpha)\cos\alpha - (\sigma_x \mathrm{d}A\cos\alpha)\sin\alpha$$
$$+ (\tau_y \mathrm{d}A\sin\alpha)\sin\alpha + (\sigma_y \mathrm{d}A\sin\alpha)\cos\alpha = 0$$

由此得

$$\sigma_\alpha = \sigma_x\cos^2\alpha + \sigma_y\sin^2\alpha - (\tau_x + \tau_y)\sin\alpha\cos\alpha \tag{7.1}$$

$$\tau_\alpha = (\sigma_x - \sigma_y)\sin\alpha\cos\alpha + \tau_x\cos^2\alpha - \tau_y\sin^2\alpha \tag{7.2}$$

根据切应力互等定理可知，τ_x 和 τ_y 的数值相等，由三角函数还可知

$$\cos^2\alpha = \frac{1 + \cos 2\alpha}{2}$$

$$\sin^2\alpha = \frac{1 - \cos 2\alpha}{2}$$

$$\sin 2\alpha = 2\sin\alpha\cos\alpha$$

将上述关系代入式（7.1）和式（7.2），化简后得

$$\sigma_\alpha = \frac{\sigma_x + \sigma_y}{2} + \frac{\sigma_x - \sigma_y}{2}\cos 2\alpha - \tau_x\sin 2\alpha \tag{7.3}$$

$$\tau_\alpha = \frac{\sigma_x - \sigma_y}{2}\sin 2\alpha + \tau_x\cos 2\alpha \tag{7.4}$$

此即平面应力状态下斜截面应力的一般公式。

在应用上述公式时，正应力以拉伸为正；切应力以使微体有顺时针转动趋势者为正；方位角 α 以 x 轴正向为始边、转向沿逆时针方向者为正。

应该指出，上述公式是根据静力平衡条件建立的，因此，它们既可用于线弹性问题，也可用于非线性或非弹性问题，既可用于各向同性情况，也可用于各向异性情况，即与材料力学性能无关。

7.2.2 主平面主应力

由式（7.3）和式（7.4）可看出，斜截面上的正应力 σ_α 和切应力 τ_α 随着 α 角的改变而变化，即 σ_α 和 τ_α 都是 α 的函数。利用上述公式可以确定正应力和切应力的极值，并确定它们所在平面的位置。

由 $\dfrac{\mathrm{d}\sigma_\alpha}{\mathrm{d}\alpha} = 0$ 可得

$$\frac{\mathrm{d}\sigma_\alpha}{\mathrm{d}\alpha} = -2\frac{\sigma_x - \sigma_y}{2}\sin 2\alpha - 2\tau_x\cos 2\alpha = 0$$

即

$$\frac{\sigma_x - \sigma_y}{2}\sin 2\alpha + \tau_x\cos 2\alpha = 0 \tag{7.5}$$

将式（7.5）与式（7.4）对比可知，正应力极值所在截面上的切应力为零，即正应力极值所在截面为主平面。

设正应力极值所在截面（主平面）的方位角为 α_0，则由式（7.5）得

$$\tan 2\alpha_0 = -\frac{2\tau_x}{\sigma_x - \sigma_y} \tag{7.6}$$

此方程有两个根：α_0 和 $\alpha_0 + 90°$，说明处于平面应力状态的单元体上的正应力极值有两个，它们所在截面是相互垂直的。由式（7.6）可以求出 $\cos 2\alpha_0$ 和 $\sin 2\alpha_0$，然后代入式（7.3）得正应力的两个极值应力为

$$\left.\begin{array}{l}\sigma_{\max} \\ \sigma_{\min}\end{array}\right\} = \frac{\sigma_x + \sigma_y}{2} \pm \sqrt{\left(\frac{\sigma_x - \sigma_y}{2}\right)^2 + \tau_x^2} \tag{7.7}$$

在平面应力状态中，有一个主应力已知为零，比较 $\sigma_{\max}$、$\sigma_{\min}$ 和 0 的代数值大小，便可确定 σ_1、σ_2 和 σ_3。

以上分析中，并没有确定与各主应力所对应的主平面。为了确定每个主应力的作用面，可考察图 7.10 所示微体的平衡。假设其斜截面上只有主应力 σ_1 或 σ_2 作用，沿水平方向的平衡方程为

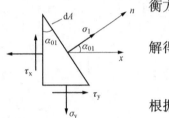

图 7.10　微体平衡

$$-\sigma_x dA \cos\alpha_{01} + \tau_y dA \sin\alpha_{01} + \sigma_1 dA \cos\alpha_{01} = 0$$

解得

$$\tan\alpha_{01} = \frac{\sigma_x - \sigma_1}{\tau_y}$$

根据切应力互等定理，上式可写作

$$\tan\alpha_{01} = \frac{\sigma_x - \sigma_1}{\tau_x} \tag{7.8}$$

这个角就是主应力 σ_1 所在平面的方位角。同理，如果式（7.8）中的 σ_1 代之以 σ_2，便可计算主应力 σ_2 所在平面的方位角 α_{02}。

7.2.3　切应力极值及所在平面

由 $\dfrac{d\tau_\alpha}{d\alpha} = 0$ 可得

$$\frac{d\tau_\alpha}{d\alpha} = (\sigma_x - \sigma_y)\cos 2\alpha - 2\tau_x \sin 2\alpha = 0$$

即

$$(\sigma_x - \sigma_y) - 2\tau_x \tan 2\alpha = 0 \tag{7.9}$$

设切应力极值所在截面的方位角为 α_1，则由式（7.9）得

$$\tan 2\alpha_1 = \frac{\sigma_x - \sigma_y}{2\tau_x} \tag{7.10}$$

此方程有两个根：α_1 和 $\alpha_1 + 90°$，说明处于平面应力状态的单元体上的切应力极值有两个，它们所在截面是相互垂直的。由式（7.10）可求出 $\cos 2\alpha_1$ 和 $\sin 2\alpha_1$，然后代入式（7.2）中得切应力的两个极值应力为

$$\left.\begin{array}{l}\tau_{\max} \\ \tau_{\min}\end{array}\right\} = \pm\sqrt{\left(\frac{\sigma_x - \sigma_y}{2}\right)^2 + \tau_x^2} \tag{7.11}$$

比较式（7.8）和式（7.10）可知 α_0 和 α_1 相差 45°，这说明切应力极值所在平面与主平面成 45°角。

【例 7.1】　某点的应力状态如图 7.11（a）所示，图中应力单位为 MPa。试求：①指定截面的上应力；②主应力；③主平面，并画出主应力单元体。

解：由单元体可知 $\sigma_x = 40\text{MPa}$，$\sigma_y = -20\text{MPa}$，$\tau_x = 40\text{MPa}$，$\alpha = 30°$。

（1）计算指定截面上的应力。

$$\sigma_{30°} = \frac{\sigma_x + \sigma_y}{2} + \frac{\sigma_x - \sigma_y}{2}\cos2\alpha - \tau_x\sin2\alpha$$

$$= \frac{40-20}{2} + \frac{40+20}{2}\cos60° - 40\sin60° = -9.6(\text{MPa})$$

$$\tau_{30°} = \frac{\sigma_x - \sigma_y}{2}\sin2\alpha + \tau_x\cos2\alpha$$

$$= \frac{40+20}{2}\sin60° + 40\cos60° = 46.0(\text{MPa})$$

按照 $\sigma_{30°}$ 和 $\tau_{30°}$ 的实际指向，画到图 7.11（a）中。

（2）求主应力。

正应力的极值为

$$\left.\begin{array}{c}\sigma_{max}\\\sigma_{min}\end{array}\right\} = \frac{\sigma_x+\sigma_y}{2} \pm \sqrt{\left(\frac{\sigma_x-\sigma_y}{2}\right)^2+\tau_x^2} = \frac{40-20}{2} \pm \sqrt{\left(\frac{40+20}{2}\right)^2+40^2} = \left\{\begin{array}{c}60\\-40\end{array}\right.(\text{MPa})$$

另一个主应力为零，所以三个主应力为

$\sigma_1 = 60\text{MPa}$，$\sigma_2 = 0$，$\sigma_3 = -40\text{MPa}$

（3）求主平面。

$$\tan\alpha_{01} = \frac{\sigma_x-\sigma_1}{\tau_x} = \frac{40-60}{40} = -0.5$$

$$\alpha_{01} = -26.6°$$

主应力单元体如图 7.11（b）所示。

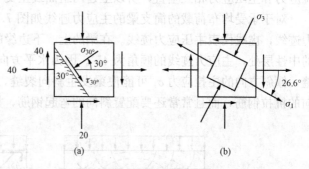

图 7.11　［例 7.1］图

【例 7.2】 如图 7.12 所示矩形截面简支梁，试分析任一横截面 $m\text{-}m$ 上各点的主应力，并进一步分析全梁的情况。

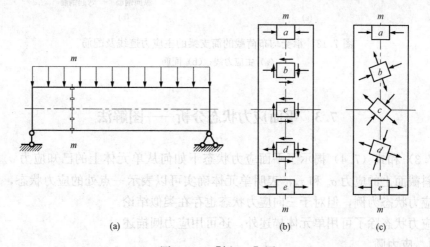

图 7.12　［例 7.2］图

解：（1）截面 $m\text{-}m$ 上各点处的主应力。

在截面上、下边缘的 a 点和 e 点，处于单向应力状态；中性轴上的 c 点，处于纯剪切应力状态；而在其间的 b 点和 d 点，同时承受弯曲正应力 σ 和弯曲切应力 τ。

梁内任一点处的主应力及其方位角可由下式确定：

$$\sigma_1 = \frac{1}{2}(\sigma + \sqrt{\sigma^2 + 4\tau^2}) > 0 \tag{7.12}$$

$$\sigma_3 = \frac{1}{2}(\sigma - \sqrt{\sigma^2 + 4\tau^2}) < 0 \tag{7.13}$$

$$\sigma_2 = 0$$

$$\tan 2\alpha_0 = -\frac{2\tau}{\sigma}$$

式（7.12）和式（7.13）表明，在梁内任一点处的两个主应力中，其中一个必为拉应力，而另一个必为压应力。

（2）主应力迹线。

根据梁内各点处的主应力方向，可绘制两组曲线。在一组曲线上，各点的切向即该点的主拉应力方向；而在另一组曲线上，各点的切向则为该点的主压应力方向。由于各点处的主拉应力和主压应力相互垂直，所以上述两组曲线正交。上述曲线族称为梁的主应力迹线。

对于承受均布荷载的简支梁的主应力迹线如图 7.13（a）所示。图中，实线代表主拉应力迹线，虚线代表主压应力迹线。在梁的上、下边缘的主应力迹线与边缘平行或垂直；在梁的中性层处，主应力迹线的倾角为 $45°$。因为水平方向的主拉应力 σ_1 可能使梁发生竖向的裂缝，倾斜方向的主拉应力 σ_1 可能使梁发生斜向裂缝，故在钢筋混凝土梁中，不但要配置纵向的抗拉钢筋，而且常常还要配置斜向的弯起钢筋，如图 7.13（b）所示。

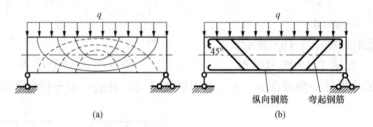

图 7.13　承受均布荷载的简支梁的主应力迹线及配筋
(a) 主应力线；(b) 配筋

7.3　平面应力状态分析——图解法

式（7.3）和式（7.4）揭示了平面应力状态下如何从单元体上的已知应力 σ_x、σ_y 和 τ_x 计算任意斜截面上的应力 σ_α 和 τ_α，表明单元体确实可以表示一点处的应力状态，尽管这里是以平面应力状态为例，但对于三向应力状态也存在类似结论。

一点应力状态除了可用单元体描述外，还可用应力圆描述。

7.3.1　应力圆

由式（7.3）与式（7.4）可知，应力 σ_α 和 τ_α 均为 α 的函数，说明在 σ_α 与 τ_α 之间存在确定的函数关系，上述二式为其参数方程。为了建立 σ_α 与 τ_α 之间的直接关系式，将式（7.3）与式（7.4）改写成如下形式

$$\sigma_\alpha - \frac{\sigma_x + \sigma_y}{2} = \frac{\sigma_x - \sigma_y}{2}\cos2\alpha - \tau_x\sin2\alpha$$

$$\tau_\alpha - 0 = \frac{\sigma_x - \sigma_y}{2}\sin2\alpha + \tau_x\cos2\alpha$$

将以上二式各自平方后再相加，得

$$\left(\sigma_\alpha - \frac{\sigma_x + \sigma_y}{2}\right)^2 + (\tau_\alpha - 0)^2 = \left(\frac{\sigma_x - \sigma_y}{2}\right)^2 + \tau_x^2$$

可以看出，在以 σ 为横坐标轴、τ 为纵坐标轴的平面内，上式的轨迹为圆，其圆心 C 的坐标为 $\left(\frac{\sigma_x + \sigma_y}{2}, 0\right)$，半径为 $R = \sqrt{\left(\frac{\sigma_x - \sigma_y}{2}\right)^2 + \tau_x^2}$。圆上任一点的纵、横坐标则分别代表单元体相应截面的切应力和正应力，此圆称为应力圆或莫尔圆。

7.3.2 应力圆的绘制

已知单元体如图 7.14 所示，在 σ-τ 平面内，与 x 截面对应的点位于 $D(\sigma_x, \tau_x)$，与 y 截面对应的点位于 $E(\sigma_y, \tau_y)$，由于 τ_x 和 τ_y 数值相等，直线 DE 与坐标轴 σ 的交点 C 的横坐标为 $\frac{\sigma_x + \sigma_y}{2}$，即 C 为应力圆的圆心。于是，以 C 为圆心，CD 或 CE 为半径作圆，即为应力圆。

7.3.3 应力圆的应用

应力圆确定后，如图 7.15 所示，欲求 α 截面上的应力，则只需将半径 CD 沿方位角 α 的转向旋转 2α 至 CH 处，所得 H 点的纵、横坐标 τ_H 与 σ_H，即分别代表 α 截面的切应力 τ_α 与正应力 σ_α，证明如下：

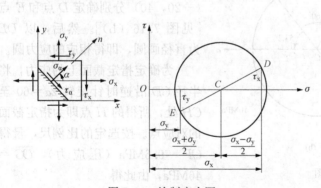

图 7.14 绘制应力圆

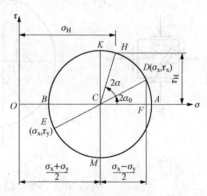

图 7.15 用应力圆求 α 截面上的应力

设 $\angle DCF$ 用 $2\alpha_0$ 表示，则

$$\begin{aligned}
\sigma_H &= \overline{OC} + \overline{CH}\cos(2\alpha_0 + 2\alpha) = \overline{OC} + \overline{CD}\cos(2\alpha_0 + 2\alpha) \\
&= \overline{OC} + \overline{CD}\cos2\alpha_0\cos2\alpha - \overline{CD}\sin2\alpha_0\sin2\alpha \\
&= \frac{\sigma_x + \sigma_y}{2} + \frac{\sigma_x - \sigma_y}{2}\cos2\alpha - \tau_x\sin2\alpha \\
&= \sigma_\alpha
\end{aligned}$$

同理可证

$$\tau_H = \tau_\alpha$$

图 7.15 所示的应力圆与坐标轴 σ 相交于 A 点与 B 点。这表明，在平行于 z 轴的各截面中，最大与最小正应力所在截面相互垂直，且最大与最小正应力分别为

$$\left.\begin{array}{c}\sigma_{\max}\\\sigma_{\min}\end{array}\right\}=\overline{OC}\pm\overline{CA}=\frac{\sigma_x+\sigma_y}{2}\pm\sqrt{\left(\frac{\sigma_x-\sigma_y}{2}\right)^2+\tau_x^2}$$

而最大正应力所在截面的方位角 α_0 可由下式确定

$$\tan2\alpha_0=-\frac{\overline{DF}}{\overline{CF}}=-\frac{\tau_x}{\dfrac{\sigma_x-\sigma_y}{2}}=-\frac{2\tau_x}{\sigma_x-\sigma_y}$$

式中：负号表示由 x 截面至最大正应力作用面为顺时针方向。

由图 7.15 还可以看出，应力圆上存在 K 和 M 两个极值点。这表明，在平行于 z 轴的各截面中，最大与最小切应力分别为

$$\left.\begin{array}{c}\tau_{\max}\\\tau_{\min}\end{array}\right\}=\pm\sqrt{\left(\frac{\sigma_x-\sigma_y}{2}\right)^2+\tau_x^2}$$

其所在截面也相互垂直，并与正应力极值截面成 $45°$ 角。

从应力圆推导的结果与用解析法所导出的式（7.3）和式（7.4）完全相同。在图解法中应注意，单元体和应力圆之间的相互对应关系，即单元体任一截面上的应力值与应力圆上一点的坐标值对应；单元体上两截面的外法线方向所夹角为 α，则在应力圆上与此两截面相对应的两点之间的圆弧所对应的圆心角为 2α，且它们的转向相同。

【例 7.3】　试用图解法解例 7.1 ［见图 7.16 （a）］。

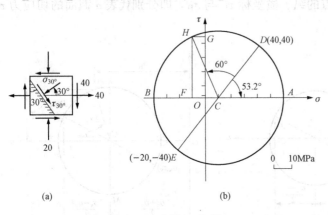

图 7.16　［例 7.3］图

解：在 σ-τ 平面内，按选定的比例尺，由坐标（40，40）与（−20，40）分别确定 D 点和 E 点［见图 7.16 （b）］。然后，以 DE 为直径画圆，即得相应的应力圆。

为确定指定截面上的应力，将半径 CD 沿逆时针旋转 $2\alpha=60°$ 至 CH 处，所得的 H 点即为指定截面的对应点。按选定的比例尺，量得 $\overline{OF}=9.6\text{MPa}$（压应力），$\overline{OG}=46\text{MPa}$，由此得

$$\sigma_{30°}=-\overline{OF}=-9.6\text{MPa}$$

$$\tau_{30°}=\overline{OG}=46\text{MPa}$$

应力圆与坐标轴 σ 相交于 A 点与 B 点，按选定的比例尺，量得 $\overline{OA}=60\text{MPa}$（拉应力），$\overline{OB}=40\text{MPa}$（压应力），由此得

$$\sigma_1=\overline{OA}=60\text{MPa}\quad\sigma_2=0\quad\sigma_3=-\overline{OB}=-40\text{MPa}$$

从应力圆中量得 $\angle DCA=53.2°$，而且，由于自半径 CD 至 CA 的转向为顺时针方向，因此，主应力 σ_1 的方位角为

$$\alpha_{01}=-\frac{\angle DCA}{2}=-\frac{53.2°}{2}=-26.6°$$

7.4 三向应力状态

前面研究斜截面的应力及极值应力时，曾引进两个限制条件，其一是单元体处于平面应力状态，其二是所取斜截面均平行于 z 轴。本节研究应力状态的一般形式——三向应力状态，并研究所有斜截面的应力。

7.4.1 三向应力圆

图 7.17 所示主单元体，主应力 σ_1、σ_2 和 σ_3 均为已知。

首先分析与 σ_3 平行的任意斜截面 $abcd$ 上的应力。假想用该截面将单元体截开，并研究左下部分 [见图 7.17（b）] 的平衡。由于 σ_3 所在的两个截面上的力是自相平衡的力系，所以斜截面上的应力 σ_α 和 τ_α 与 σ_3 无关，仅由 σ_1 和 σ_2 来决定。因而这类截面上的应力 σ_α 和 τ_α，可用 σ_1 和 σ_2 所确定的应力圆上的点的坐标表示 [见图 7.18]。同理，与 σ_1（或 σ_2）平行的任意斜截面上的应力，可由 σ_2、σ_3（或 σ_1、σ_3）所画的应力圆来确定。

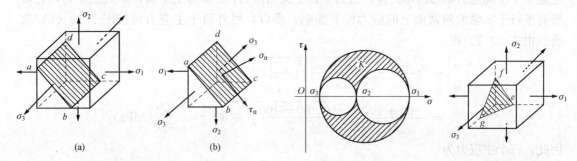

图 7.17 三向应力状态
(a) 主单元件；(b) 左下部分应力

图 7.18 三向应力圆及任意斜截面应力

这样，三个应力圆上各点的坐标值就代表着单元体内与任一主应力平行截面上的正应力和切应力。至于与三个主应力均不平行的任意斜截面 efg，可以证明，它们上的应力 σ_n 和 τ_n，将由三个应力圆所围成阴影区内点 K 的坐标来表示。并可用以下公式计算

$$\sigma_n = \sigma_1 \cos^2\alpha + \sigma_2 \cos^2\beta + \sigma_3 \cos^2\gamma \tag{7.14}$$

$$\tau_n = \sqrt{\sigma_1^2 \cos^2\alpha + \sigma_2^2 \cos^2\beta + \sigma_3^2 \cos^2\gamma - \sigma_n^2} \tag{7.15}$$

式中：α，β，γ 分别代表斜截面 e、f、g 的外法线与 x，y，z 轴的夹角。

7.4.2 三向应力状态的最大应力

由图 7.18 可以看出，三向应力状态下，一点处的最大正应力和最小正应力分别为

$$\sigma_{\max} = \sigma_1 \tag{7.16}$$

$$\sigma_{\min} = \sigma_3 \tag{7.17}$$

而最大的切应力为

$$\tau_{\max} = \frac{\sigma_1 - \sigma_3}{2} \tag{7.18}$$

其作用面与 σ_2 平行，与 σ_1 和 σ_3 都成 45°角。

上述结论同样适用单向与二向应力状态。

【例 7.4】 试求图 7.19（a）所示单元体的主应力和最大切应力（图中应力单位为 MPa）。

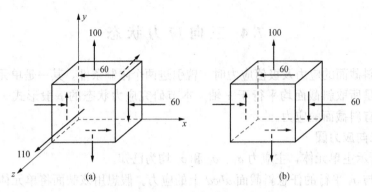

图7.19 [例7.4] 图

解：选坐标系如图7.19（a）有

$$\sigma_x = -60\text{MPa}, \quad \sigma_y = 100\text{MPa}, \quad \sigma_z = 110\text{MPa}, \quad \tau_x = 60\text{MPa}$$

这是一个空间应力状态的单元体，因为 z 面上无切应力，z 面为主平面，σ_z 为主应力，它对所有平行于 z 轴的斜截面上的应力没有影响，所以，另外两个主应力可按图7.19（b）求得。由式（7.7）得

$$\left.\begin{array}{c}\sigma_{\max} \\ \sigma_{\min}\end{array}\right\} = \frac{\sigma_x + \sigma_y}{2} \pm \sqrt{\left(\frac{\sigma_x - \sigma_y}{2}\right)^2 + \tau_x^2}$$

$$= \frac{-60 + 100}{2} \pm \sqrt{\left(\frac{-60 - 100}{2}\right)^2 + 60^2} = \left\{\begin{array}{c}120 \\ -80\end{array}\right.(\text{MPa})$$

因此，三个主应力为

$$\sigma_1 = 120\text{MPa}, \quad \sigma_2 = 110\text{MPa}, \quad \sigma_3 = -80\text{MPa}$$

最大切应力为

$$\tau_{\max} = \frac{\sigma_1 - \sigma_3}{2} = \frac{120 + 80}{2} = 100(\text{MPa})$$

7.5 广 义 胡 克 定 律

设从受力物体内某点处取出一主单元体，其上主应力 σ_1、σ_2 和 σ_3 如图7.20所示。该单元体受力之后，它在各个方向的长度都要发生改变，而沿三个主应力方向的线应变称为主应变，并分别用 ε_1、ε_2 和 ε_3 表示。如材料是各向同性的且在线弹性范围内工作，同时变形是微小的，可以用叠加法求主应变。

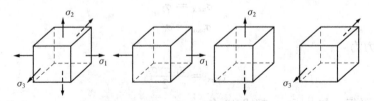

图7.20 广义胡克定律分析

首先求主应变 ε_1。当 σ_1 单独作用时，根据拉压胡克定律，可得到 σ_1 方向的线应变为

$$\varepsilon_1' = \frac{\sigma_1}{E}$$

当 σ_2 和 σ_3 分别单独作用时，σ_1 方向的线应变分别为

$$\varepsilon_1'' = -\nu \frac{\sigma_2}{E} \qquad \varepsilon_1''' = -\nu \frac{\sigma_3}{E}$$

因此，当三个主应力同时作用时，单元体沿 σ_1 方向的线应变为

$$\varepsilon_1 = \varepsilon_1' + \varepsilon_1'' + \varepsilon_1''' = \frac{1}{E}[\sigma_1 - \nu(\sigma_2 + \sigma_3)]$$

同理可以求得主应变 ε_2 和 ε_3，即

$$\left. \begin{array}{l} \varepsilon_1 = \dfrac{1}{E}[\sigma_1 - \nu(\sigma_2 + \sigma_3)] \\[2mm] \varepsilon_2 = \dfrac{1}{E}[\sigma_2 - \nu(\sigma_1 + \sigma_3)] \\[2mm] \varepsilon_3 = \dfrac{1}{E}[\sigma_3 - \nu(\sigma_1 + \sigma_2)] \end{array} \right\} \qquad (7.19)$$

式（7.19）称为广义胡克定律。

实际上，对于各向同性材料，当其处在线弹性范围内且为小变形时，正应力 σ_x、σ_y 和 σ_z 不会引起切应变 γ_{xy}、γ_{yz} 和 γ_{zx}，切应力 τ_{xy}、τ_{yz} 和 τ_{zx} 也不会引起 ε_x、ε_y 和 ε_z，这样对于图 7.21 所示的一般空间应力状态便有如下形式的广义胡克定律。

$$\left. \begin{array}{l} \varepsilon_x = \dfrac{1}{E}[\sigma_x - \nu(\sigma_y + \sigma_z)] \\[2mm] \varepsilon_y = \dfrac{1}{E}[\sigma_y - \nu(\sigma_x + \sigma_z)] \\[2mm] \varepsilon_z = \dfrac{1}{E}[\sigma_z - \nu(\sigma_x + \sigma_y)] \\[2mm] \gamma_{xy} = \dfrac{\tau_{xy}}{G}, \quad \gamma_{yz} = \dfrac{\tau_{yz}}{G}, \quad \gamma_{zx} = \dfrac{\tau_{zx}}{G} \end{array} \right\} \qquad (7.20)$$

【例7.5】　如图 7.22 所示的圆轴，直径为 d，弹性模量为 E，泊松比为 ν，承受轴向拉力 F 和扭矩 $M_e = Fd$ 的作用，在轴表面 K 点处测得与轴线成 $45°$ 方向的正应变 $\varepsilon_{45°}$，试求拉力 F。

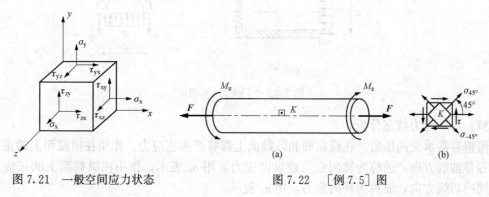

图 7.21　一般空间应力状态　　　　　图 7.22　[例 7.5] 图

解：（1）K 点的应力状态分析。

取 K 点的基本单元体如图 7.22（b）所示，其应力为

$$\sigma_x = \frac{F_N}{A} = \frac{F}{\frac{\pi d^2}{4}} = \frac{4F}{\pi d^2}$$

$$\tau_x = -\tau = -\frac{T}{W_P} = -\frac{M_e}{\frac{\pi d^3}{16}} = -\frac{16F}{\pi d^2}$$

（2）计算与应变有关的应力 $\sigma_{45°}$ 和 $\sigma_{-45°}$

$$\sigma_{45°} = \frac{\sigma_x + \sigma_y}{2} + \frac{\sigma_x - \sigma_y}{2}\cos2\alpha - \tau_x\sin2\alpha$$

$$= \frac{2F}{\pi d^2} + \frac{2F}{\pi d^2}\cos90° + \frac{16F}{\pi d^2}\sin90° = \frac{18F}{\pi d^2}$$

$$\sigma_{-45°} = \frac{\sigma_x + \sigma_y}{2} + \frac{\sigma_x - \sigma_y}{2}\cos2\alpha - \tau_x\sin2\alpha$$

$$= \frac{2F}{\pi d^2} + \frac{2F}{\pi d^2}\cos(-90°) + \frac{16F}{\pi d^2}\sin(-90°) = -\frac{14F}{\pi d^2}$$

（3）代入广义胡克定律，计算 F

$$\varepsilon_{45°} = \frac{1}{E}(\sigma_{45°} - \nu\sigma_{-45°}) = \frac{1}{E}\left(\frac{18F}{\pi d^2} - \nu\frac{14F}{\pi d^2}\right) = \frac{2F(9 + 7\nu)}{\pi d^2 E}$$

$$F = \frac{\pi d^2 E}{2(9 + 7\nu)}\varepsilon_{45°}$$

【例 7.6】 图 7.23（a）所示为承受内压的薄壁容器。为测量容器所承受的内压值，在容器表面用电阻应变片测得环向应变 $\varepsilon_t = 350 \times 10^{-6}$。若已知容器的平均直径 $D = 500\text{mm}$，壁厚 $\delta = 10\text{mm}$，容器材料的弹性模量 $E = 210\text{GPa}$，$\nu = 0.25$。试计算容器的内压。

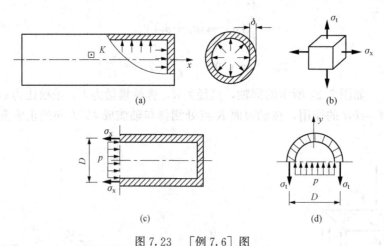

图 7.23 ［例 7.6］图

解：（1）应力状态分析。

薄壁容器承受内压后，在横截面和纵截面上都将产生正应力。作用在横截面上的正应力沿着容器轴线方向，故称为轴向应力或纵向应力，用 σ_x 表示；作用在纵截面上的正应力沿着圆周的切线方向，故称为环向应力，用 σ_t 表示。

因为容器壁较薄（$D/\delta \geqslant 20$），若不考虑端部效应，可认为上述两种应力均沿容器厚度方向均匀分布，而且，还可以用平均直径近似代替内径。

用横截面和纵截面分别将容器截开，其受力分别如图 7.23（c）、图 7.23（d）所示，列出平衡方程

$$\sum F_x = 0, \quad \sigma_x(\pi D\delta) - p\frac{\pi D^2}{4} = 0$$

$$\sum F_y = 0, \quad \sigma_t(l \times 2\delta) - pDl = 0$$

由此得

$$\left.\begin{array}{l} \sigma_x = \dfrac{pD}{4\delta} \\[2mm] \sigma_t = \dfrac{pD}{2\delta} \end{array}\right\} \tag{7.21}$$

此外，在容器内壁，由于内压作用，还存在垂直于内壁的径向应力 σ_r，其最大值为 p，对于薄壁容器，径向应力与轴向应力和环向应力相比甚小，而且 σ_r 自内向外沿壁厚方向逐渐减小，至外壁时为零，因此忽略径向应力 σ_r 引起的误差极小。

（2）计算容器内压。

容器表面各点可视为处于二向应力状态，根据广义胡克定律

$$\varepsilon_t = \frac{1}{E}(\sigma_t - \nu\sigma_x) = \frac{pD(1 - 0.5\nu)}{2E\delta}$$

$$p = \frac{2E\delta\varepsilon_t}{D(1 - 0.5\nu)} = \frac{2 \times 210 \times 10^3 \times 10 \times 350 \times 10^{-6}}{500 \times (1 - 0.5 \times 0.25)} = 3.36(\text{MPa})$$

7.6 强 度 理 论

7.6.1 概述

在前面各章中，我们对各种构件总是先计算出横截面上的最大正应力 σ_{max} 和最大切应力 τ_{max}，然后建立如下的强度条件，即

$$\sigma_{max} \leqslant [\sigma] = \frac{\sigma_u}{n}$$

$$\tau_{max} \leqslant [\tau] = \frac{\tau_u}{n}$$

实践证明，上面这种直接根据试验结果建立的正应力强度条件，对于材料处于单向应力状态下的构件是适宜的；切应力的强度条件对材料处于纯剪切应力状态下的构件是适宜的。

然而，在工程实际中，大多数构件危险点处于复杂应力状态，如何建立复杂应力状态下的强度条件？若仿照前述简单应力状态下构件强度的计算方法，直接通过试验测定材料在各种复杂应力状态下的极限应力，实际上是很难实现的。因为实际构件危险点的单元体可能处于各种各样的复杂应力状态，而任何一种复杂应力状态的主应力的相互间的比值又可能有无限多种，即使要针对一种复杂应力状态来进行试验，其工作量也是很大的，显然解决这类问题已不能采用直接试验的方法，因此，研究材料在复杂应力状态下的破坏或失效的规律极为必要。

大量的试验结果表明，无论应力状态多么复杂，材料在常温静载作用下的失效形式主要有两种。一种是断裂，如脆性材料在轴向拉伸时，没有明显的塑性变形，直到最后才失去正

常的工作能力，这种情况就以断裂为失效标志；另一种是屈服（或称为流动），屈服破坏时，材料发生显著的塑性变形，构件就失去了正常的工作能力，因而，从工程意义上来说，屈服即作为一种失效标志。

对于同一种失效形式，引起失效的原因中包含着共同因素。建立复杂应力状态下的强度失效的判据，就是提出关于材料在不同应力状态下失效共同原因的各种假说，称其为强度理论。根据强度理论，就可以利用单向拉伸试验的结果，建立复杂应力状态下的强度条件。

7.6.2　强度理论

下面分别介绍在工程设计中常用的强度理论。

（1）最大拉应力理论（第一强度理论）。这一理论认为，引起材料断裂的主要因素是最大拉应力，也就是说，不论材料处于何种应力状态，只要最大拉应力达到材料单向拉伸断裂时的最大拉应力，材料即发生断裂。因此，材料的断裂准则为

$$\sigma_1 = \sigma_b$$

在工程设计中，考虑适当的强度储备，将强度极限 σ_b 除以安全系数 n，即得到许用应力 $[\sigma]$，所以按第一强度理论建立的强度条件为

$$\sigma_1 \leqslant [\sigma] \tag{7.22}$$

式中：σ_1 为构件危险点处的最大拉应力；$[\sigma]$ 为单向拉伸时材料的许用应力。

试验证明，脆性材料在于单向拉伸结果也符合拉伸断裂时，这一理论与试验结果相当接近；而当存在压应力时，且只要最大压应力值不超过最大拉应力值，该理论与试验结果也大致相近。由于该理论与铸铁、陶瓷、玻璃、岩石和混凝土等脆性材料拉伸试验结果相符，它曾对以脆性材料为主要建筑材料的十七世纪到十九世纪期间的生产实践起过很大的指导作用。

（2）最大拉应变理论（第二强度理论）。这一理论认为，引起材料断裂的主要因素是最大拉应变，也就是说，不论材料处于何种应力状态，只要最大拉应变达到材料单向拉伸断裂时的最大拉应变，材料即发生断裂。因此，材料的断裂条件为

$$\varepsilon_1 = \varepsilon_{1u}$$

对于铸铁等脆性材料，从开始受力直到断裂，其应力应变关系近似符合胡克定律，所以复杂应力状态下的最大拉应变为

$$\varepsilon_1 = \frac{1}{E}[\sigma_1 - \mu(\sigma_2 + \sigma_3)]$$

而材料在单向拉伸断裂时的最大拉应变为

$$\varepsilon_{1u} = \frac{\sigma_b}{E}$$

于是断裂条件可改写为

$$\sigma_1 - \mu(\sigma_2 + \sigma_3) = \sigma_b$$

考虑适当的强度储备后，按第二强度理论建立的强度条件为

$$\sigma_1 - \mu(\sigma_2 + \sigma_3) \leqslant [\sigma] \tag{7.23}$$

该理论能较好地解释石块或混凝土等脆性材料受轴向压缩时沿垂直压力方向开裂的现象，因为在单向压缩下，其最大拉应变发生在横向。铸铁在拉—压二向应力，且压应力超过拉应力值时试验结果也与按这一理论的计算结果相近。

（3）最大切应力理论（第三强度理论）。这一理论认为，引起材料屈服的主要因素是最大切应力，也就是说，不论材料处于何种应力状态，只要最大切应力达到材料单向拉伸屈服时的最大切应力，材料即发生屈服。因此，材料的屈服条件为

$$\tau_{max} = \tau_s$$

由式（7.18）可知，复杂应力状态下的最大切应力为

$$\tau_{max} = \frac{\sigma_1 - \sigma_3}{2}$$

而材料在单向拉伸屈服时的最大切应力为

$$\tau_s = \frac{\sigma_s}{2}$$

于是屈服条件可以改写为

$$\sigma_1 - \sigma_3 = \sigma_s$$

考虑适当的强度储备后，按第三强度理论建立的强度条件为

$$\sigma_1 - \sigma_3 \leqslant [\sigma] \tag{7.24}$$

该理论能较好地解释塑性材料出现屈服的现象，如低碳钢拉伸时，沿与轴线成 45° 的方向出现滑移线的现象支持了这一理论。由于该理论的强度条件形式简明，试验结果与理论计算较为接近，因此在工程中得到广泛应用。但这一理论忽略了 σ_2 的影响，使得理论结果与试验结果相比偏于安全一面。

（4）畸变能理论（第四强度理论）。这一理论认为，引起材料屈服的主要因素是畸变能密度，也就是说，不论材料处于何种应力状态，只要畸变能密度达到材料单向拉伸屈服时的畸变能密度，材料即发生屈服。因此，材料的屈服条件为

$$v_d = v_{ds}$$

复杂应力状态下的畸变能密度为

$$v_d = \frac{1+\nu}{6E}[(\sigma_1 - \sigma_2)^2 + (\sigma_2 - \sigma_3)^2 + (\sigma_3 - \sigma_1)^2]$$

而材料在单向拉伸屈服时的畸变能密度为

$$v_{ds} = \frac{(1+\nu)\sigma_s^2}{3E}$$

于是屈服条件可以改写为

$$\sqrt{\frac{1}{2}[(\sigma_1 - \sigma_2)^2 + (\sigma_2 - \sigma_3)^2 + (\sigma_3 - \sigma_1)^2]} = \sigma_s$$

考虑适当的强度储备后，按第四强度理论建立的强度条件为

$$\sqrt{\frac{1}{2}[(\sigma_1 - \sigma_2)^2 + (\sigma_2 - \sigma_3)^2 + (\sigma_3 - \sigma_1)^2]} \leqslant [\sigma] \tag{7.25}$$

该理论较全面地考虑了各个主应力对强度的影响，它与塑性材料的试验结果基本相符，比第三强度理论更接近实际情况。

7.6.3 相当应力

当根据强度理论建立复杂应力状态的强度条件时，在形式上是用主应力的某个综合值与单向应力状态的许用应力进行比较，这个主应力的综合值称为相当应力，并用 σ_r 表示。这样，四个强度理论可以分别写成

$$\left.\begin{array}{l}\sigma_{r1}=\sigma_1\leqslant[\sigma]\\\sigma_{r2}=\sigma_1-\mu(\sigma_2+\sigma_3)\leqslant[\sigma]\\\sigma_{r3}=\sigma_1-\sigma_3\leqslant[\sigma]\\\sigma_{r4}=\sqrt{\dfrac{1}{2}\big[(\sigma_1-\sigma_2)^2+(\sigma_2-\sigma_3)^2+(\sigma_3-\sigma_1)^2\big]}\leqslant[\sigma]\end{array}\right\}\qquad(7.26)$$

习 题

7-1 构件的受力如图 7.24 所示，试用单元体表示危险点的应力状态。

7-2 已知应力状态如图 7.25 所示（应力单位为 MPa），试用解析法计算图中指定截面的正应力与切应力。

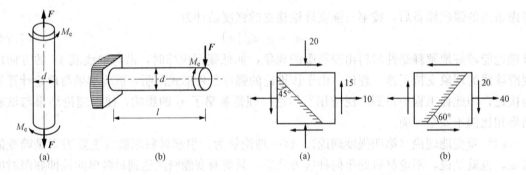

图 7.24 题 7-1 图　　　　　　　图 7.25 题 7-2 图

7-3 已知应力状态如图 7.26 所示（应力单位为 MPa），试用解析法计算主应力的大小及所在平面的方位，并在单元体中画出。

7-4 试用图解法解题 7-2。

7-5 试用图解法解题 7-3。

7-6 已知矩形截面梁的某个截面上的剪力 $F_S=120\text{kN}$，弯矩 $M=10\text{kN}\cdot\text{m}$，截面尺寸如图 7.27 所示。试求 1、2、3、4 点的主应力与最大切应力。

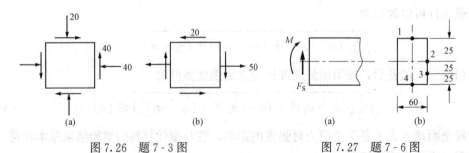

图 7.26 题 7-3 图　　　　　　　图 7.27 题 7-6 图

7-7 已知应力状态如图 7.28 所示（应力单位为 MPa），试画三向应力圆，并求主应力、最大正应力与最大切应力。

7-8 如图 7.29 所示矩形截面杆，承受轴向荷载 F 的作用，试计算线段 AB 的正应变。设截面尺寸 b 和 h 与材料的弹性常数 E 和 ν 均为已知。

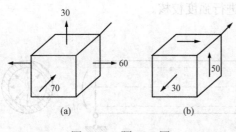

图 7.28　题 7 - 7 图

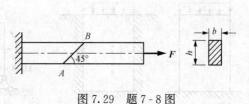

图 7.29　题 7 - 8 图

7 - 9　截面为 28a 工字钢简支梁如图 7.30 所示，由试验测得中性层上 K 点处与轴线夹 45°方向上的线应变 $\varepsilon_{45°}=-260\times10^{-6}$，已知钢材的 $E=210$GPa，$\nu=0.28$，求作用在梁上的荷载 F。

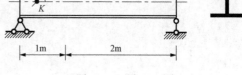

图 7.30　题 7 - 9 图

7 - 10　如图 7.31 所示的方形截面钢杆两端被固定，在中部三分之一的长度上受到横向的均布压力 $p=100$MPa 的作用，试求端部的约束反力。已知 $a=10$mm，$\nu=0.3$。

7 - 11　直径 $D=50$mm 的实心铜柱，紧密无隙地放在壁厚 $\delta=1$mm 的钢套筒内，如图 7.32 所示。铜柱受到 $F=200$kN 的压力，已知钢的 $E_s=200$GPa，铜的 $E_c=100$GPa，泊松比 $\nu_c=0.32$，试求钢套筒的环向应力。

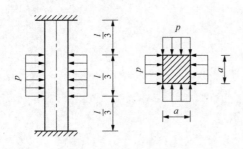

图 7.31　题 7 - 10 图

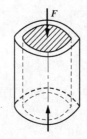

图 7.32　题 7 - 11 图

7 - 12　构件中危险点的应力状态如图 7.33 所示，试对以下两种情况进行强度校核：

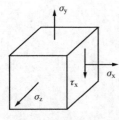

图 7.33　题 7 - 12 图

（1）构件材料为钢材，$\sigma_x=45$MPa，$\sigma_y=135$MPa，$\sigma_z=0$，$\tau_x=0$，许用应力 $[\sigma]=160$MPa。

（2）构件材料为铸铁，$\sigma_x=20$MPa，$\sigma_y=-25$MPa，$\sigma_z=30$MPa，$\tau_x=0$，许用应力 $[\sigma]=30$MPa。

7 - 13　试比较如图 7.34 所示正方形棱柱体在下列两种情况下的应力 σ_{r3}，弹性常数 E 和 ν 均为已知。

（1）棱柱体轴向受压。

（2）棱柱体在刚性模内受压。

7 - 14　从承受内压两端开口的管道中对称地截出一段，如图 7.35 所示。两端作用有弯矩 $M_0=\dfrac{ql^2}{50}$。管道外径 $D=1$m，壁厚 $\delta=30$mm，内压 $p=4$MPa，均布自重 $q=60$kN/m，材

料许用应力 $[\sigma]=120\text{MPa}$。试按第三强度理论进行强度校核。

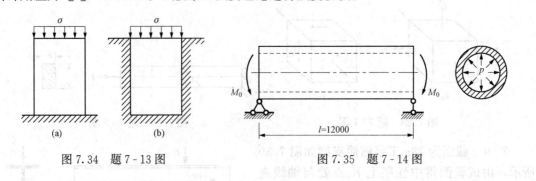

图 7.34 题 7-13 图   图 7.35 题 7-14 图

8 组 合 变 形

前面几章中，分别讨论了拉伸、压缩、扭转与弯曲时杆件的强度问题。工程上还有一些构件在复杂荷载作用下，其横截面上将同时产生两个或两个以上内力分量的组合作用，称为组合受力与变形。对组合受力与变形的杆件进行强度计算，首先需要综合考虑各种内力分量的内力图，确定可能的危险截面，进而根据各个内力分量在横截面上所产生的应力分布确定可能的危险点以及危险点的应力状态，从而选择合适的强度理论进行强度计算。

本章将介绍在拉伸（压缩）与弯曲组合、斜弯曲、弯曲与扭转组合变形。

8.1   组合变形和叠加原理

构件的基本变形有拉伸（压缩）、剪切、扭转和弯曲，这些都是单一的变形情况。而在实际工程中，构件的受力情况比较复杂，其受力后的变形并不单纯是某一种基本变形，而往往是两种或两种以上基本变形的组合。这种由两种或两种以上的基本变形组合而成的变形称为组合变形。例如，图 8.1（a）所示的烟囱，除因自重所引起的轴向压缩外，还有因水平方向风力作用而产生的弯曲变形；图 8.1（b）所示厂房支柱的变形也是压缩与弯曲的组合变形；图 8.1（c）所示小型压力机立柱的变形是拉伸和弯曲的组合变形；图 8.1（d）所示齿轮传动轴的变形是扭转和弯曲的组合变形。

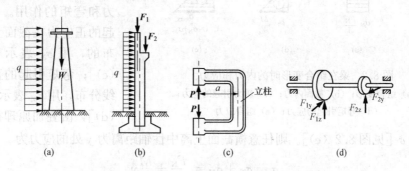

图 8.1   组合变形实例

（a）烟囱；（b）厂房支柱；（c）压力机立柱；（d）齿轮传动轴

对于组合变形下的构件，在线弹性范围内、小变形条件下，可认为组合变形中的每一种基本变形都是各自独立、互不影响的，因而可将组合变形分解为基本变形，将载荷化为符合基本变形外力作用条件的外力系，分别计算构件在每一种基本变形下的内力、应力或应变，然后将所得各种结果叠加，此即为叠加原理。

在实际工程中进行强度计算时，要根据各种基本变形的组合情况，确定构件的危险截面、危险点的位置及危险点的应力状态后，利用叠加原理进行强度计算。

对组合变形问题进行强度和刚度计算的步骤为：

（1）将所作用的载荷分解或简化为几个各自只引起一种基本变形的荷载分量。

（2）分别计算各荷载分量所引起的应力和变形。

（3）根据叠加原理，把所求得的应力或变形进行叠加，即得到原来荷载作用下构件所产生的应力及变形。

8.2　拉伸（压缩）与弯曲组合变形

在轴向力与横向力共同作用下，杆件将发生拉伸（压缩）与弯曲组合变形，如图 8.1（a）所示，烟囱受力是轴向压力和横向风力的作用。这时杆件的横截面上将产生弯矩、轴力和剪力。对于实心截面，剪力引起的剪应力比较小，一般不予考虑，因而，可分别计算由横向力和轴向力引起的杆横截面上的正应力，然后按叠加原理求二者代数和，即得在拉伸（压缩）和弯曲组合变形下，杆件横截面上的正应力。

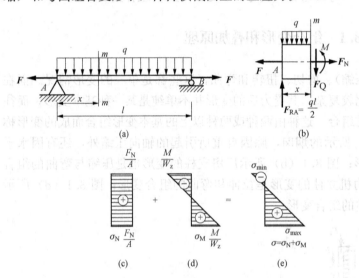

图 8.2（a）所示为一梁在水平拉力 F 和竖向均布力 q 共同作用下产生拉伸与弯曲组合变形。现以此来说明杆件在拉伸与弯曲组合变形时的强度计算。

在任意横截面 m-m 上，内力有轴力 F_N，弯矩 M 和剪力 F_Q［见图 8.2（b）］，若剪力 F_Q 忽略不计，则只考虑轴力和弯矩的作用。轴力 F_N 引起的正应力在截面上是均匀分布的，用 σ_N 表示［见图 8.2（c）］；弯矩引起的正应力呈斜线分布，用 σ_M 表示［见图 8.2（d）］，由叠加原理得出叠加后的总应力为 σ［见图 8.2（e）］。则任意横截面上离中性轴距离为 y 处的应力为

图 8.2　梁在组合变形时的内力和应力

（a）组合变形；（b）截面内力；（c）轴力引起的应力；
（d）弯矩引起的应力；（e）组合应力

$$\sigma = \sigma_N + \sigma_M = \frac{F_N}{A} \pm \frac{M}{I_z} y \tag{8.1}$$

由应力图和式（8.1）可看出，最大正应力和最小正应力发生在弯矩最大的横截面上且在离中性轴最远的下边缘和上边缘处，其计算式为

$$\left.\begin{array}{r}\sigma_{max}\\\sigma_{min}\end{array}\right\} = \frac{F_N}{A} \pm \frac{M_{max}}{W_z} \tag{8.2}$$

由于危险点在上下边缘处，它们的应力状态为单向应力状态，故可将最大应力与材料的允许应力相比较，以进行强度计算。其强度条件可表示为

$$\sigma_{max} \leqslant [\sigma] \tag{8.3}$$

【例 8.1】　图 8.3（a）中起重机横梁为 16 号工字钢，起重机最大吊重 $P=12kN$。试求横梁 AB 危险截面上的最大正应力和最小正应力。

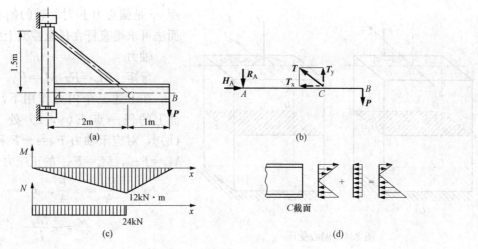

图 8.3 [例 8.1] 图

解：根据横梁 AB 的受力简图 [见图 8.3 (b)]，由平衡方程 $\sum M_A = 0$ 得

$$2T_y = 3P \rightarrow T_y = 1.5P = 1.5 \times 12kN = 18(kN)$$

于是 $T_x = \dfrac{2}{1.5}T_y = 24(kN)$。

作 AB 梁的弯矩图和轴力图，如图 8.3 (c) 所示，在 C 点左侧任意截面上的轴力都相等，而 C 点的弯矩最大，所以 C 为危险截面。其轴力和弯矩分别为

$$F_N = -T_x = -24kN$$

$$M_{max} = M_c = P \times 1m = 12kN \times 1m = 12(kN \cdot m)$$

横梁 AB 危险截面上的最大正应力 σ_{max} 和最小正应力 σ_{min} 分别在梁的上边缘和下边缘。

由型钢表查得 16 号工字钢的 $W_z = 141cm^3$，$A = 26.1cm^2$。由式 (8.2) 得

$$\left.\begin{array}{r}\sigma_{max} \\ \sigma_{min}\end{array}\right\} = \frac{F_N}{A} \pm \frac{M_{max}}{W_z} = \frac{-24 \times 10^3 N}{26.1 \times 10^{-4} m^2} \pm \frac{12 \times 10^3 N \cdot m}{141 \times 10^{-6} m^3} = \begin{cases} +75.9 \\ -94.3 \end{cases}(MPa)$$

由以上计算可知：横梁危险截面的上边缘受最大拉应力，为 75.9MPa，下边缘受最大压应力，为 94.3MPa。

8.3 偏心拉伸 (压缩) 与截面核心

8.3.1 偏心拉伸 (压缩)

作用在直杆上的外力，当其作用线与杆的轴线平行但不重合时，将引起偏心拉伸或偏心压缩。如图 8.1 (b) 和图 8.1 (c) 所示，厂房支柱和钻床立柱受力后的变形即为偏心拉伸和偏心压缩。

现以矩形截面的等直杆承受距离截面形心为 e (称为偏心距) 的偏心力 F [见图 8.4 (a)] 为例，来讨论偏心拉压时的强度计算。先将偏心力 F 向截面形心 O 点简化，得到轴向力 F_N 和力偶矩 M_e，若 M_e 的作用面不是主轴平面，则将其矢量沿两个主轴方向分解为 M_y 和 M_z [见图 8.4 (b)]。

若 (y_F, z_F) 是偏心力 F 作用点在坐标系 Oyz 中的坐标，z_F 是偏心力 F 对 y 轴的偏心

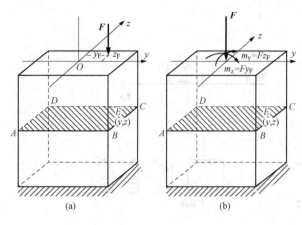

图 8.4　偏心受压

（a）等直杆受偏心力作用；（b）偏心力向形心简化

距 y_F 是偏心力 F 对 z 轴的偏心距。由截面法可求得直杆在任意截面上的内力为：

轴力　　　$F_N = -F$

弯矩　　　$M_y = Fz_F$　$M_z = Fy_F$

在上述三个内力作用下，任意横截面上的任一点 $E(y, z)$ 处 [见图 8.4（b）]，对应于轴力 $F_N = -F$ 和两个弯矩 $M_y = Fz_F$，$M_z = Fy_F$ 的正应力分别为

$$\sigma' = \frac{F_N}{A} = -\frac{F}{A}, \quad \sigma'' = -\frac{M_z}{I_z}y,$$

$$\sigma''' = -\frac{M_y}{I_y}z$$

由于 E 点与偏心力 F 在同一象限内，根据杆件的变形可知，σ'、σ''、σ''' 均为压应力，根据叠加原理，则 E 点处的总应力为

$$\sigma = \sigma' + \sigma'' + \sigma''' = -\frac{F_N}{A} - \frac{M_z}{I_z}y - \frac{M_y}{I_y}z \tag{8.4}$$

或　　$$\sigma = -\frac{F}{A} - \frac{Fy_F}{I_z}y - \frac{Fz_F}{I_y}z = -\frac{F}{A}\left(1 + \frac{Ay_F}{I_z}y + \frac{Az_F}{I_y}z\right) \tag{8.5}$$

式中：A 为横截面面积；I_y 和 I_z 分别为横截面对 y 轴和 z 轴的惯性矩。利用惯性矩与惯性半径的关系：$I_y = A \cdot i_y^2$，$I_z = A \cdot i_z^2$，则式（8.5）可改写为

$$\sigma = -\frac{F}{A}\left(1 + \frac{y_F y}{i_z^2} + \frac{z_F z}{i_y^2}\right) \tag{8.6}$$

上式是一个平面方程，这表明横截面上的正应力分布规律为一斜平面，而应力平面与横截面相交的直线就是中性轴（沿该直线 $\sigma = 0$）。设中性轴上任一点的坐标为 (y_0, z_0)，代入式（8.6），并令 $\sigma = 0$，即可得中性轴方程为

$$1 + \frac{y_F y_0}{i_z^2} + \frac{z_F z_0}{i_y^2} = 0 \tag{8.7}$$

由上式可知，在偏心拉伸（压缩）情况下，中性轴在截面上的位置与偏心力 F 作用点的坐标 (y_F, z_F) 有关，并且是一条不通过截面形心的直线，设中性轴与坐标轴 y，z 的截距分别为 a_y 和 a_z。在式（8.7）中，令 $z_0 = 0$，则 $y_0 = a_y$；令 $y_0 = 0$，则 $z_0 = a_z$。于是得

$$a_y = -\frac{i_z^2}{y_F}, \quad a_z = -\frac{i_y^2}{z_F} \tag{8.8}$$

上式表明：a_y 与 y_F、a_z 与 z_F 总是符号相反，所以，中性轴与外力作用点分别位于截面形心的两侧，如图 8.5 所示。

中性轴确定后，作两条与中性轴平行的直线与横截面的周边相切，两切点即为横截面上最大拉应力和最大压应力所在的危险点。对于图 8.5 所示的矩形截面杆，任意横截面上的角顶点 A 点和 C 点为危险点，A 点和 C 点的正应力分别是截面上的最大拉应力和最大压应力。将两点的坐标代入式（8.5）后，可得

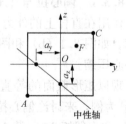

图 8.5　偏心受力时的中性轴

$$\left.\begin{matrix}\sigma_{max}^+ \\ \sigma_{max}^-\end{matrix}\right\} = -\frac{F}{A} \pm \frac{Fy_F}{I_z}y_{max} \pm \frac{Fz_F}{I_y}z_{max} = -\frac{F}{A} \pm \frac{M_z}{I_z}y_{max} \pm \frac{M_y}{I_y}z_{max} = -\frac{F}{A} \pm \frac{M_z}{W_z} \pm \frac{M_y}{W_y} \quad (8.9)$$

式 (8.9) 对于箱形、工字形等具有棱角的截面都是适用的。由式 (8.9) 还可看出，当外力的偏心距 (y_F，z_F 值) 较小时，横截面上就可能不出现拉 (压) 应力，即中性轴不与横截面相交。

由于危险点处为单向应力状态，因此，在求得最大正应力后，就可根据材料的许用应力 $[\sigma]$ 来建立强度条件，即

$$\sigma_{max}^+ \leqslant [\sigma^+] \quad \sigma_{max}^- \leqslant [\sigma^-]$$

【例 8.2】 图 8.6 (a) 所示为一带切槽的钢板，原宽度 $b=80mm$，厚度 $t=10mm$，切槽深度 $a=10mm$，在钢板的两端施加有 $F=80kN$ 的拉力，钢板的许用应力 $[\sigma]=140MPa$，试校核其强度。

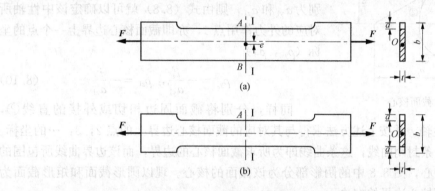

图 8.6 [例 8.2] 图

解： 由于钢板有切槽，外力 F 对有切槽的截面为偏心拉伸，其偏心距 e 为

$$e = \frac{b}{2} - \frac{b-a}{2} = \frac{a}{2} = 5(mm)$$

将 F 向 I-I 截面形心简化，得该截面上的轴力 N 和弯矩 M 为

$$N = P = 80kN, \quad M = Pe = 80 \times 10^3 \times 5 \times 10^{-3} = 400(N \cdot m)$$

轴力 N 引起均匀分布的拉应力，M 在 I-I 截面的 A 点引起最大拉应力，故危险点在 A 点，因该点为单向应力状态，所以强度条件为

$$\sigma_{max} = \frac{P}{A} + \frac{M}{W} = \frac{80 \times 10^3}{10 \times (80-10) \times 10^{-6}} + \frac{6 \times 400}{10 \times (80-10)^2 \times 10^{-9}} = 163.3(MPa) > [\sigma]$$

校核表明钢板的强度不够。从计算可知，由于微小偏心引起的弯曲应力为总应力的 30%。在实际工程中，为了保证构件强度，在条件允许时，可在切槽的对称位置再开一个同样的切槽 [见图 8.6 (b)]。在此情况下，截面 I-I 虽然面积有所减小，但却消除了偏心，使应力均匀分布，此时 A 点的强度条件为

$$\sigma = \frac{P}{A} = \frac{80 \times 10^3}{10 \times 60 \times 10^{-6}} = 133 \times 10^6(Pa) < [\sigma]$$

结果表明钢板是安全的。可见使构件内应力均匀分布，是充分利用材料，提高强度的方法之一。

8.3.2 截面核心

由前面的学习可知，当偏心压力 F 的偏心距较小时，杆横截面上就可能不出现拉应力，

同理，当偏心拉力 F 的偏心距较小时，杆的横截面上也可能不出现压应力。土建工程中常用的混凝土构件和砖、石砌体，其拉伸强度远低于压缩强度，在这类构件的设计计算中，往往认为其拉伸强度为零。这就要求构件在受偏心压力作用时，其横截面上不出现拉应力。为此，应使中性轴不与横截面相交。由式（8.8）可见，对于给定的截面，y_F，z_F 值越小，a_y，a_z 值就越大，即外力作用点离形心越近，中性轴距形心就越远。因此，当外力作用点位于截面形心附近的一个区域内时，就可以保证中性轴不与横截面相交，这个区域称为截面核心。当外力作用在截面核心的边界上时，与此相对应的中性轴就正好与截面的周边相切，如图 8.7 所示。利用这一关系就可确定截面核心的边界。

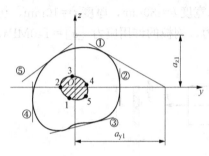

图 8.7 截面核心

为确定任意形状截面（见图 8.7）的截面核心边界，可将与截面周边相切的任一直线①（见图 8.7）看作是中性轴，其在 y，z 两个形心主惯性轴上的截距分别为 a_{y1} 和 a_{z1}，则由式（8.8）就可以确定该中性轴所对应的外力作用点 1，亦即截面核心边界上一个点的坐标（ρ_{y1}，ρ_{z1}）

$$\rho_{y1} = -\frac{i_z^2}{a_{y1}}, \quad \rho_{z1} = -\frac{i_y^2}{a_{z1}} \qquad (8.10)$$

同样，分别将截面周边相切或外接的直线②，③，…看作是中性轴，并按上述方法求得与其对应的截面核心边界上的点 2，3，…的坐标。连接这些点得到一条封闭曲线，这条曲线即为所求截面核心的边界，而该边界曲线所包围的区域，即为截面核心，图 8.8 中的阴影部分为该截面的核心。现以圆形截面和矩形截面为例，说明确定截面核心边界的方法。

对于直径为 d 的圆形截面，由于截面对于圆心 O 是极对称的，因而，截面核心的边界对于圆心也应是极对称的，即核心是以 O 为圆心的圆（图 8.8 所示阴影部分）。求核心圆半径的方法如下：

作一条与圆截面周边相切于 A 点的直线①（见图 8.8），将其看作为中性轴，并取 OA 为 y 轴，于是，该中性轴在 y，z 两个形心主惯性轴上的截距分别为

$$a_{y1} = \frac{d}{2}, \quad a_{z1} = \infty$$

而圆截面的 $i_y^2 = i_z^2 = d^2/16$，将以上各值代入式（8.10），就可得到与其对应的截面核心边界上点 1 的坐标为

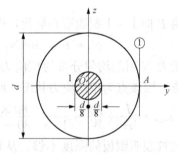

图 8.8 圆形截面的截面核心

$$\rho_{y1} = -\frac{i_z^2}{a_{y1}} = -\frac{d^2/16}{d/2} = -\frac{d}{8}, \quad \rho_{z1} = -\frac{i_y^2}{a_{z1}} 0$$

则截面核心圆的半径为 $d/8$，如图 8.8 所示，其中阴影部分即为截面核心。

对应边长为 b 和 h 的矩形截面（见图 8.9），y，z 两对称轴为截面的形心主惯性轴。先将与 AB 边相切的直线①看作是中性轴，其在 y，z 两轴上的截距分别为

$$a_{y1} = \frac{h}{2}, \quad a_{z1} = \infty$$

矩形截面 $i_y^2 = \frac{b^2}{12}$，$i_z^2 = \frac{h^2}{12}$。将以上各式代入式（8.10）就可得到与中性轴①对应的截面核心

边界上点 1 的坐标为

$$\rho_{y1}=-\frac{i_z^2}{a_{y1}}=-\frac{h^2/12}{h/2}=-\frac{h}{6}, \quad \rho_{z1}=-\frac{i_y^2}{a_{z1}}0$$

同理，分别将与 BC，CD 和 DA 边相切的直线②，③，④看作是中性轴，可求得对应的截面核心边界上点 2，3，4 的坐标依次为

$$\rho_{y2}=0, \ \rho_{z2}=\frac{b}{6}; \ \rho_{y3}=\frac{h}{6}, \ \rho_{z3}=0; \ \rho_{y4}=0, \ \rho_{z4}=-\frac{b}{6}$$

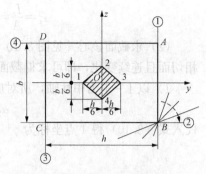

图 8.9 矩形截面的截面核心

这样，就得到了截面核心边界上的 4 个点。当中性轴从截面的一个侧边绕截面的一个顶点旋转到其相邻边时，如当中性轴绕顶点 B 从直线①旋转到直线②时，将得到一系列通过 B 点但斜率不同的中性轴，而 B 点的坐标 y_B，z_B 是这一系列中性轴上所共有的，将其代入中性轴方程（8.7），经改写后得

$$1+\frac{y_B}{i_z^2}y_F+\frac{z_B}{i_y^2}z_F=0$$

在上式中，由于 y_B，z_B 为常数，因此，该式可看作是表示外力作用点的坐标 y_F 与 z_F 间关系的直线方程。即当中性轴绕 B 点旋转时，相应的外力作用点移动的轨迹是一条连接点 1，2 的直线。于是将 1，2，3，4 四点中相邻的两点以直线连接，即得矩形截面的截面核心边界。它是一个位于截面中央的菱形，其对角线长度分别为 $h/3$ 和 $b/3$（见图 8.9）。

对于具有棱角的截面，均可按上述方法确定截面核心。对于周边有凹进部分的截面（如槽形和 T 形截面等），在确定截面核心的边界时，应注意不能取与凹进部分的周边相切的直线作为中性轴，因为这种直线显然将与横截面相交。

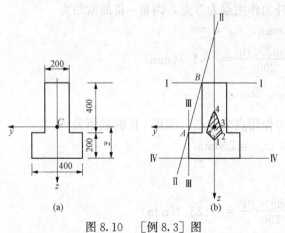

图 8.10 [例 8.3] 图

【例 8.3】 试确定图 8.10（a）所示 T 形截面的截面核心。

解：（1）计算截面的形心和形心主惯性矩 I_y，I_z。

截面面积为

$$A=400\times200+400\times200=1.6\times10^5 \, (\text{mm}^2)$$

截面对底边的静面矩为

$$S=400\times200\times400+400\times200\times100$$
$$=4\times10^7 \, (\text{mm}^3)$$

形心 C 到底边的距离为

$$z_0=\frac{S}{A}=\frac{4\times10^7}{1.6\times10^5}=250 \, (\text{mm})$$

形心主惯性矩为 $I_y=\dfrac{200\times400^3}{12}+200\times400(400-250)^2+\dfrac{400\times200^3}{12}$

$$+200\times400\times(250-100)^2=4.933\times10^9 \, (\text{mm}^4)$$

$$I_z=\frac{200\times400^3}{12}+\frac{400\times200^3}{12}=1.333\times10^9 \, (\text{mm}^4)$$

惯性半径为 $i_y^2=\dfrac{I_y}{A}=\dfrac{4.933\times10^9}{1.6\times10^5}=3.083\times10^4 \, (\text{mm}^2)$

$$i_z^2 = \frac{I_z}{A} = \frac{1.333 \times 10^9}{1.6 \times 10^5} = 0.833 \times 10^4 (\text{mm}^2)$$

（2）求截面核心［见图 8.10（b）］。根据截面核心的定义，假定中性轴与截面边缘保持相切而且连续变化，即可求得截面核心的边界。

1）以 Ⅰ - Ⅰ 为中性轴，所对应的外力作用点为 1 点，因为 Ⅰ - Ⅰ 与 y、z 轴的截距为

$$a_{y1} = \infty, \quad a_{z1} = -3500\text{mm}$$

代入式（8.10）得 1 点坐标为

$$\rho_{y1} = -\frac{i_z^2}{a_{y1}} = 0$$

$$\rho_{z1} = -\frac{i_y^2}{a_{z1}} = -\frac{3.088 \times 10^4}{-350} = 88.1(\text{mm})$$

2）以连接 A，B 两顶点的直线 Ⅱ - Ⅱ 为中性轴，所对应的外力作用点为 2 点，因为 A，B 两点的坐标分别为（200，50）和（10，-350），所以 Ⅱ - Ⅱ 的直线方程为

$$z - 50 = \frac{50 + 350}{200 - 100}(y - 200)$$

即

$$z = 4y - 750$$

其截距为 $a_{y2} = \frac{750}{4} = 187.5\text{mm}$，$a_{z2} = -750\text{mm}$

则 2 点的坐标为

$$\rho_{y2} = -\frac{i_z^2}{a_{y2}} = -\frac{0.833 \times 10^4}{187.5} = -44.4(\text{mm})$$

$$\rho_{z2} = -\frac{i_y^2}{a_{z2}} = -\frac{3.088 \times 10^4}{-750} = 41.1(\text{mm})$$

3）以直线 Ⅲ - Ⅲ 为中性轴，所对应的外力作用点为 3 点，因 Ⅲ - Ⅲ 的截距为

$$a_{y3} = 200\text{mm}, \quad a_{z3} = \infty$$

则 3 点的坐标为

$$\rho_{y3} = -\frac{i_z^2}{a_{y3}} = -\frac{0.833 \times 10^4}{200} = -41.7(\text{mm})$$

$$\rho_{z3} = -\frac{i_y^2}{a_{z3}} = 0$$

4）以直线 Ⅳ - Ⅳ 为中性轴，对应的外力作用点为 4 点，因 Ⅳ - Ⅳ 的截距为

$$a_{y4} = \infty, \quad a_{z3} = 250\text{mm}$$

则 4 点坐标为 $\rho_{y4} = -\frac{i_z^2}{a_{y4}} = 0$

$$\rho_{z4} = -\frac{i_y^2}{a_{z4}} = -\frac{3.088 \times 10^4}{250} = -123.3(\text{mm})$$

当中性轴 Ⅰ - Ⅰ 绕 B 点转到 Ⅱ - Ⅱ 时，外力作用点由 1 点变到 2 点，又由 B 点坐标不变，所以，外力作用点在变化过程中始终在 1、2 的连线上。同理连接 2、3、4 各点，并根据对称性，则可得到截面核心，如图 8.10（b）所示。

8.4 斜 弯 曲

梁在受外力作用时的弯曲有平面弯曲和斜弯曲。当外力作用平面与梁的主轴平面重合的

弯曲称为平面弯曲；当外力作用平面与梁的主轴平面不重合的弯曲称为斜弯曲。斜弯曲包括两种情形：一是所有外力都作用在通过梁轴线的两个不同的主轴平面内；二是全部外力虽然作用在通过轴线的同一平面内，但这一平面并不是主轴平面。

因为将斜弯曲分解为两个主轴平面内的弯曲最为方便，所以可以将横向力沿截面的两个主轴方向分解，也可以先求出截面上的总内力矩，然后将其矢量向两个主轴方向分解。

1. 斜弯曲梁的强度计算

以矩形截面悬臂梁为例来分析斜弯曲梁的强度计算问题，如图 8.11 (a) 所示。

设矩形截面悬臂梁在自由端处作用一个垂直于梁轴并通过截面形心的力 F，F 力与截面的形心主轴 y 成 φ 角。如果将外力向两个主轴分解 [见图 8.11 (a)]，则得两个分力的大小为

$$F_y = F\cos\varphi, F_z = F\sin\varphi$$

这两个力单独作用时都将使梁产生在 xy 和 xz 主轴平面内的弯曲，二者均为平面弯曲。斜弯曲与平面弯曲一样，在弯曲梁的横截面上同样也有剪力和弯矩两种内力，但一般情况下剪力影响较小，故通常认为梁在斜弯曲情况下的强度是由弯矩引起的最大正应力来控制的，因此，在进行内力分析时，主要是计算弯矩。

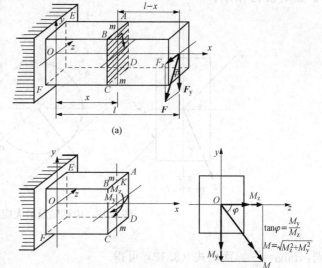

图 8.11　矩形截面斜弯曲梁及截面受力情况
(a) 矩形截面悬臂梁；(b) 截面受力

在梁的任意横截面 m-m 上，由分力 F_y 和 F_z 所引起的弯矩分别为

$$M_y = F_z(l-x) = F(l-x)\sin\varphi = M\sin\varphi$$

$$M_z = F_y(l-x) = F(l-x)\cos\varphi = M\cos\varphi$$

式中：M 为 F 在 m-m 截面上的总弯矩，$M = F(l-x)$。

根据平面弯曲时的正应力公式，梁的任一横截面 m-m 上任一点 $K(y,z)$ 处由弯矩 M_y 和 M_z 所引起的弯曲正应力分别为

$$\sigma' = \frac{M_y}{I_y}z = \frac{zM}{I_y}\sin\varphi \quad \sigma'' = \frac{M_z}{I_z}y = \frac{yM}{I_z}\cos\varphi$$

式中：I_y，I_z 为横截面对形心主轴 y 和 z 的形心主惯性矩。

根据叠加原理，梁横截面 m-m 上任意点 K 处的总弯曲正应力为这两个正应力的代数和，即

$$\sigma = \sigma' + \sigma'' = \frac{M_y}{I_y}z + \frac{M_z}{I_z}y = M\left(\frac{z\sin\varphi}{I_y} + \frac{y\cos\varphi}{I_z}\right) \tag{8.11}$$

σ 的正负号由弯矩 M_y、M_z 的正负与点的坐标 (y，z) 的正负确定，也可以根据 M_y、M_z 的实际方向判断它们所引起的正应力是拉应力还是压应力来确定二者叠加之后的正负号。

由于横截面上的最大正应力发生在离中性轴最远的地方，因此，要确定横截面上最大正应力点的位置，首先必须确定中性轴的位置。由于中性轴上各点处的正应力均为零，若用 y_0、z_0 代表中性轴上任一点的坐标，将其代入式（8.11），并令 $\sigma=0$，则可得中性轴方程为

$$\frac{M_y}{I_y}z_0 + \frac{M_z}{I_z}y_0 = \frac{\sin\varphi}{I_y}z_0 + \frac{\cos\varphi}{I_z}y_0 = 0 \tag{8.12}$$

由式（8.12）可见，中性轴是一条通过横截面形心的直线，设中性轴与 z 轴的夹角为 α，如图 8.12 所示。

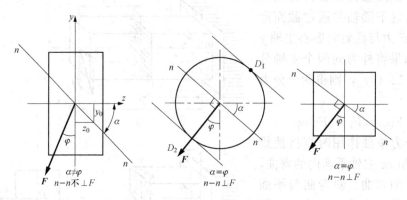

图 8.12　中性轴及最大应力点

则：$\tan\alpha = \dfrac{y_0}{z_0}$，而由式（8.12）可得

$$\tan\alpha = -\frac{M_y I_z}{M_z I_y} = -\frac{I_z}{I_y}\tan\varphi \tag{8.13}$$

从式（8.13）可看出，中性轴的位置取决于载荷 F 与 y 轴的夹角 φ 及截面的形状和尺寸。因为除圆形、正方形等截面外，一般情况下，梁横截面的两个形心主惯性矩并不相等（$I_y \neq I_z$），所以 $\alpha \neq \varphi$，即中性轴并不垂直于外力作用的平面。这是斜弯曲与平面弯曲的重要区别之一。

在确定中性轴的位置后，作平行于中性轴的两条直线，分别与横截面周边相切于 D_1、D_2 两点（见图 8.12），该两点即分别为横截面上拉应力和压应力最大的点，即危险点。将两点的坐标（y，z）代入式（8.11），就可得到横截面上的最大拉、压应力。

对于工程中常用的矩形、工字形等截面梁，其横截面都有两个相互垂直的对称轴，且截面的周边具有棱角，故横截面上的最大正应力必发生在截面棱角处。于是，可根据梁的变形情况，直接确定截面上最大拉、压应力点的位置，而无需定出中性轴。如图 8.11 所示的悬臂梁，固定端的 M_y 和 M_z 同时达到最大值，这显然就是危险截面。危险点就是该截面上 A、B 两点，其中 A 点是最大拉应力点，B 点是最大压应力点。又因危险点处于单向应力状态，若材料的抗拉强度和抗压强度相同，则可建立如下的强度条件

$$\sigma_{\max} = \frac{M_{y\max}}{I_y}z_{\max} + \frac{M_{z\max}}{I_z}y_{\max} = \frac{M_{y\max}}{W_y} + \frac{M_{z\max}}{W_z} \leqslant [\sigma] \tag{8.14}$$

【例 8.4】 20a 号工字钢悬臂梁承受均布荷载 q 和集中力 $F=qa/2$，如图 8.13（a）所示。已知钢的允许弯曲正应力 $[\sigma]=160\text{MPa}$，$a=1\text{m}$。试求梁的许可载荷集度 $[q]$。

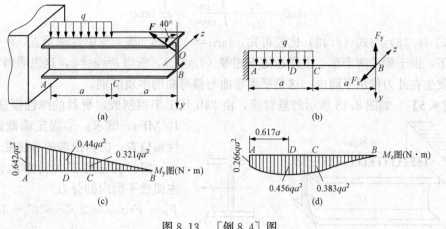

图 8.13 [例 8.4] 图

解：将自由端截面 B 上的集中力沿两主轴分解为

$$F_y = F\cos40° = \frac{qa}{2}\cos40° = 0.383qa, \quad F_z = F\sin40° = \frac{qa}{2}\sin40° = 0.321qa$$

作梁的计算简图 [见图 8.13（b）]，分别绘出两个主轴平面内的弯矩图 [见图 8.13（c）、（d）]。由型钢表查得 20a 号工字钢的弯曲截面系数 W_z 和 W_y 分别为

$$W_z = 237 \times 10^{-6} \text{m}^3, \quad W_y = 31.5 \times 10^{-6} \text{m}^3$$

根据工字钢截面 $W_z \neq W_y$ 的特点并结合内力图，可按叠加原理分别算出截面 A 及截面 D 上的最大拉伸应力，即

$$(\sigma_{\max})_A = \frac{M_{yA}}{W_y} + \frac{M_{zA}}{W_z} = \frac{0.642q \times (1\text{m})^2}{31.5 \times 10^{-6}\text{m}^3} + \frac{0.266q \times (1\text{m})^2}{237 \times 10^{-6}\text{m}^3} = (21.5 \times 10^3 \text{m}^{-1})q$$

$$(\sigma_{\max})_D = \frac{M_{yD}}{W_y} + \frac{M_{zD}}{W_z} = \frac{0.444q \times (1\text{m})^2}{31.5 \times 10^{-6}\text{m}^3} + \frac{0.456q \times (1\text{m})^2}{237 \times 10^{-6}\text{m}^3} = (16.02 \times 10^3 \text{m}^{-1})q$$

由此可见，梁的危险点在固定端截面 A 的棱角处。由于危险点处是单向力状态，故其强度条件为

$$\sigma_{\max} = (\sigma_{\max})_A = (21.5 \times 10^3 \text{m}^{-1})q \leqslant [\sigma] = 160 \times 10^6 (\text{Pa})$$

从而解得：$[q] = \dfrac{160 \times 10^6 \text{Pa}}{21.5 \times 10^3 \text{m}^{-1}} = 7.44 \times 10^3 (\text{N/m}) = 7.44 (\text{kN/m})$

2. 斜弯曲梁的变形计算

在计算斜弯曲梁的挠度时，同样可以应用叠加原理。以图 8.11 所示的悬臂梁为例，分力 F_y 和 F_z 在自由端引起的挠度分别为

$$f_y = \frac{F_y l^3}{3EI_z} = \frac{F\cos\varphi l^3}{3EI_z}, \quad f_z = \frac{F_y l^3}{3EI_y} = \frac{F\sin\varphi l^3}{3EI_y}$$

梁自由端的总挠度 f 是 f_y 和 f_z 两个挠度的几何和，如图 8.14 所示。表达式为

$$f = \sqrt{f_y^2 + f_z^2} \tag{8.15}$$

若设 f 与 y 轴的夹角为 θ，则有

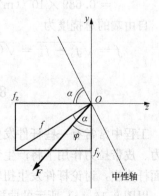

图 8.14 梁自由端的挠度叠加

$$\tan\theta = \frac{f_z}{f_y} = \frac{I_z\sin\varphi}{I_y\cos\varphi} = \frac{I_z}{I_y}\tan\varphi \tag{8.16}$$

将式（8.16）与式（8.13）比较可知，$\tan\alpha = -\tan\theta$，即 f 与中性轴垂直，$\theta=\alpha$。在一般情况下，由于梁的两个形心主惯性矩不相等（$I_y \neq I_z$），所以 $\theta = \alpha \neq \varphi$，这说明斜弯曲梁的变形不发生在外力作用平面内。这是平面弯曲与斜弯曲的本质区别。

【例 8.5】　如图 8.15 所示的悬臂梁，由 24b 号工字钢制成，材料的弹性模量 $E=2\times10^5\mathrm{MPa}$。试求：①固定端截面上的中性轴位置；②自由端的总挠度。

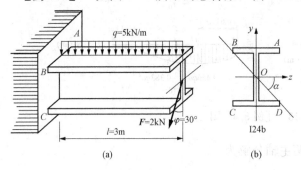

图 8.15　［例 8.5］图

解：首先将 F 力分解为梁的两个主惯性平面内的分力

$$F_y = F\cos\varphi = 2\times\cos30° = 1.73(\mathrm{kN})$$

$$F_z = F\sin\varphi = 2\times\sin30° = 1(\mathrm{kN})$$

梁上的最大弯矩显然在梁的固定端截面。

由 F_z 引起的弯矩为

$$M_y = F_z l = 1\times3 = 3(\mathrm{kN\cdot m})（内侧受拉，外侧受压）$$

由 q 和 F_y 引起的弯矩为

$$M_z = F_y l + \frac{1}{2}ql^2 = 1.73\times3 + \frac{1}{2}\times5\times3^2 = 27.7(\mathrm{kN\cdot m})（上边缘受拉，下边缘受压）$$

（1）确定固定端截面上中性轴的位置。

查型钢表可知：$I_z = 4800\mathrm{cm}^4$，$I_y = 297\mathrm{cm}^4$。

由式（8.13）得：$\tan\alpha = -\dfrac{I_z M_y}{I_y M_z} = -1.75$，即 $\alpha = -60.3°$，也就是中性轴过二、四象限，与 z 轴的夹角为 $60.3°$。中性轴位置如图 8.15（b）所示。

（2）计算自由端挠度

$$f_z = \frac{F_z l^3}{3EI_y} = \frac{1\times10^3\times3^3}{3\times2\times10^{11}\times2.97\times10^{-6}} = 1.52\times10^{-2}(\mathrm{m})$$

$$f_y = \frac{F_y l^3}{3EI_z} + \frac{ql^4}{8EI_z} = \frac{1.73\times10^3\times3^3}{3\times2\times10^{11}\mathrm{N}\times48\times10^{-6}} + \frac{5\times10^3\times3^4}{8\times2\times10^{11}\times48\times10^{-6}}$$

$$= 0.689\times10^{-2}(\mathrm{m})$$

自由端的总挠度为

$$f = \sqrt{f_y^2 + f_z^2} = \sqrt{(1.52\times10^{-2})^2 + (0.689\times10^{-2})^2} = 0.66\times10^{-2}(\mathrm{m})$$

8.5　扭转与弯曲的组合

工程中常常有一些杆件发生扭转与弯曲的组合变形，如机械传动中的轴类零件在齿轮啮合力、皮带拉力作用下将产生弯曲与扭转的组合变形。由于传动轴大都是圆形截面，故以圆截面杆为主，讨论杆件发生扭转与弯曲组合变形时的强度计算。

以图 8.16（a）所示的曲柄为例，说明弯曲与扭转组合受力时的强度计算方法。为分析圆截面轴 AB 的受力，可将力 F 向 AB 轴右端 B 的截面形心简化，简化后得到一作用于 B

点的横向力 F 和一作用于 B 端截面的力偶矩 $M_e = Fa$ ［见图 8.16（b）］，F 的作用使 AB 产生弯曲，M_e 的作用使 AB 产生扭转。分别作轴 AB 的弯矩图和扭矩图，如图 8.16（c）、（d）所示，由于弯曲引起的剪力影响很小，在此忽略不计。由弯矩图和扭矩图可知，轴的危险截面为固定端截面，危险截面上的弯矩和扭矩分别为

$$M = Pl, \quad T = M_e = Fa$$

根据弯矩 M 和扭矩 T 的实际方向及与之相应的应力分布规律可知，危险截面的最大弯曲正应力 σ 发生在铅垂直径的上、下两端点 a 和 b 处，而最大扭转切应力 τ 发生在截面周边上的各点［见图 8.16（e）］。因此，危险截面上的危险点为 a 和 b。a、b 点的应力状态如图 8.16（f）所示，其上的正应力和切应力分别为

$$\sigma = \frac{M}{W}, \quad \tau = \frac{T}{W_p}$$

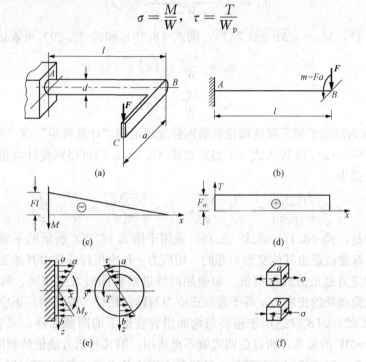

图 8.16　曲柄弯曲与扭转组合受力时的强度计算
（a）曲柄；（b）力向截面形心简化；（c）轴 AB 的弯矩图；（d）轴 AB 的扭矩图；
（e）正应力和切应力；（f）a、b 点的应力状态

由于弯扭组合受力的圆轴一般由塑性材料制成，其拉、压许用应力相同，即危险点 a、b 的危险程度是相同的，因此，在进行强度计算时只需校核一个点即可，如 a 点。围绕 a 点分别用横截面、径向纵截面和切向纵截面截取单元体，其上的应力状态如图 8.16（f）所示。可见 a 点处于平面应力状态，其三个主应力为

$$\sigma_1 = \frac{1}{2}\left(\sigma + \sqrt{\sigma^2 + 4\tau^2}\right)$$

$$\sigma_2 = 0$$

$$\sigma_3 = \frac{1}{2}\left(\sigma - \sqrt{\sigma^2 + 4\tau^2}\right)$$

对于用塑性材料制成的杆件，应选用第三或第四强度理论建立强度条件。强度表达式分

别为

$$\sigma_{r3} = \sqrt{\sigma^2 + 4\tau^2} \leqslant [\sigma] \tag{8.17}$$

$$\sigma_{r4} = \sqrt{\sigma^2 + 3\tau^2} \leqslant [\sigma] \tag{8.18}$$

将 $\sigma = \dfrac{M}{W}$，$\tau = \dfrac{T}{W_P}$ 代入式（8.17）和式（8.18），又因圆截面 $W_P = 2W = \pi d^3/16$，则得到强度条件的另一种表达式为

$$\sigma_{r3} = \frac{\sqrt{M^2 + T^2}}{W} \leqslant [\sigma] \tag{8.19}$$

$$\sigma_{r4} = \frac{\sqrt{M^2 + 0.75T^2}}{W} \leqslant [\sigma] \tag{8.20}$$

令 $M_{r3} = \sqrt{M^2 + T^2}$，$M_{r4} = \sqrt{M^2 + 0.75T^2}$，则式（8.19）和式（8.20）可表达为

$$\sigma_{r3} = \frac{M_{r3}}{W} \leqslant [\sigma] \tag{8.21}$$

$$\sigma_{r4} = \frac{M_{r4}}{W} \leqslant [\sigma] \tag{8.22}$$

M_{r3} 和 M_{r4} 分别称为对应于第三强度理论和第四强度理论的"计算弯矩"或"相当弯矩"。

若将 $W_P = 2W = \pi d^3/16$ 代入式（8.21）和式（8.22），则可得到设计弯扭组合受力变形的圆轴直径的公式为

$$d \geqslant \sqrt[3]{\frac{32M_{r3}}{\pi[\sigma]}} \approx \sqrt[3]{10\frac{M_{r3}}{[\sigma]}}, \quad d \geqslant \sqrt[3]{\frac{32M_{r4}}{\pi[\sigma]}} \approx \sqrt[3]{10\frac{M_{r4}}{[\sigma]}} \tag{8.23}$$

值得注意的是，式（8.17）或式（8.18）适用于图 8.16（f）所示的平面应力状态，而不论正应力是由弯曲或是由其他变形引起的，切应力 τ 是由扭转或是由其他变形引起的，也不论正应力和切应力是正值或是负值。如船舶的推进轴将同时发生扭转、弯曲和轴向拉伸（或压缩），其危险点处的正应力 σ 等于弯曲正应力与轴向拉伸（或压缩）正应力之和。但式（8.19）～式（8.22）四式仅适用于扭转与弯曲组合变形下的圆截面杆，对于非圆截面杆，由于不存在 $W_P = 2W$ 的关系，所以此四式就不再适用，但其分析方法依然相同。

还应指出的是，对于机器中的转轴，其横截面周边各点的位置将随轴的转动而改变。因此，截面周边各点处弯曲正应力的数值和正负号都将随着轴的转动而交替变化，这种应力称为"交变应力"。实践表明，在交变应力下，杆件往往在最大应力远小于材料的静荷强度指标的情况下就发生破坏。所以在机械设计中，对于在交变应力下工作的构件另有相应的强度计算准则。但在一般转轴的初步设计时，仍按上述各式进行强度计算，只是需将许用应力值适当降低。

【例 8.6】 如图 8.17 所示，ABC 为一圆截面折杆，在自由端 C 的形心上作用有外力，其方向分别与 x、z 轴平行。折杆材料的 $[\sigma] = 160$MPa，若不考虑剪力影响，用第三强度理论校核 AB 段上 A 截面的强度。已知 $F_1 = 300$N，$F_2 = 400$N，$l = 200$mm，$a = 150$mm，$d = 20$mm。

解： 将 F_1 向 B 截面形心简化，得到轴向拉力 F_1 和弯矩 M_z；将 F_2 向 B 截面形心简化，得到横向力 F_2 和力偶矩 M_x，简化结果如图 8.17（b）所示，可见 A 截面受到轴向拉伸、双向弯曲和扭转的组合变形。

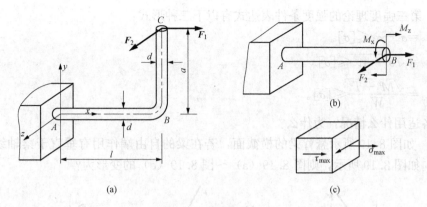

图 8.17 [例 8.6]图

A 截面的最大正应力 σ_{max} 在后上边缘处。其值为

$$\sigma_{max} = \frac{F_1}{A} + \frac{\sqrt{M_z^2 + M_y^2}}{W} = \frac{4F_1}{\pi d^2} + \frac{32 \times \sqrt{(F_1 a)^2 + (F_2 l)^2}}{\pi d^3}$$

$$= \frac{4 \times 300}{\pi \times 20^2} + \frac{32 \times \sqrt{(300 \times 150)^2 + (400 \times 200)^2}}{\pi \times 20^3} = 117.8(\text{MPa})$$

A 截面的最大扭转切应力 τ_{max} 在其圆周上。其值为

$$\tau_{max} = \frac{T}{W_P} = \frac{16 F_2 a}{\pi d} = \frac{16 \times 400 \times 150}{\pi \times 20^3} = 38.2(\text{MPa})$$

由第三强度理论有

$$\sigma_{r3} = \sqrt{\sigma_{max}^2 + 4\tau_{max}^2} = \sqrt{117.8^2 + 4 \times 38.2^2} = 140.4(\text{MPa}) < [\sigma]$$

则该杆的强度足够安全。

习 题

8-1 简述用叠加原理解决组合变形强度问题的步骤。

8-2 拉伸（压缩）弯曲组合变形杆件危险点的位置如何确定？建立强度条件时为什么不必利用强度理论？

8-3 构件发生拉伸（压缩）弯曲组合变形时，在什么条件下可按叠加原理计算其横截面上的最大正应力？

8-4 矩形截面直杆上对称作用着两个力 F 如图 8.18 所示，杆件将发生什么变形？若去掉其中一个后，杆件将发生什么变形？

8-5 什么叫截面核心？它在工程中有什么用途？

8-6 若梁为矩形截面，试证明当横向力沿截面的对角线作用时，则另一对角线必为中性轴。

8-7 斜弯曲梁的挠曲线是一条平面曲线，还是一条空间曲线？应如何判断？

8-8 弯扭组合的圆截面杆，在建立强度条件时，为什么要用强度理论？

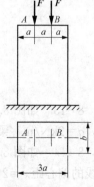

图 8.18 题 8-4 图

8-9 第三强度理论的强度条件表达式有以下三种形式：

(1) $\sigma_{r3} = \sigma_1 - \sigma_3 \leqslant [\sigma]$。

(2) $\sigma_{r3} = \sqrt{\sigma^2 + 4\tau^2} \leqslant [\sigma]$。

(3) $\sigma_{r3} = \dfrac{\sqrt{M^2 + T^2}}{W} \leqslant [\sigma]$。

它们各适用什么情况？为什么？

8-10 如图 8.19 所示悬臂梁的横截面，若在梁的自由端作用有垂直于梁轴线的力 F，其作用方向如图 8.19 所示，则图 8.19（a）～图 8.19（d）的变形为？

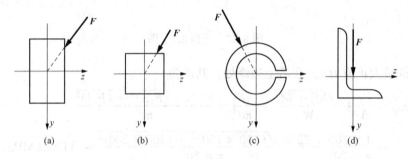

| (a) | (b) | (c) | (d) |

图 8.19 题 8-10 图

8-11 如图 8.20 所示悬臂吊车，横梁采用 25a 号工字钢，梁长 $l=4$m，$\alpha=30°$，横梁重 $F_1=20$kN，电动葫芦 $F_2=4$kN，横梁材料的许用应力 $[\sigma]=100$MPa，试校核横梁的强度。

8-12 螺旋夹紧器立臂的横截面为 $a\times b$ 的矩形，如图 8.21 所示。已知该夹紧器工作时承受的夹紧力 $F=16$kN，材料的许用应力 $[\sigma]=160$MPa，立臂厚 $a=20$mm，偏心距 $e=140$mm。试求立臂宽度 b。

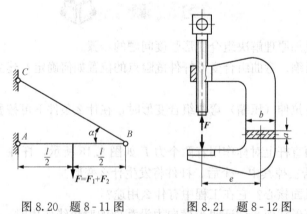

图 8.20 题 8-11 图   图 8.21 题 8-12 图

8-13 如图 8.22 所示的截面为 16a 号槽钢的简支梁，跨长 $l=4.2$m，承受均布荷载作用，$q=2$kN/m，梁放在 $\varphi=20°$ 的斜面上。求梁危险截面上的 A 点和 B 点处的弯曲正应力。

8-14 如图 8.23 所示一矩形截面的厂房柱，受压力 $F_1=100$kN，$F_2=45$kN，F_2 与柱轴线的偏心距 $e=200$mm，截面宽 $b=180$mm，若使柱截面上不出现拉应力，问截面高度 h 应为多少？此时最大压应力为多大？

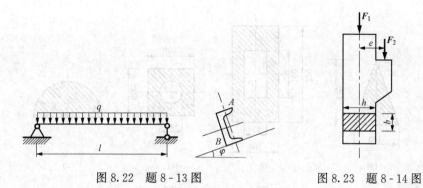

图 8.22 题 8-13 图   图 8.23 题 8-14 图

8-15 一受拉构件形状如图 8.24 所示，已知截面尺寸为 40mm×5mm，承受轴向拉力 $F=12$kN，拉杆开有切口，如不计应力集中影响，当材料的 $[\sigma]=100$MPa 时，试确定切口的最大许可深度 x。

8-16 一圆截面直杆受偏心拉力作用，偏心距 $e=20$mm，杆的直径为 70mm，许用拉应力 $[\sigma]=120$MPa，试求杆的许可偏心拉力 $[F]$。

8-17 悬臂梁由角钢制成，自由端受竖直力 F，角钢臂厚 t 与 a 相比为一小量（见图 8.25），已知角钢形心 C 及形心主惯性矩 $I_y=\dfrac{a^3t}{12}$，$I_z=\dfrac{a^3t}{3}$。求：

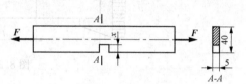

图 8.24 题 8-15 图

（1）固定端 A、B、D 三点的正应力。

（2）定出中性轴在角钢两肢上的截距。

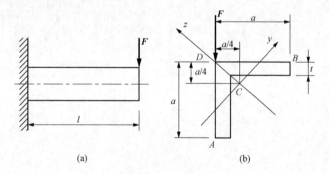

(a)   (b)

图 8.25 题 8-17 图

8-18 试确定图 8.26 所示各截面图形的截面核心。

8-19 如图 8.27 所示，悬臂梁受到水平力 $F_1=0.8$kN 及铅垂力 $F_2=1.65$kN 的作用，$l=1$m。

（1）若截面为矩形，$b=90$mm，$h=180$mm，试指出危险点的位置，并求最大正应力。

（2）若截面为圆形，$d=130$mm，试求最大正应力，并指出危险点的位置。

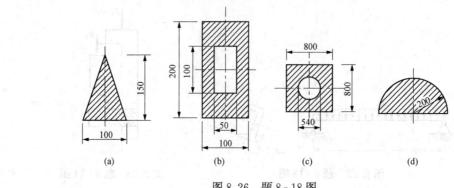

图 8.26　题 8 - 18 图

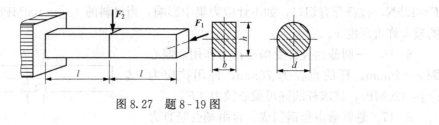

图 8.27　题 8 - 19 图

9 压 杆 稳 定

细长杆件承受轴向压缩荷载作用时，将会由于平衡的不稳定性而发生失效，这种失效称为稳定性失效，又称为屈曲失效。

本章首先介绍关于弹性体平衡状态稳定性的基本概念，然后根据微弯的屈曲平衡状态，由平衡条件和小挠度微分方程以及端部约束条件，确定不同刚性支承条件下弹性压杆的临界力。最后，本章将介绍工程中常用的压杆稳定设计方法——安全因数法。

9.1 稳 定 的 概 念

在轴向拉伸（压缩）杆件的强度计算中，只需其横截面上的正应力不超过材料的许用应力，就从强度上保证了杆件的正常工作。但在实际结构中，受压杆件的横截面尺寸一般都比按强度条件算出的大，且其横截面的形状往往与梁的横截面形状相仿。如钢桁架桥上弦杆（压杆）的截面、厂房钢柱的截面等，见图9.1。其原因可由一个简单的实验来加以说明。

取一根长为300mm的钢板尺，其横截面积尺寸为20mm×1mm。若钢的许用应力为 $[\sigma]=196\text{MPa}$，则按强度条件算得钢尺所能承受的轴向压力应为

$$F = (196\times10^{6})(20\times10^{-3}\times1\times10^{-3}) = 3920(\text{N})$$

但若将钢尺竖立在桌上，用手压其上端，则当压力不到40N时，钢尺就被明显压弯。显然，这个压力较3.92kN小两个数量级。当钢尺被明显压弯时，就不可能再承担更大的压力。由此可见，钢尺的承载能

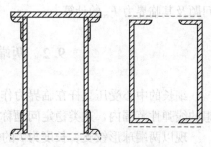

图9.1 受压杆件的截面

力并不取决于轴向压缩的压缩强度，而是与钢尺受压时变弯有关。为此，需提高压杆的弯曲刚度。同理，将一张平整的卡片纸竖放在桌上，其自重就可能使其变弯。但若把纸片折成类似于角钢的形状，就须在其顶端放上一个轻砝码，才能使其变弯。而若将纸片卷成圆筒形，则虽放上一个轻砝码，也不能使其变弯。这就表明，压杆是否变弯，与杆横截面的弯曲刚度有关。而且，实际的压杆在制造时其轴线不可避免地会存在初曲率，作用在压杆上的外力的合力作用线也不可能毫无偏差地与杆的轴线相重合，压杆的材料本身也不可避免地存在不均匀性。这些因素都可能使压杆在外压力作用下除发生轴向压缩变形外，还发生附加的弯曲变形。为便于说明问题，可将这些因素用外压力的偏心来模拟。压杆在偏心压力作用下，即使偏心距很小，压杆的次要变形——弯曲变形也有可能随着压力的增大而加速增长，并逐渐转化为主要变形，从而导致压杆丧失承载能力。

如上所述，实际压杆受压力作用时，将会发生不同程度的压弯现象。但在对压杆的承载能力进行理论研究时，通常将压杆抽象为由均质材料制成、轴线为直线，且外压力作用线与压杆轴线重合的理想"中心受压直杆"的力学模型。在这一力学模型中，由于不存在使压杆产生弯曲变形的初始因素，因此，在轴向压力就不可能发生弯曲现象。为此，在分析中心受

压直杆时，当压杆承受轴向压力（见图9.2中的力 F）后，假想地在杆上施加一微小的横向力（见图9.2中的力 F'），使杆发生弯曲变形，然后撤去横向力。实验表明，当轴向力不大时，撤去横向力后，杆的轴线将恢复其原来的直线平衡形态，则压杆在直线形态下的平衡是稳定的平衡；当轴向力增大到一定的界限值时，撤去横向力后，杆的轴线将保持弯曲的平衡形态［见图9.2（c）］，而不再恢复其原有的直线平衡形态，则压杆原来在直线形态下的平衡是不稳定的平衡。中心受压直杆在直线形态下的平衡，由稳定平衡转化为不稳定平衡时所受轴向压力的界限值，称为临界压力，或简称临界力，并用 F_{cr} 表示。中心受压直杆在临界力 F_{cr} 作用下，其直线形态的平衡开始丧失稳定性，简称为失稳。

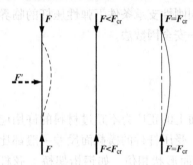

图9.2　临界压力

问题及其临界力 F_{cr} 的计算。

必须指出，通常所说的压杆的稳定性及其在临界力 F_{cr} 作用下的失稳，是依据中心受压直杆的力学模型而言的。对于实际的压杆，由于有在前述几种导致压杆受压时弯曲的因素，通常可用偏心受压直杆作为其力学模型。实际压杆的平衡稳定性问题是在偏心压力作用下，杆的弯曲变形是否会出现急剧增大而丧失正常的承载能力。

压杆失稳的概念在中心受压直杆的力学模型中与在偏心受压直杆的力学模型中是截然不同的。本章主要以中心受压直杆这一力学模型为对象，来研究压杆平衡稳定性的

9.2　两端铰支细长压杆的临界压力

细长的中心受压直杆在临界力作用下，处于不稳定平衡的直线形态下，其材料仍处于理想的线弹性范围内，这类稳定问题称为线弹性稳定问题。

现以两端球形铰支、长度为 l 的等截面细长中心受压直杆（见图9.3）为例，推导其临界力的计算公式。由前所述，中心受压直杆在临界力作用下将在微弯形态下维持平衡。假设压杆的轴线在临界力 F_{cr} 作用下呈图9.3中所示的曲线形态。此时，压杆任一 x 截曲沿 y 方向的挠度为 $\omega = f(x)$，该截面上的弯矩为

$$M(x) = F_{cr}\omega \qquad (9.1)$$

弯矩的正负号仍按以前的规定，压力 F_{cr} 取为正值，挠度 ω 以沿 y 轴正值方向者为正。

将弯矩 $M(x)$ 代入式（6.18）可得挠曲线的近似微分方程为

$$EI\omega'' = -M(x) = -F_{cr}\omega \qquad (9.2)$$

式中：I 为压杆横截面的最小形心主惯性矩。

将上式两端均除以 EI，并令

$$\frac{F_{cr}}{EI} = k^2 \qquad (9.3)$$

则式（9.2）可改为二阶常系数线性微分方程

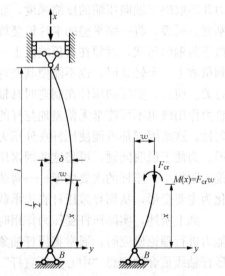

图9.3　屈曲状态下的局部受力与平衡

$$\omega'' + k^2\omega = 0 \tag{9.4}$$

其通解为

$$\omega = A\sin kx + B\cos kx \tag{9.5}$$

式中：A、B 两待定常数可用挠曲线的边界条件确定。

由 $x=0$，$\omega=0$ 的边界条件，可得 $B=0$。由 $x=\dfrac{l}{2}$，$\omega=\delta$（δ 为挠曲线中点的挠度）的边界条件，可得

$$A = \frac{\delta}{\sin(kl/2)}$$

最后，由常数 A，B 及 $x=l$，$\omega=0$ 的边界条件，得

$$0 = \frac{\delta}{\sin(kl/2)}\sin kl = 2\delta\cos(kl/2) \tag{9.6}$$

式（9.6）仅在 $\delta=0$ 或 $\cos(kl/2)=0$ 时才能成立。显然，若 $\delta=0$，则压杆的轴线并非微弯的挠曲线。欲使压杆在微弯形态下维持平衡，必须有

$$\cos\frac{kl}{2} = 0 \tag{9.7}$$

即得

$$\frac{kl}{2} = \frac{n\pi}{2}(n = 1,3,5,\cdots)$$

其最小解为 $n=1$ 时的解，于是

$$kl = \sqrt{\frac{F_{\mathrm{cr}}}{EI}}l = \pi \tag{9.8}$$

$$F_{\mathrm{cr}} = \frac{\pi^2 EI}{l^2} \tag{9.9}$$

式（9.9）即两端球形铰支（简称两端铰支）等截面细长中心受压直杆临界力 F_{cr} 的计算公式。由于式（9.9）最早由欧拉（L. Euler）导出，所以，通常称为欧拉公式。

在 $kl=\pi$ 的情况下，$\sin(kl/2)=\sin(\pi/2)=1$，故由式（9.5）可知，挠曲线方程为

$$\omega = \delta\sin\frac{\pi x}{l} \tag{9.10}$$

即挠曲线为半波正弦曲线。

应该指出，在以上求解过程中，挠曲线中点挠度 δ 是无法确定的值，即不论 δ 为任何微小值，上述平衡条件都能成立，似乎压杆受临界力作用时可以在微弯形态下处于随遇平衡（或"中性平衡"）的状态。事实上这种随遇平衡状态是不成立的，δ 值之所以无法确定，是因在推导过程中使用了挠曲线的近似微分方程。

若采用挠曲线的精确微分方程

$$\frac{\mathrm{d}\theta}{\mathrm{d}s} = -\frac{M(x)}{EI} = -\frac{F_{\mathrm{cr}}\omega}{EI} \tag{9.11}$$

将该式两边对 s 取导数，并注意 $\dfrac{\mathrm{d}\omega}{\mathrm{d}s}=\sin\theta$，其中 θ 为挠曲线的转角，则有

$$\frac{\mathrm{d}^2\theta}{\mathrm{d}s^2} = -\frac{F_{\mathrm{cr}}}{EI}\sin\theta \tag{9.12}$$

由上式可解得挠曲线中点的挠度 δ 与压力 F 之间的近似关系式为

$$\delta = \frac{2\sqrt{2}l}{\pi}\sqrt{\frac{F}{F_{cr}}-1}\left[1-\frac{1}{2}\left(\frac{F}{F_{cr}}-1\right)\right] \tag{9.13}$$

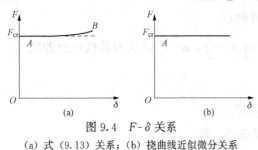

图 9.4 F-δ 关系

(a) 式 (9.13) 关系；(b) 挠曲线近似微分关系

式 (9.13) 可用图 9.4 (a) 中的曲线 AB 来表示，即曲线在 A 点处的切线是水平的；当 $F \geqslant F_{cr}$ 时，压杆在微弯平衡形态下，压力 F 与挠度 δ 间存在——对应的关系。而由挠曲线近似微分方程得出的 F-δ 关系如图 9.4 (b) 所示，即当 $F = F_{cr}$ 时，压杆在微弯形态下，呈现随遇平衡的特征。

9.3   其他支座条件下细长压杆的临界压力

不同杆端约束下细长中心受压直杆的临界力表达式，可通过类似的方法推导。本节给出几种典型的理想支承约束条件下，细长中心受压直杆的欧拉公式表达式（见表 9.1）。

表 9.1   细长中心受压直杆的欧拉公式

约束情况	两端铰支	一端固定另一端铰支	两端固定	一端固定另一端自由	两端固定但可沿横向相对移动
失稳时挠曲线形状		C—挠曲线拐点	C, D—挠曲线拐点		C—挠曲线拐点
临界力 F_{cr}	$F_{cr}=\dfrac{\pi^2 EI}{l^2}$	$F_{cr}\approx\dfrac{\pi^2 EI}{(0.7l)^2}$	$F_{cr}=\dfrac{\pi^2 EI}{(0.5l)^2}$	$F_{cr}=\dfrac{\pi^2 EI}{(2l)^2}$	$F_{cr}=\dfrac{\pi^2 EI}{l^2}$
长度因数 μ	$\mu=1$	$\mu\approx0.7$	$\mu=0.5$	$\mu=2$	$\mu=1$

由表 9.1 所给的结果可以看出，中心受压直杆的临界力 F_{cr} 受到杆端约束情况的影响。杆端约束越强，杆的抗弯能力就越大，其临界力也就越高。对于各种杆端约束情况，细长中心受压等直杆临界力的欧拉公式可写成统一的形式

$$F_{cr} = \frac{\pi^2 EI}{(\mu l)^2} \tag{9.14}$$

式中：因数 μ 称为压杆的长度因数，与杆端的约束情况有关。μl 称为原压杆的相当长度，其物理意义可从表 9.1 中各种杆端约束下细长压杆失稳时挠曲线形状的比拟来说明：由于压杆失稳时挠曲线上拐点处的弯矩为零，故可设想拐点处有一铰，而将压杆在挠曲线两拐点间的一段看作为两端铰支压杆，并利用两端铰支压杆临界力的欧拉公式 (9.9)，得到原支承条

件下压杆的临界力 F_{cr}。这两拐点之间的长度，即为相当长度 μl。或者说，相当长度为各种支承条件下的细长压杆失稳时，挠曲线中相当于半波正弦曲线的一段长度。

应当注意，细长压杆临界力的欧拉公式（9.9）或式（9.14）中，I 是横截面对某一形心主惯性轴的惯性矩。若杆端在各个方向的约束情况相同（如球形铰等），则 I 应取最小的形心主惯性矩。在工程实际问题中，支承约束程度与理想的支承约束条件总有所差异，因此，其长度因数 μ 值应根据实际支承的约束程度，以表 9.1 作为参考来加以选取。在有关的设计规范中，对各种压杆的 μ 值多有具体的规定。

【例 9.1】　如图 9.5 所示一下端固定、上端自由并在自由端受轴向压力作用的等直细长压杆，杆长为 l。在临界力作用下，杆失稳时有可能在 xy 平面内维持微弯状态下的平衡，其弯曲刚度为 EI。试推导其临界力 F_{cr} 的欧拉公式，并求压杆的挠曲线方程。

解：根据杆端约束情况，杆在临界力 F_{cr} 作用下的挠曲线形状如图 9.5 所示。最大挠度 δ 发生在杆的自由端。由临界力引起的杆任意 x 横截面上的弯矩

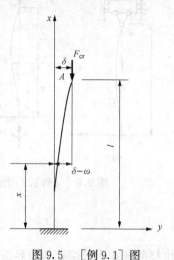

图 9.5　[例 9.1] 图

$$M(x) = -F_{cr}(\delta - \omega) \qquad (9.15)$$

式中：ω 为该横截面处杆的挠度。将式（9.16）代入杆的挠曲线近似微分方程，即得

$$EI\omega'' = -M = F_{cr}(\delta - \omega) \qquad (9.16)$$

将式（9.16）移项，并简化后得

$$\omega'' + k^2\omega = k^2\delta \qquad (9.17)$$

式中：$k^2 = \dfrac{F_{cr}}{EI}$。微分方程的通解为

$$\omega = A\sin kx + B\cos kx + \delta \qquad (9.18)$$

上式中的待定常数 A，B，k 可由挠曲线的边界条件确定：

在 $x=0$ 处，$\omega=0$，$\omega'=0$。

在 $x=l$ 处，$\omega=\delta$。

将式（9.18）取一阶导数后可得

$$\omega' = Ak\cos kx - Bk\sin kx \qquad (9.19)$$

将边界条件 $x=0$，$\omega'=0$ 代入式（9.19），得 $A=0$。再将边界条件 $x=0$，$\omega=0$ 代入式（9.18），得 $B=-\delta$。于是，式（9.19）可写作

$$\omega = \delta(1 - \cos kx) \qquad (9.20)$$

最后将边界条件 $x=l$，$\omega=\delta$ 代入式（9.20），即得

$$\delta = \delta(1 - \cos kl) \qquad (9.21)$$

能使挠曲线方程成立的条件为

$$\cos kl = 0 \qquad (9.22)$$

从而得出

$$kl = n\pi/2 \, (n = 1, 3, 5, \cdots) \qquad (9.23)$$

由其最小解 $kl = \dfrac{\pi}{2}$，即得压杆临界力 F_{cr} 的欧拉公式为

$$F_{cr} = \frac{\pi^2 EI}{4l^2} = \frac{\pi^2 EI}{(2l)^2} \qquad (9.24)$$

以 $k=\dfrac{\pi}{2l}$ 代入式（9.20），即得此压杆的挠曲线方程为

$$\omega = \delta\left(1 - \cos\dfrac{\pi x}{2l}\right)$$

式中：δ 为杆自由端的微小挠度，其值不定。

【例 9.2】　如图 9.6（a）所示一下端固定、上端铰支、长度为 l 的细长中心受压等直杆，杆的弯曲刚度为 EI。试推导其临界力 F_{cr} 的欧拉公式，并求压杆的挠曲线方程。

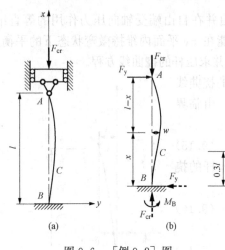

图 9.6　[例 9.2] 图

解：在临界力 F_{cr} 作用下，根据压杆的约束情况，其挠曲线形状将如图 9.6 所示。在上端支承处，除临界力 F_{cr} 外将有水平力 F_y 作用 [见图 9.6（b）]。因此，杆的任意 x 横截面上的弯矩为

$$M(x) = F_{cr}\omega - F_y(l-x) \tag{9.25}$$

将 $M(x)$ 代入杆的挠曲线近似微分方程，并经简化后，即得

$$\omega'' + k^2\omega = k^2\dfrac{F_y}{F_{cr}}(l-x) \tag{9.26}$$

式中：$k^2 = \dfrac{F_{cr}}{EI}$。微分方程的通解为

$$\omega = A\sin kx + B\cos kx + \dfrac{F_y}{F_{cr}}(l-x) \tag{9.27}$$

其一阶导数为

$$\omega' = Ak\cos kx - Bk\sin kx - \dfrac{F_y}{F_{cr}} \tag{9.28}$$

由挠曲线在固定端处的边界条件 $x=0$，$\omega'=0$ 可得

$$A = \dfrac{F_y}{kF_{cr}} \tag{9.29}$$

又由边界条件 $x=0$，$\omega=0$ 可得

$$B = -\dfrac{F_y l}{F_{cr}} \tag{9.30}$$

将式（9.29）、式（9.30）两式中的 A、B 代入式（9.27），即得

$$\omega = \dfrac{F_y}{F_{cr}}\left[\dfrac{1}{k}\sin kx - l\cos kx + (l-x)\right] \tag{9.31}$$

由铰支处的边界条件 $x=l$，$\omega=0$ 得

$$\dfrac{F_y}{F_{cr}}\left(\dfrac{1}{k}\sin kl - l\cos kl\right) = 0 \tag{9.32}$$

杆在微弯形态下平衡时，F_y 不可能等于零，于是必须有

$$\dfrac{1}{k}\sin kl - l\cos kl = 0 \tag{9.33}$$

即

$$\tan kl = kl \tag{9.34}$$

由此解出

$$kl = 4.49 \tag{9.35}$$

从而得到压杆临界力 F_{cr} 的欧拉公式为

$$F_{cr} = \frac{(4.49)^2 EI}{l^2} \approx \frac{\pi^2 EI}{(0.7l)^2} \qquad (9.36)$$

将式 (9.35) 中的 $k = \dfrac{4.49}{l}$ 代入式 (9.31)，可得压杆的挠曲线方程为

$$\omega = \frac{F_y l}{F_{cr}} \left[\frac{\sin kx}{4.49} - \cos kx + \left(1 - \frac{x}{l}\right) \right] \qquad (9.37)$$

9.4　欧拉公式的适用范围

在推导中心受压直杆临界力的欧拉公式时，假定材料是在线弹性范围内工作的，因此，压杆在临界力 F_{cr} 作用下的应力不得超过材料的比例极限 σ_p，否则，挠曲线的近似微分方程不能成立，也就不可能得到压杆临界力的欧拉公式。由此可见，压杆临界力的欧拉公式有其一定的应用范围。

当压杆受临界力 F_{cr} 作用而在直线平衡形态下维持不稳定平衡时，横截面上的压应力可按公式 $\sigma = \dfrac{F}{A}$ 计算。于是，各种支承情况下压杆横截面上的应力为

$$\sigma_{cr} = \frac{F_{cr}}{A} = \frac{\pi^2 EI}{(\mu l)^2 A} = \frac{\pi^2 E}{(\mu l/i)^2} \qquad (9.38)$$

式中：σ_{cr} 称为临界应力；$i = \sqrt{I/A}$ 为压杆横截面对中性轴的惯性半径；μl 为压杆的相当长度，两者的比值 $(\mu l/i)$ 称为压杆的长细比或柔度。其值越大，相应的 σ_{cr} 值就越小，即压杆越容易失稳。压杆的柔度记为 λ，即

$$\lambda = \frac{\mu l}{i} \qquad (9.39)$$

于是，式 (9.38) 可写作

$$\sigma_{cr} = \frac{\pi^2 E}{\lambda^2} \qquad (9.40)$$

按前面的分析可知，只有在 $\sigma_{cr} \leqslant \sigma_p$ 的范围内，才可用欧拉公式 (9.14) 计算压杆的临界力。于是，欧拉公式的应用范围可表示为

$$\sigma_{cr} = \frac{\pi^2 E}{\lambda^2} \leqslant \sigma_p$$

或写作

$$\lambda \geqslant \sqrt{\frac{\pi^2 E}{\sigma_p}} = \pi \sqrt{\frac{E}{\sigma_p}} = \lambda_p \qquad (9.41)$$

式中：λ_p 为能够应用欧拉公式的压杆柔度的界限值。通常称 $\lambda \geqslant \lambda_p$ 的压杆为大柔度压杆，或细长压杆。而当压杆的柔度 $\lambda < \lambda_p$ 时，就不能应用欧拉公式，通常称其为中小柔度压杆。这一界限值的大小取决于压杆材料的力学性能。例如，对于 Q235 钢，可取 $E = 206\text{GPa}$，$\sigma_p = 200\text{MPa}$，则由式 (9.41) 可得

$$\lambda_p = \pi \sqrt{\frac{E}{\sigma_p}} = \pi \sqrt{\frac{206 \times 10^9 \text{Pa}}{200 \times 10^6 \text{Pa}}} \approx 100$$

因而，由 Q235 钢制成的压杆，只有当其柔度 $\lambda \geqslant 100$ 时才能按欧拉公式计算其临界力。

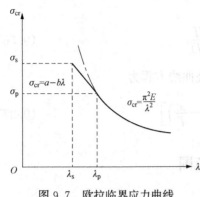

图 9.7 欧拉临界应力曲线

将式（9.40）所示压杆临界应力 σ_{cr} 与压杆柔度 λ 间的关系用曲线来表示，如压杆临界应力总图（见图 9.7）中的双曲线所示，称为欧拉临界应力曲线。显然，图中的实线部分是欧拉公式适用范围内的曲线，而虚线部分则无意义，因为当 $\lambda < \lambda_p$ 时，$\sigma_{cr} > \sigma_p$ 欧拉公式已不再适用。

根据柔度的大小可将压杆分为三类：

1. 大柔度杆或细长杆 $\lambda > \lambda_p$

压杆将发生弹性屈曲。此时压杆在直线平衡形式下横截面上的正应力不超过材料的比例极限。

2. 中长杆或中柔度杆 $\lambda_s < \lambda < \lambda_p$

压杆也发生屈曲。此时压杆在直线平衡形式下横截面上的正应力已超过材料的比例极限。截面上某些部分已进入塑性状态，为非弹性屈曲。一般用经验公式计算临界应力，如 $\sigma_{cr} = a - b\lambda$ 直线型经验公式，其中 a、b 都是材料常数。

3. 粗短杆或小柔度杆 $\lambda < \lambda_s$

压杆不会发生屈曲，但会发生屈服。

9.5 压杆的稳定校核

1. 安全系数法

以前的讨论表明，对各种不同柔度的压杆，总可以根据欧拉公式或经验公式计算出杆件相应的临界应力，将其乘以杆件横截面积 A，便得到临界压力 F_{cr}。对于工程中的压杆，为保证其能够安全正常工作而不丧失稳定，应使压杆实际承受的轴向压力 F 小于相应的临界压力，而且应具有一定的安全储备。故稳定条件为

$$n_W = \frac{F_{cr}}{F} \geqslant n_{st} \tag{9.42}$$

式中：F 为压杆的工作压力；F_{cr} 为压杆的临界压力；n_W 为压杆的工作安全系数；n_{st} 为规定的稳定安全系数，该值一般高于强度安全系数，其原因是一些难以避免的缺陷，如初弯曲、压力偏心等，严重影响压杆的稳定，且压杆柔度越大，影响也越大。关于稳定安全系数 n_{st}，一般可从设计手册或规范中查到。

采用式（9.42）进行稳定计算的方法称为安全系数法。

采用此法进行计算，具体步骤如下：

（1）根据压杆的实际尺寸及支承情况，计算出压杆各个弯曲平面的柔度 λ，从而得出最大柔度 λ_{max}。

（2）根据 λ_{max}，确定计算压杆临界压力 F_{cr} 的具体公式，并计算出临界压力 F_{cr}。

（3）利用上述稳定条件进行稳定计算。

2. 稳定因数法

如前所述，实际压杆可能存在杆件的初曲率、压力的偏心度及截面上的残余应力等不利因素，将降低压杆的临界应力。然而，压杆所能承受的极限应力总是随压杆的柔度而改变

的，柔度越大，极限应力值越低。因此，设计压杆时所用的许用应力也应随压杆柔度的增大
而减小。在压杆设计中，将压杆的稳定许用应力 $[\sigma]_{st}$ 写作材料的强度许用应力 $[\sigma]$ 乘以一
个随压杆柔度 λ 而改变的稳定因数 $\varphi=\varphi(\lambda)$，即

$$[\sigma]_{st}=\frac{\sigma_{cr}}{n_{st}}=\frac{\sigma_{cr}}{n_{st}[\sigma]}[\sigma]=\varphi[\sigma] \qquad (9.43)$$

以反映压杆的稳定许用应力随压杆柔度改变的这一特点。在稳定因数 $\varphi=\varphi(\lambda)$ 中，也考虑
了压杆的稳定安全因数 n_{st} 随压杆柔度而改变的因素。

我国钢结构设计规范根据国内常用构件的截面形式、尺寸和加工条件，规定了相应的残
余应力变化规律，并考虑了 $l/1000$ 的初曲率，计算了 96 根压杆的稳定因数 φ 和与柔度 λ 间
的关系值，然后把承载能力相近的截面归并为 a、b、c 三类，根据不同材料的屈服强度分别
给出 a、b、c 三类截面在不同柔度 λ 下的 φ 值（对于 Q235 钢，a、b 类截面的稳定因数 φ 如
表 9.2、表 9.3 所示），以供压杆设计时参考。其中 a 类的残余应力影响较小，稳定性较好，
c 类的残余应力影响较大，基本上多数情况可取作 b 类。

表 9.2　　　　　　Q235 钢 a 类截面中心受压直杆的稳定因数 φ

λ	0	1.0	2.0	3.0	4.0	5.0	6.0	7.0	8.0	10.0
0	1.000	1.000	1.000	1.000	0.999	0.999	0.998	0.998	0.997	0.996
10	0.995	0.994	0.993	0.992	0.991	0.989	0.988	0.986	0.985	0.983
20	0.981	0.979	0.977	0.976	0.974	0.972	0.970	0.968	0.966	0.964
30	0.963	0.961	0.959	0.957	0.955	0.952	0.950	0.948	0.946	0.944
40	0.941	0.939	0.937	0.934	0.932	0.929	0.927	0.924	0.921	0.919
50	0.916	0.913	0.910	0.907	0.904	0.900	0.897	0.894	0.890	0.886
60	0.883	0.879	0.875	0.871	0.867	0.863	0.858	0.851	0.849	0.844
70	0.830	0.834	0.829	0.824	0.818	0.813	0.807	0.801	0.795	0.789
80	0.788	0.776	0.770	0.763	0.757	0.750	0.743	0.736	0.728	0.721
90	0.714	0.706	0.699	0.691	0.684	0.676	0.668	0.661	0.653	0.645
100	0.638	0.630	0.622	0.615	0.607	0.600	0.592	0.585	0.577	0.570
110	0.563	0.555	0.548	0.541	0.534	0.527	0.520	0.514	0.507	0.500
120	0.494	0.488	0.481	0.475	0.469	0.463	0.457	0.451	0.445	0.440
130	0.434	0.429	0.423	0.418	0.412	0.407	0.402	0.397	0.392	0.387
140	0.383	0.378	0.373	0.369	0.364	0.360	0.356	0.351	0.347	0.343
150	0.339	0.335	0.331	0.327	0.323	0.320	0.316	0.312	0.309	0.305
160	0.302	0.298	0.295	0.292	0.289	0.285	0.282	0.279	0.276	0.273
170	0.270	0.267	0.264	0.262	0.259	0.256	0.253	0.251	0.248	0.246
180	0.243	0.241	0.238	0.236	0.233	0.231	0.229	0.226	0.224	0.222
190	0.220	0.218	0.215	0.213	0.211	0.209	0.207	0.205	0.203	0.201
200	0.199	0.198	0.196	0.194	0.192	0.190	0.189	0.187	0.185	0.183
210	0.182	0.180	0.179	0.177	0.175	0.174	0.172	0.171	0.169	0.168
220	0.166	0.165	0.164	0.162	0.161	0.159	0.158	0.157	0.155	0.154
230	0.150	0.152	0.150	0.149	0.148	0.147	0.146	0.144	0.143	0.142
240	0.141	0.140	0.139	0.138	0.136	0.135	0.134	0.133	0.132	0.131
250	0.130									

表 9.3   **Q235 钢 b 类截面中心受压直杆的稳定因数 φ**

λ	0	1.0	2.0	3.0	4.0	5.0	6.0	7.0	8.0	10.0
0	1.000	1.000	1.000	0.999	0.999	0.998	0.997	0.996	0.995	0.994
10	0.992	0.991	0.989	0.987	0.985	0.983	0.981	0.978	0.976	0.973
20	0.970	0.967	0.963	0.960	0.957	0.953	0.950	0.946	0.943	0.939
30	0.936	0.932	0.929	0.925	0.922	0.918	0.914	0.910	0.906	0.903
40	0.899	0.895	0.891	0.887	0.882	0.878	0.874	0.870	0.865	0.861
50	0.856	0.852	0.847	0.842	0.838	0.833	0.828	0.823	0.818	0.813
60	0.807	0.802	0.797	0.791	0.786	0.780	0.774	0.769	0.763	0.757
70	0.751	0.745	0.739	0.732	0.726	0.720	0.714	0.707	0.701	0.694
80	0.688	0.681	0.675	0.668	0.661	0.655	0.648	0.641	0.635	0.628
90	0.621	0.614	0.608	0.601	0.594	0.588	0.581	0.575	0.568	0.561
100	0.555	0.549	0.542	0.536	0.529	0.523	0.517	0.511	0.505	0.499
110	0.493	0.487	0.481	0.475	0.470	0.464	0.458	0.453	0.447	0.442
120	0.437	0.432	0.426	0.421	0.416	0.411	0.406	0.402	0.397	0.392
130	0.387	0.383	0.378	0.374	0.370	0.365	0.361	0.357	0.353	0.349
140	0.345	0.341	0.337	0.333	0.329	0.326	0.322	0.318	0.315	0.311
150	0.308	0.304	0.301	0.298	0.265	0.291	0.288	0.285	0.282	0.279
160	0.276	0.273	0.270	0.267	0.265	0.262	0.259	0.256	0.254	0.251
170	0.249	0.246	0.244	0.241	0.239	0.236	0.234	0.232	0.229	0.227
180	0.225	0.223	0.220	0.218	0.216	0.214	0.212	0.210	0.208	0.206
190	0.204	0.202	0.200	0.198	0.197	0.195	0.193	0.191	0.190	0.188
200	0.186	0.184	0.183	0.181	0.180	0.178	0.176	0.175	0.173	0.172
210	0.170	0.169	0.167	0.166	0.165	0.163	0.162	0.160	0.159	0.158
220	0.156	0.155	0.154	0.153	0.151	0.150	0.149	0.148	0.146	0.145
230	0.144	0.143	0.142	0.141	0.140	0.138	0.137	0.136	0.135	0.134
240	0.133	0.132	0.131	0.130	0.129	0.128	0.127	0.126	0.125	0.124
250	0.123									

对于木制压杆的稳定因数 φ 值，我国木结构设计规范按照树种的强度等级分别给出了两组计算公式：

树种强度等级为 TC17、TC15 及 TB20 时

$$\lambda \leqslant 75 \quad \varphi = \frac{1}{1 + \left(\dfrac{\lambda}{80}\right)^2} \tag{9.44a}$$

$$\lambda > 75 \quad \varphi = \frac{3000}{\lambda^2} \tag{9.44b}$$

树种强度等级为 TC13、TC11、TB17 及 TB15 时

$$\lambda \leqslant 91 \quad \varphi = \frac{1}{1 + \left(\dfrac{\lambda}{65}\right)^2} \tag{9.45a}$$

$$\lambda > 91 \quad \varphi = \frac{2800}{\lambda^2} \tag{9.45b}$$

在式（9.45）和式（9.46）中，λ 为压杆的柔度。关于树种强度等级，TC17 有柏木、

东北落叶松等；TC15 有红松、马尾松等；TC11 有西北云杉、冷杉等；TB20 有栎木、桐木等；TB17 有水曲柳等；TB15 有栲木、桦木等。代号后的数字为树种的弯曲强度（MPa）。

【例 9.3】　如图 9.8 所示，厂房的钢柱长 7m，上、下两端分别与基础和梁连接。由于与梁连接的一端可发生侧移，因此，根据柱顶和柱脚的连接刚度，钢柱的长度因数取为 $\mu=1.3$。钢柱由两根 Q235 钢的槽钢组成，符合钢结构设计规范中的实腹式 b 类截面中心受压杆的要求。在柱脚和柱顶处用螺栓借助于连接板与基础和梁连接，同一横截面上最多有 4 个直径为 30mm 的螺栓孔。钢柱承受的轴向压力为 270kN，材料的强度许用应力为 $[\sigma]=170\text{MPa}$。试为钢柱选择槽钢号码。

解：（1）按稳定条件选择槽钢号码。

在选择截面时，由于 $\lambda=\mu l/i$ 中的 i 不知道，λ 值无法算出，相应的稳定因数 φ 也就无法确定。于是，先假设一个 φ 值进行计算。

假设 $\varphi=0.50$，得到压杆的稳定许用应力为

$$[\sigma]_{\text{st}}<\varphi[\sigma]=0.50\times170\text{MPa}=85(\text{MPa})$$

按稳定条件可算出每根槽钢所需的横截面积为

$$A=\frac{F/2}{[\sigma]_{\text{st}}}=\frac{270\times10^3\text{N}/2}{85\times10^6\text{Pa}}=15.9\times10^{-4}(\text{m}^2)$$

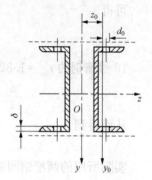

图 9.8　[例 9.3] 图

由型钢表查得，14a 号槽钢的横截面面积为 $A=18.51\text{cm}^2$，$i_z=5.52\text{cm}$，对于图示组合截面，由于 I_z 和 A 均为单根槽钢的两倍，故 i_z 值与单根槽钢截面的值相同。由 i_z 算得

$$\lambda=\frac{1.3\times7\text{m}}{5.52\times10^{-2}\text{m}}=165$$

由表 9.3 查出，Q235 钢压杆对应于柔度 $\lambda=165$ 的稳定因数为

$$\varphi=0.262$$

显然，前面假设的中 0.50 过大，需重新假设较小的 φ 值再进行计算。但重新假设的 φ 值也不应采用 0.262，因为降低 φ 后所需的截面面积必然加大，相应的 i_z 也将加大，从而使 λ 减小而 φ 增大。因此，试用 $\varphi=0.35$ 进行截面选择：

$$A=\frac{F/2}{\varphi[\sigma]}=\frac{270\times10^3\text{N}/2}{0.35\times(170\times10^6\text{Pa})}=22.7\times10^{-4}(\text{m}^2)$$

试用 16 号槽钢：$A=25.15\text{cm}^2$，$i_z=6.1\text{cm}$，柔度为

$$\lambda=\frac{\mu l}{i_z}=\frac{1.3\times7\text{m}}{6.1\times10^{-2}\text{m}}=149.2$$

与 λ 值对应的 φ 为 0.311，接近于试用的 $\varphi=0.35$。按 $\varphi=0.311$ 进行核算，以校核 16 号槽钢是否可用。此时，稳定许用应力为

$$[\sigma]_{\text{st}}=\varphi[\sigma]=0.311\times170\text{MPa}=52.9(\text{MPa})$$

而钢柱的工作应力为

$$\sigma=\frac{F/2}{A}=\frac{270\times10^3\text{N}/2}{25.15\times10^{-4}\text{m}^{-2}}=53.7(\text{MPa})$$

虽然工作应力略大于压杆的稳定许用应力，但仅超过

$$\frac{53.7\text{MPa}-52.9\text{MPa}}{52.9\text{MPa}}=1.5\%$$

这是允许的。

（2）计算组合槽钢间距 h。

以上计算是根据横截面对于 z 轴的惯性半径 i_z 进行的。亦即考虑的是压杆在 xy 平面内的稳定性。为保证槽钢组合截面压杆在 xz 平面内的稳定性，须计算两槽钢的间距（见图 9.8）。假设压杆在 xy，xz 两平面内的长度因数相同，则应使槽钢组合截面对 y 轴的 i_y 与对 z 轴的 i_z 相等。由惯性矩平行移轴定理

$$I_y = I_{y_0} + A\left(z_0 + \frac{h}{2}\right)^2$$

可得

$$i_y^2 = i_{y_0}^2 + \left(z_0 + \frac{h}{2}\right)^2$$

16 号槽钢的 $i_{y_0} = 1.82\text{cm} = 18.2\text{mm}$，$z_0 = 1.75\text{cm} = 17.5\text{mm}$。令 $i_y = i_z = 61\text{mm}$，可得

$$\frac{h}{2} = \sqrt{(61)^2 - (18.2)^2} - 17.5 = 40.7(\text{mm})$$

从而得到

$$h = 2 \times 40.7\text{mm} = 81.4(\text{mm})$$

实际所用的两槽钢间距应不小于 81.4mm。

组成压杆的两根槽钢是靠缀条（或缀板）将它们连接成整体的，为了防止单根槽钢在相邻两缀板间局部失稳，应保证其局部稳定性不低于整个压杆的稳定性。根据这一原则来确定相邻两缀板的最大间距。有关这方面的细节问题将在钢结构计算中讨论。

（3）校核静截面强度。

被每个螺栓孔所削弱的横截面面积为

$$\delta d_0 = 10 \times 30 = 300(\text{mm}^2)$$

因此，压杆横截面的静截面面积为

$$2A - 4\delta d = 2 \times 2515 - 4 \times 300 = 3830(\text{mm}^2)$$

从而静截面上的压应力为

$$\sigma = \frac{F}{2A - 4\delta d} = \frac{270 \times 10^3}{3.830 \times 10^{-3}} = 70.5(\text{MPa}) < [\sigma]$$

由此可见，静截面的强度是足够的。

【例 9.4】 由 Q235 钢加工成的工字形截面连杆，两端为柱形铰，即在 xy 平面内失稳时，杆端约束情况接近于两端铰支，长度因数 $\mu_z = 1.0$；而在 xz 平面内失稳时，杆端约束情况接近于两端固定，$\mu_y = 0.6$，如图 9.9 所示。已知连杆在工作时承受的最大压力为 $F = 35\text{kN}$，材料的强度许用应力 $[\sigma] = 206\text{MPa}$，并符合钢结构设计规范中 a 类中心受压杆的要求。试校核其稳定性。

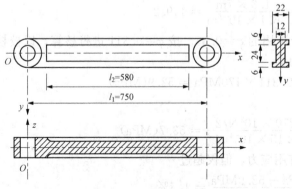

图 9.9 ［例 9.4］图

解： 横截面的面积和形心主

惯性矩分别为

$$A = 12\text{mm} \times 24\text{mm} + 2 \times 6\text{mm} \times 22\text{mm} = 552(\text{mm}^2)$$

$$I_z = \frac{12\text{mm} \times 24\text{mm}^3}{12} + 2\left(\frac{22\text{mm} \times 6\text{mm}^3}{12} + 22\text{mm} \times 6\text{mm} \times 15\text{mm}^2\right)$$
$$= 7.40 \times 10^4 (\text{mm}^4)$$

$$I_y = \frac{24\text{mm} \times 12\text{mm}^3}{12} + 2 \times \frac{6\text{mm} \times 22\text{mm}^3}{12} = 1.41 \times 10^4 (\text{mm}^4)$$

横截面对 z 轴和 y 轴的惯性半径分别为

$$i_z = \sqrt{\frac{I_z}{A}} = \sqrt{\frac{7.40 \times 10^4 \text{mm}^4}{552\text{mm}^2}} = 11.58(\text{mm})$$

$$i_y = \sqrt{\frac{I_y}{A}} = \sqrt{\frac{1.41 \times 10^4 \text{mm}^4}{552\text{mm}^2}} = 5.05(\text{mm})$$

于是，连杆的柔度值为

$$\lambda_z = \frac{\mu_z l_1}{i_z} = \frac{1.0 \times 750\text{mm}}{11.58\text{mm}} = 64.8$$

$$\lambda_y = \frac{\mu_y l_2}{i_y} = \frac{0.6 \times 580\text{mm}}{5.05\text{mm}} = 68.9$$

在两柔度值中，应按较大的柔度值 $\lambda_y = 68.9$ 来确定压杆的稳定因数 φ。由表 9.2，并用内插法求得

$$\varphi = 0.849 + \frac{9}{10} \times (0.844 - 0.849) = 0.845$$

将 φ 值代入式（9.45），即得杆的稳定许用应力为

$$[\sigma]_{st} = \varphi[\sigma] = 0.845 \times 206\text{MPa} = 174(\text{MPa})$$

将连杆的工作应力与稳定许用应力比较，可得

$$\sigma = \frac{F}{A} = \frac{35 \times 10^3 \text{N}}{552 \times 10^{-6} \text{m}^2} = 63.4(\text{MPa}) < [\sigma]_{st}$$

故连杆满足稳定性要求。

9.6　提高压杆稳定性的措施

通过以上各节的讨论可知，影响压杆临界压力和临界应力的因素，或者说影响压杆稳定性的因素，包括有压杆横截面的形状和尺寸、压杆的长度、压杆端部的约束情况及压杆的材料性质等。因此，要采取适当措施来提高压杆的稳定性，必须从上述几方面加以考虑。

9.6.1　选择合理的截面形状

由压杆临界应力的计算公式可知，两类压杆临界应力的大小均与其柔度有关，且柔度越小，临界应力越高，压杆抵抗失稳的能力越强。

由压杆的柔度可知，对于一定长度和约束条件的压杆，在面积一定的前提下，为了减小压杆的柔度，则应加大惯性矩，因此应尽可能使材料远离截面形心。如空心环形截面就比实心圆形截面更合理。因为若两者截面面积相同，环形截面的 I 和 i 都比实心圆截面的大得多。但要注意，若为薄壁圆筒，则其壁厚不能过薄，要有一定限制，以防止圆筒出现局部失

稳现象。同理，由型钢组成的桥梁桁架中的压杆或建筑物中的柱的组合截面，也都应该把型钢适当分散放置。

如压杆在各个纵向平面内的相当长度 μl 相同，应使截面对任一形心轴的惯性半径 i 相等或接近相等。这样，就可以使压杆在任一纵向平面内的柔度 λ 都相等或接近相等，从而保证压杆在任一纵向平面内具有相等或相近的抗失稳能力。如圆形、圆环形及正多边形截面，都能满足这一要求。有一些压杆在不同的纵向平面内的 μl 不同，这就要求压杆截面对其两个形心主惯性轴有不同的惯性半径，以使两个纵向主惯性平面内的柔度相等或接近相等，从而保证压杆在两个主惯性平面内仍具有相近的稳定性。

9.6.2 改善杆端的约束条件

对于一定材料的压杆，其临界压力与相当长度 μl 的平方成反比，因而，压杆两端的约束条件直接影响着压杆的稳定性。如长为 l 的两端铰支压杆，其 $\mu=1$，若在这一压杆的中间另加一个铰支座，或者两端的铰支座改为固定端，则相当长度都变为 $0.5l$，临界压力则变为

$$F_{cr} = \frac{\pi^2 EI}{(0.5l)^2} = 4\,\frac{\pi^2 EI}{l^2}$$

是原来临界压力的 4 倍。

一般来讲，增加压杆的约束，使其更不容易发生弯曲变形，都可以提高压杆的稳定性。

9.6.3 合理选择材料

对于细长压杆来说，由欧拉公式可知，临界力的大小与材料的弹性模量 E 有关。但由于各种钢材的 E 值大致相等，所以，选用优质钢材或普通碳钢并无很大差别。

对于中柔度压杆，无论是根据经验公式或理论分析，都说明临界应力与材料的强度有关。优质钢在一定程度上可以提高临界应力，所以从稳定角度考虑，选用优质钢为好。

至于小柔度压杆，本来就属于强度问题，当然是选用优质钢更合理。

习　题

9-1　如图 9.10 所示各杆材料和截面均相同，试问杆能承受的压力哪根最大，哪根最小 [图 9.10（f）所示杆在中间支承处不能转动]？

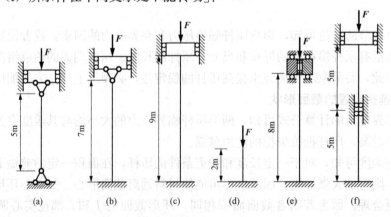

图 9.10　习题 9-1 图

9-2　如图 9.11（a）、（b）所示的两细长杆均与基础刚性连接，但第一根杆［见图 9.11（a）］的基础放在弹性地基上，第二根杆［见图 9.11（b）］的基础放在刚性地基上。试问两杆的临界力是否均为 $F_{cr}=\dfrac{\pi^2 EI_{min}}{(2l)^2}$？为什么？并由此判断压杆长度因数 μ 是否可能大于 2。

螺旋千斤顶［见图 9.11（c）］的底座对丝杆（起顶杆）的稳定性有无影响？校核丝杠稳定性时，把它看作下端固定（固定于底座上）、上端自由、长度为 l 的压杆是否偏于安全？

9-3　试推导两端固定、弯曲刚度为 EI，长度为 l 的等截面中心受压直杆的临界力 F_{cr} 的欧拉公式。

9-4　长 5m 的 10 号工字钢，在温度为 0℃ 时安装在两个固定支座之间，这时杆不受力。已知钢的线膨胀系数 $a_1=125\times10^{-7}（℃）^{-1}$，$E=210\text{GPa}$。试问当温度升高至多少摄氏度时，杆将丧失稳定？

9-5　如果杆分别由下列材料制成：

（1）比例极限 $\sigma_p=220\text{MPa}$，弹性模量 $E=190\text{GPa}$ 的钢；

（2）$\sigma_p=490\text{MPa}$，$E=215\text{GPa}$，含镍 3.5% 的镍钢；

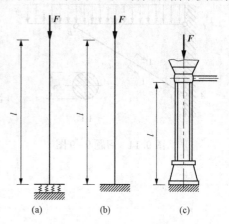

图 9.11　习题 9-2 图

（3）$\sigma_p=20\text{MPa}$，$E=11\text{GPa}$ 的松木。

试求可用欧拉公式计算临界力的压杆的最小柔度。

9-6　两端铰支、强度等级为 TC13 的木柱，截面为 150mm×150mm 的正方形，长度 l=3.5m，强度许用应力 $[\sigma]=10\text{MPa}$。试求木柱的许可荷载。

9-7　一支柱由 4 根 80mm×80mm×6mm 的角钢组成（见图 9.12），并符合钢结构设计规范中实腹式 b 类截面中心受压杆的要求。支柱的两端为铰支，柱长 $l=6\text{m}$，压力为 450kN。若材料为 Q235 钢，强度许用应力 $[\sigma]=170\text{MPa}$，试求支柱横截面边长 a 的尺寸。

9-8　某桁架的受压弦杆长 4m，由缀板焊成一体，并符合钢结构设计规范中实腹式 b 类截面中心受压杆的要求，截面形式如图 9.13 所示，材料为 Q235 钢，$[\sigma]=170\text{MPa}$。若按两端铰支考虑，试求杆所能承受的许可压力。

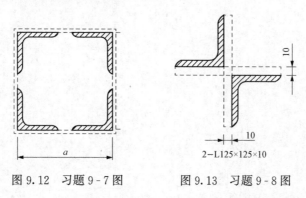

图 9.12　习题 9-7 图　　　　图 9.13　习题 9-8 图

9-9　如图 9.14 所示一简单托架，其撑杆 AB 为圆截面木杆，强度等级为 TC15。若架

上受集度为 $q=50\text{kN/m}$ 的均布荷载作用，AB 两端为柱形铰，材料的强度许用应力 $[\sigma]=$ 11MPa，$\angle ABC=30°$试求撑杆所需的直径 d。

9-10 如图 9.15 所示结构中杆 AC 与 CD 均由 Q235 钢制成，C，D 两处均为球铰。已知 $d=20\text{mm}$，$b=100\text{mm}$，$h=180\text{mm}$；$E=200\text{GPa}$，$\sigma_s=235\text{MPa}$，$\sigma_b=400\text{MPa}$；强度安全因数 $n=2.0$，稳定安全系数 $n_{st}=3.0$。试确定该结构的许可荷载。

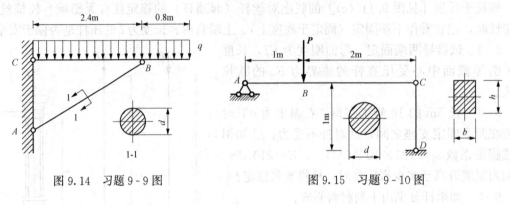

图 9.14 习题 9-9 图   图 9.15 习题 9-10 图

第三篇　结　构　力　学

在材料力学中主要研究单个杆件的计算，结构力学则在此基础上着重研究杆件所组成的结构，即杆系结构。本篇主要内容包括：

（1）研究结构的组成规则及合理形式。

（2）研究结构在荷载等因素作用下的内力和位移的计算。

结构力学是一门技术基础课，它一方面要用到数学、理论力学和材料力学等课程的知识，另一方面又为学习建筑结构、电气结构、桥梁、隧道等专业课程提供必要的基本理论和计算方法。

10　结 构 力 学 基 础 知 识

本章主要介绍结构力学的基础知识，包括结构力学的研究对象、结构力学的计算简图以及杆件结构、荷载的分类。

10.1　结构力学的研究对象

在土木工程中，由建筑材料按照一定的方式组成并能够承受荷载作用的物体或体系，称为工程结构，简称结构。屋架、梁、板、柱、桥梁、隧道、塔架、挡土墙、水池和水坝等都是结构的典型例子，如图 10.1 所示。

图 10.1　结构实例

（a）三峡大坝；（b）埃菲尔铁塔；（c）北京"鸟巢"；（d）港珠澳大桥

结构按其几何特征，可以分为以下三类。

1. 杆件结构

指由杆件或若干杆件相互连接组成的结构，如图 10.2 所示。杆件的几何特征是长度尺寸 l 远大于截面宽度 b 和厚度 h。本书讨论的梁、拱、桁架和刚架都是杆件结构。

2. 板壳结构（薄壁结构）

板壳结构指由薄板或薄壳组成的结构，如图 10.3 所示。板壳结构的几何特征是厚度尺寸远小于长度尺寸和截面宽度尺寸。

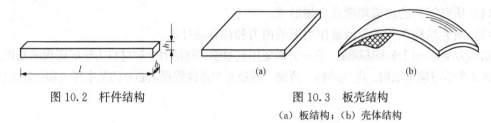

图 10.2 杆件结构

图 10.3 板壳结构

(a) 板结构；(b) 壳体结构

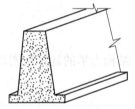

图 10.4 实体结构

3. 实体结构

如图 10.4 所示，实体结构的几何特征是三个方向的尺寸大致相当，如墩台基础等。

结构力学的任务包括以下三个方面：

（1）研究结构的组成规则和合理形式等问题。

（2）研究结构在外界因素（如荷载、温度变化及支座移动）的影响下，结构的反力、内力和位移的计算原理和方法。

（3）研究结构的稳定性，以保证其不会失稳破坏，如分析讨论柱子细长状态以及在动力荷载作用下的结构反应。

10.2 结构的计算简图

10.2.1 计算简图

实际研究中，常对结构加以简化，略去一些次要细节，用一个简化的图形来代替实际结构。这种代替实际结构的简化图形，称为结构的计算简图。计算简图的选择原则如下：

（1）能反映实际结构的主要受力和变形性能。

（2）保留主要因素，略去次要因素，使相关内容便于计算。

10.2.2 杆件及结点的简化与分类

杆件的截面尺寸通常比杆件长度小得多，其截面变形符合平截面假设。截面上的应力可根据截面的内力来确定，截面上的变形也可根据轴线上的应变分量来确定。因此，在计算简图中，杆件用其轴线来表示，杆件之间的连接用结点表示，杆长用结点间的距离表示，荷载的作用点转移到轴线上。

结点通常可简化为以下两种理想情形。

1. 铰结点

铰结点的基本特点是：被连接的杆件在结点处不能相对移动，但可绕该点自由转动；在铰结点处可以承受和传递力，但不能承受和传递力矩。木屋架结点如图 10.5 (a) 所示，其计算简图如图 10.5 (b) 所示。钢桁架的结点是通过结点板把各杆件焊接在一起，各杆端不能相对转动，各杆主要承受轴力，如图 10.6 (a) 所示，计算时简化为图 10.6 (b) 所示的铰结点。

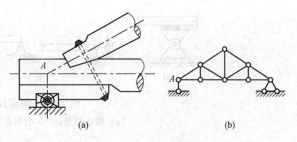

图 10.5　木屋架及计算简图
(a) 实际情况；(b) 计算简图

2. 刚结点

刚结点的特点是：被连接的杆件在结点处不能相对移动，也不能相对转动；在刚结点处既可以传递力，也可以传递力矩。钢筋混凝土框架梁柱结点，由于梁和柱之间的钢筋布置及混凝土将它们浇筑成为整体，通常可简化为一刚结点，如图 10.7 所示。

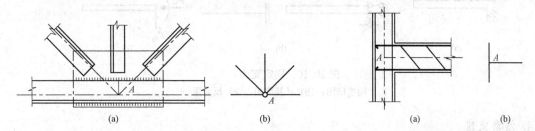

图 10.6　钢桁架及计算简图
(a) 实际情况；(b) 计算简图

图 10.7　钢筋混凝土框架梁柱结点及计算简图
(a) 实际情况；(b) 计算简图

10.2.3　支座的简化与分类

将结构与基础连接起来以固定结构位置的装置，即为支座。根据支座的构造和所起作用的不同，平面结构的支座一般可以简化为以下四种情况。

1. 活动铰支座

活动铰支座的构造如图 10.8 (a) 所示，它允许结构在支承处绕铰 A 转动和沿平行于支承平面 $m\text{-}m$ 的方向移动，但 A 点不能沿垂直于支承面的方向移动。当不考虑摩擦力时，这种支座的反力 F_{Ay} 将通过铰 A 的中心并与支承平面 $m\text{-}m$ 垂直，即反力的作用点和方向都是确定的，只有它的大小是一个未知量。根据活动铰支座的位移和受力特点，其计算简图如图 10.8 (b) 所示，此时结构可绕铰 A 转动，链杆又可绕 B 点转动；支座反力如图 10.8 (c) 所示。

2. 固定铰支座

固定铰支座的构造如图 10.9 (a) 所示，它允许结构在支承处绕铰 A 转动，但是却不能做水平运动和竖向移动；支座反力将通过铰链中心，但其大小和方向都是未知的。计算简图如图 10.9 (b) 所示，支座反力可以用图 10.9 (c)

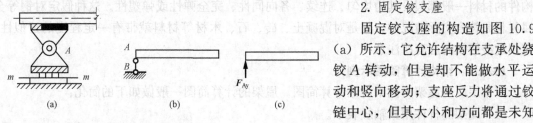

图 10.8　活动铰支座
(a) 构造简图；(b) 计算简图；(c) 反力图

所示的沿着两个确定方向的反力 F_{Ax} 和 F_{Ay} 来表示。

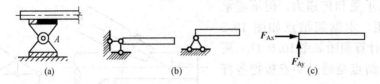

图 10.9　固定铰支座

(a) 构造简图；(b) 计算简图；(c) 反力图

3. 固定支座

固定支座的构造如图 10.10（a）所示，不允许结构发生任何转动和位移；它的反力的大小、方向和作用点都是未知的，因此，可以用水平反力、竖向反力和力偶矩来表示。其计算简图和反力图如图 10.10（b）、（c）所示。

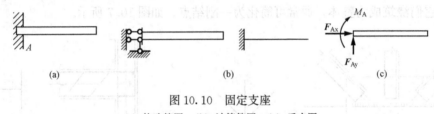

图 10.10　固定支座

(a) 构造简图；(b) 计算简图；(c) 反力图

4. 滑动支座

滑动支座的构造如图 10.11（a）所示，结构在支承处不能转动，不能沿垂直于支承面的方向移动，但可以沿支承面方向滑动。其计算简图可以用垂直于支承面的两根平行链杆来表示，其反力为一个垂直于支承面的力和一个力偶，如图 10.11（b）、（c）所示。

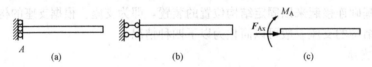

图 10.11　滑动支座

(a) 构造简图；(b) 计算简图；(c) 反力图

10.2.4　材料性质的简化

土木工程中常用的材料主要包括钢、混凝土、砖、石和木材等，为了简化计算，对组成构件的材料一般都假设其为均匀、连续、各向同性、完全弹性或弹塑性。这种假定对钢等金属材料是符合实际情况的，但是对混凝土、砖、石、木材等材料就带有一定程度的近似性，应用这些假设时应有所注意。

10.2.5　结构计算简图示例

以单层厂房屋架为例来讨论计算简图。屋架的计算简图一般做如下的简化：

（1）屋架的杆件用其轴线表示。

（2）屋架杆件之间的连接简化为铰结点。

（3）屋架的两端通过钢板焊接在柱顶，可将其端点分别简化为固定铰支座和活动铰支座。

（4）屋面荷载通过屋面板的四个角点以集中力的形式作用在屋架的上弦上。

图 10.12（a）所示厂房结构是一系列由屋架、柱、基础及屋面板等纵向构件连接组成的空间结构。作用在厂房上的荷载，通常沿纵向均匀分布。因此，可以从这个空间结构中取出柱间距中线之间的部分作为计算单元；作用在结构上的荷载，则通过纵向构件分配到各计算单元平面内。在计算单元中，荷载和杆件都在同一平面内，这样就把一个空间结构分解成平面结构了，如图 10.12（b）所示。通过以上简化，就可以得到单层厂房屋架结构在竖向荷载作用下的计算简图，如图 10.12（c）所示。

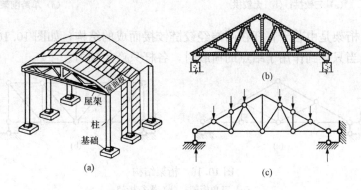

图 10.12　单层厂房屋架及计算简图

（a）单层厂房屋架；（b）平面结构；（c）计算简图

10.3　杆件结构的分类

结构力学的研究对象主要为平面杆件结构。按照受力特点，实际工程中的杆件结构又分为以下几种类型。

（1）梁。梁是一种受弯构件，轴线通常为直线，在竖向荷载作用下无水平支座反力，可以是单跨的，如图 10.13（a）、（b）所示，也可以是多跨的，如图 10.13（c）、（d）所示。

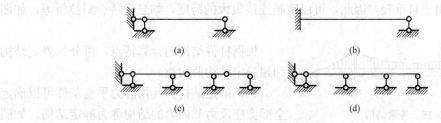

图 10.13　梁结构

（a）单跨静定梁；（b）单跨超静定梁；（c）多跨静定梁；（d）多跨超静定梁

（2）拱。拱的轴线为曲线，在竖向荷载作用下产生水平推力，这种水平推力将使拱内弯矩远小于跨度和支承情况相同的梁的弯矩，如图 10.14 所示。

（3）刚架。刚架是由梁和柱组成的结构，具有刚结点，如图 10.15 所示。刚架各杆件承受弯矩、剪力和轴力，其中弯矩是刚架的主要内力。

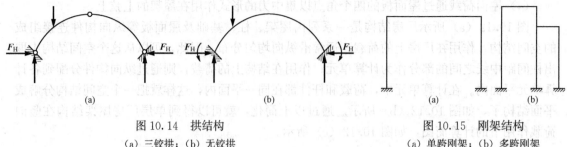

图 10.14 拱结构
(a) 三铰拱；(b) 无铰拱

图 10.15 刚架结构
(a) 单跨刚架；(b) 多跨刚架

（4）桁架。桁架是由若干直杆在两端经铰链铰接而成的结构，如图 10.16 所示。各杆的轴线都是直线，当只受到作用于结点的荷载时，各杆只产生轴力。

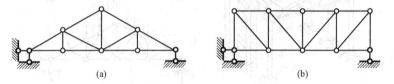

图 10.16 桁架结构
(a) 三角桁架；(b) 平行桁架

（5）组合结构。组合结构是由桁架、梁或刚架组合而成的结构，如图 10.17 所示。其中含有组合的特点，即有些构件只承受轴力，有些杆件同时承受弯矩、剪力和轴力。

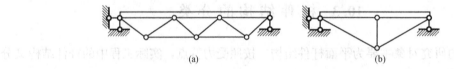

图 10.17 组合结构

（6）悬索结构。主要承重结构为悬挂于塔、柱上的缆索，索只受轴向拉力，可以充分发挥钢材的强度，由于自重轻，因此，可以跨越连接很大的跨度，如悬索桥、斜拉桥等，如图 10.18 所示。

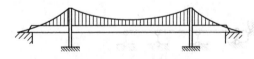

图 10.18 悬索结构

根据杆件结构的计算特点，可分为静定结构和超静定结构两大类。

（1）静定结构：凡用静力平衡条件可以确定全部支座反力和内力的结构称为静定结构，如图 10.13 (a)、(c) 所示。

（2）超静定结构：凡不能用静力平衡条件确定全部支座反力和内力的结构称为超静定结构，如图 10.13 (b)、(d) 所示。

10.4 荷载的分类

荷载是指结构所承受的外力，如结构的自重、地震荷载、风荷载等。荷载可做以下分类。

（1）按其作用在建筑物上时间的长短，荷载可分为：

1）恒荷载。长期作用在结构上的不变荷载，如结构的自重，永久设备、土的重力等。

2）活荷载。在建筑物施工和使用期间暂时作用在结构上的可变荷载，如车辆荷载、风荷载、雪荷载等。

（2）按其作用位置的变化情况，荷载可分为：

1）固定荷载。恒荷载和大部分活荷载，其在结构上的作用位置可以认为是固定的，如结构自重、风荷载和雪荷载等。

2）移动荷载。有些荷载在结构上的作用位置是移动的，如列车荷载和吊车荷载等。

（3）按其作用在结构上的性质，荷载可分为：

1）静力荷载。静力荷载的大小、方向和位置不随时间变化或变化极为缓慢，不会使结构产生显著的振动与冲击，因而可略去惯性力的影响。结构的自重都是静力荷载。

2）动力荷载，动力荷载是随时间迅速变化的荷载，使结构产生显著的振动，因而惯性力的影响不能忽略。如地震荷载、打桩机产生的冲击荷载等。

（4）按其作用在结构上的范围，荷载可分为：

1）分布荷载。分布作用在体积、面积和线段上的荷载，又可称为体荷载、面荷载、线荷载。连续分布在结构内部各点的重力属于体荷载，而风荷载、雪荷载属于面荷载，作用于杆件上的分布荷载可视为线荷载。

2）集中荷载。荷载的作用范围与物体的尺寸相比十分微小，可认为集中作用于一点。

除荷载外，还有其他一些因素也可以使结构产生内力或位移，如温度变化、支座沉陷、制造误差、材料收缩以及松弛、徐变等。从广义上来说，这些因素也可视为某种荷载。

11 平面体系的几何组成分析

本章首先介绍平面体系自由度的概念及计算；然后重点介绍几何不变体系的简单组成规则；最后介绍瞬变体系，并进行机动分析举例。

11.1 概　　述

杆件结构是由若干杆件相互连接而组成的体系，但组成的不合理体系是不能成为结构的，只有组成的体系为几何不变的体系方可作为结构。

在几何不变体系里，在任意荷载作用下，若不考虑材料的变形，则体系的几何形状与位置保持不变，如图 11.1 (a) 所示。在几何可变体系里，在任意荷载作用下，虽不考虑材料的变形，但其几何形状与位置均不能保持不变，如图 11.1 (b) 所示。

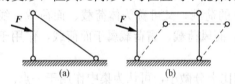

图 11.1　几何不变体系和几何可变体系
(a) 几何不变体系；(b) 几何可变体系

受荷载、传递荷载。

判别体系是否几何可变，称为体系的几何机动分析，或称为几何构造分析。在几何机动分析中，由于不考虑材料的变形，因此可以把一根杆件或已知是几何不变的一部分体系看成一个刚体。在平面体系中又将刚体称为刚片。

工程中的结构必须是几何不变体系，才能承

11.2 平面体系的计算自由度

11.2.1 自由度

为判定体系的几何可变性，有时要先计算它的自由度。

物体运动时独立变化的几何参数的数目称为物体的自由度，也可理解为确定物体位置所需的独立坐标数，即

物体的自由度＝物体运动的独立参数＝确定物体位置所需的独立坐标数

平面上的一个点，若它的位置用坐标 x_A 和 y_A 完全可以确定，则它的自由度等于 2，如图 11.2 (a) 所示。

平面上的一刚片，若它的位置用 x_A、y_A 和 φ_A 完全可以确定，则它的自由度等于 3，如图 11.2 (b) 所示。

11.2.2 联系

体系也有自由度，加入限制其运动的装置可使自由度减少，那么，减少自由度的装置就称为联系。能减少一个自由度的装置称

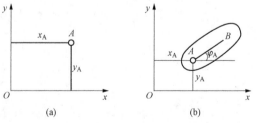

图 11.2　平面内点和刚片的自由度
(a) 点；(b) 刚片

为一个联系或一个约束，常用的联系有链杆和铰。

（1）链杆。一个刚片有 3 个自由度，加上一个链杆则变为 2，减少的一个自由度就称链杆为一个联系或一个约束，如图 11.3（a）所示。

（2）铰。两个刚片用一个铰连接可减少两个自由度，那么连接两个刚片的铰称为单铰，相当于两个联系，如图 11.3（b）所示。连接两个以上刚片的铰称为复铰（$n>2$），相当于 $n-1$ 个单铰，或 $2\times(n-1)$ 个联系，如图 11.3（c）所示。

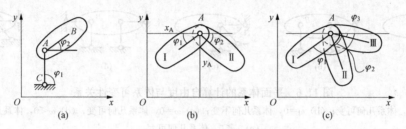

图 11.3　链杆约束与铰约束

（a）链杆连接；（b）单铰连接；（c）复铰连接

11.2.3　体系的计算自由度

体系的计算自由度为组成体系各刚片自由度之和减去体系中联系的数目。设体系的计算自由度为 ω，体系的单铰数为 h，支座链杆数为 r，体系的刚片数为 m，则有

$$\omega = 3m - (2h + r) \tag{11.1}$$

【例 11.1】　求图 11.4 所示的体系的计算自由度 ω。

解：体系刚片数 $m=7$，单铰数 $h=9$，支座链杆数 $r=4$（其中固定端支座相当于 3 个链杆），则有

$$\omega = 3\times7 - (2\times9 + 4) = -1$$

【例 11.2】　求图 11.5 所示的体系的计算自由度 ω。

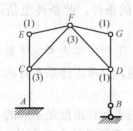

图 11.4　[例 11.1] 图

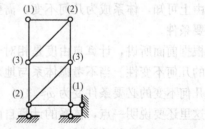

图 11.5　[例 11.2] 图

解：体系刚片数 $m=9$，单铰数 $h=12$，支座链杆数 $r=3$，则有

$$\omega = 3\times9 - (2\times12 + 3) = 0$$

如图 11.5 所示，这种完全由两端铰接的杆件所组成的体系，称为铰接链杆体系。其自由度除可用式（11.1）计算外，还可用下面的简便公式计算。

设体系的结点数为 J，杆件数为 b，支座链杆数为 r，则体系的计算自由度 ω 为

$$\omega = 2J - (b + r) \tag{11.2}$$

对于 [例 11.2]，如按式（11.2）计算，则有

$$\omega = 2 \times 6 - (9 + 3) = 0$$

11.2.4　平面体系的计算自由度结果分析

上面讨论了平面体系的计算自由度的计算方法，那么，计算自由度（$\omega=0$ 或 $\omega<0$）是否一定表明平面体系几何不变？平面体系的计算自由度与体系可变性是什么关系？下面结合图 11.6 来说明这两个问题。

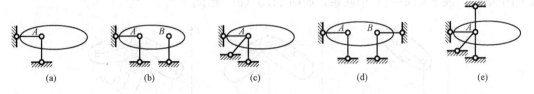

图 11.6　平面体系的计算自由度与体系可变性关系

(a) $\omega>0$，体系几何可变；(b) $\omega=0$，体系几何不变；(c) $\omega=0$，体系几何可变；(d) $\omega<0$，体系几何不变；
(e) $\omega<0$，体系几何可变

在图 11.6（a）中，$\omega=1>0$，体系是几何可变的；

在图 11.6（b）中，$\omega=0$，体系是几何不变的，且无多余联系；

在图 11.6（c）中，虽 $\omega=0$，但体系却是几何可变的，有一个多余联系（刚片体系上的 A 点用两个支座链杆和地基相连就可以了，另一个就是多余的）；

在图 11.6（d）中，$\omega=-1<0$，体系是几何不变的，且有一个多余联系；

在图 11.6（e）中，虽 $\omega=-1<0$，但体系却是几何可变的，且有两个多余联系。

以上分析可推广到一般情况，即平面体系的计算自由度与体系的可变性的关系有以下三种结论：

（1）当 $\omega>0$ 时，表明体系缺少足够的联系，因此，可以肯定体系是几何可变的；

（2）当 $\omega=0$ 时，表明体系具有成为几何不变所需的最少联系数目；

（3）当 $\omega<0$ 时，表明体系具有成为几何不变所需的联系，并有多余联系。

由上可知，体系成为几何不变，需要满足 $\omega\leq0$ 的条件，此条件也是体系成为几何不变的必要条件。

根据前面所讲，计算自由度是相对于地球而言，工程中常先考虑体系本身（或称体系内部）的几何不变性。当不考虑体系与地球相连的问题，仅考虑体系本身的几何不变性时，其成为几何不变的必要条件变为 $\omega\leq3$。

这里还要说明一点，体系的计算自由度和体系的实际自由度是不同的。这是因为实际中每一个联系不一定能使体系减少一个自由度，这与联系的具体布置有关。如图 11.6（c）所示，虽然 $\omega=0$，但其实际自由度为 1。

从以上分析可知判断体系几何不变性的必要条件，而其充分条件将在几何不变体系的组成规则中给出。

11.3　几何不变体系的简单组成规则

11.3.1　三刚片规则

三个刚片用不在同一直线上的三个单铰两两连接，组成的体系是几何不变的，且无多余

联系。

如图 11.7 所示，铰接三角形的每个杆件都可看成一个刚片。若刚片Ⅰ不动（看成地基），暂把铰 C 拆开，则刚片Ⅱ只能绕铰 A 转动，C 点只能在以 A 为圆心、以 AC 为半径的圆弧上运动；刚片Ⅲ只能绕 B 转动，其上的 C 点只能在以 B 为圆心、以 BC 为半径的圆弧上运动。但由于 C 点实际上用铰连接，故 C 点不能同时发生两个方向上的运动，它只能在交点处固定不动。

如图 11.8 所示，将三铰拱的地基看成刚片Ⅲ，左、右两半拱可看作刚片Ⅰ、Ⅱ。此体系是由三个刚片用不在同一直线上的三个单铰 A、B、C 两两相连组成的几何不变体系，而且没有多余联系。

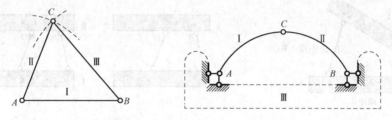

图 11.7 三刚片规则证明   图 11.8 三铰拱满足三刚片规则

11.3.2 二元体规则

1. 定义

两根不在同一直线上的链杆连接成一个新结点的装置称为二元体。

2. 规则

在体系上增加或减少二元体，不会改变原体系的几何构造性质。如图 11.9 所示，在刚片上增加二元体，原刚片为几何不变体系，增加二元体后体系仍为几何不变体系。

用二元体规则分析图 11.10 所示的桁架，可任选一铰接三角形，然后再连续增加二元体而得到桁架，故知它是几何不变体系，而且没有多余联系。此桁架也可用拆除二元体的方法来分析，可知从桁架的一端拆去二元体，其最后会剩下一个铰接三角形，因铰接三角形为几何不变体系，故可判定该桁架为几何不变体系，而且没有多余联系。

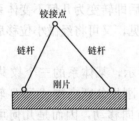
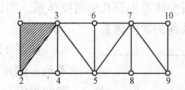

图 11.9 二元体规则   图 11.10 用二元体规则分析桁架

11.3.3 两刚片规则

规则一：两刚片用一个铰和一根不通过此铰的链杆相连，为几何不变体系，且无多余联系。

如图 11.11 所示，该体系显然将链杆看成刚片，则该体系满足三刚片规则，为几何不变体系且无多余联系。因此，两刚片规则一成立可证。

规则二：两刚片用三根既不完全平行又不完全汇交于一点的链杆相连，为几何不变体系，且无多余联系。

为分析两刚片用三根链杆相连的情况，先来讨论两刚片之间用两根链杆相连时的运动情况。如图 11.12（a）所示，假设刚片Ⅰ不动、刚片Ⅱ运动时，链杆 AB 将绕 A 点转动，因而刚片Ⅱ上的 B 点将沿与 AB 杆垂直的方向运动；同理，刚片Ⅱ上的 D 点将沿与 CD 杆垂直的方向运动；而整个刚片Ⅱ将绕 AB 与 CD 两杆延长线的交点 O 转动。O 点称刚片Ⅰ和Ⅱ的相对转动瞬心。此情形相当于将刚片Ⅰ和刚片Ⅱ在 O 点用一个铰相连。因此，连接两个刚片的两根链杆的作用相当于在其交点处的一个单铰，但这个铰的位置是随着链杆的转动而改变的，因此这种铰称为虚铰。

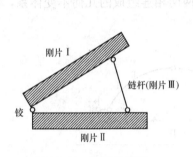

图 11.11 两刚片规则一

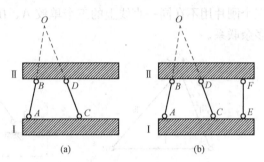

图 11.12 两刚片规则二

（a）两刚片由两根链杆相连；（b）两刚片由三根链杆相连

图 11.12（b）所示为两个刚片用三根既不完全平行也不完全汇交于一点的链杆相连的情况。此时，可把链杆 AB、CD 看作是在其交点 O 处的一个铰。因此，两刚片相当于用铰 O 和链杆 EF 相连，而铰与链杆不在同一直线上，故为几何不变体系，且无多余联系。因此，两刚片规则二成立可证。

前述的二元体规则、三刚片规则和两刚片规则，其实质是一个规则，即三角形稳定性规则。凡是按照基本组成规则组成的体系都是几何不变体系，且无多余联系。

11.4 瞬 变 体 系

若一个体系原来为几何可变体系，但经微小位移后即转变为几何不变体系，则该体系称为瞬变体系。瞬变体系也是几何可变体系。为区别起见，又可将经微小位移后仍能继续发生刚体运动的体系称为常变体系。

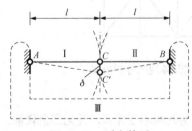

图 11.13 瞬变体系

如图 11.13 所示，某体系的三个铰共线，若刚片Ⅲ不动，刚片Ⅰ和Ⅱ刚片分别绕铰 A 和 B 转动时，C 点在瞬间可沿公切线方向移动，因而是几何可变体系；当 C 点有了微小移动后，连接刚片的三个铰就不在同一条直线上了，成为几何不变体系，所以该体系为几何瞬变体系。

下面分析瞬变体系能否用于工程中的问题。

由平衡条件可知，如图 11.14 所示的瞬变体系的 AC 杆和 BC 杆的轴力为

$$F_{\mathrm{N}} = \frac{F}{2\sin\theta}$$

当 $\theta \to 0$ 时，$F_N \to \infty$，故瞬变体系即使在很小的荷载作用下也可产生巨大内力。因此，工程结构中不能采用瞬变体系，且接近于瞬变的体系也应避免。

瞬变体系有以下几个组成规则：

（1）三个刚片用共线的三个单铰两两相连为瞬变体系。

（2）两刚片用完全汇交于一点的三个（或大于三个）链杆相连（但未能组成实铰）为瞬变体系［见图 11.15（a）］。

（3）两刚片用完全平行但不等长的三个（或大于三个）链杆相连为瞬变体系［见图 11.15（b）］。

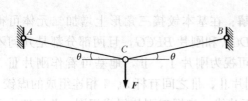

图 11.14　瞬变体系内力

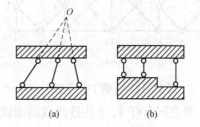

图 11.15　瞬变体系
(a) 两刚片用汇交于一点的三根链杆相连；
(b) 两刚片用平行但不等长的三根链杆相连

11.5　机动分析举例

对体系进行机动分析时，可按下列步骤进行。

（1）先计算体系的自由度，检查体系是否具备足够的联系。若 $\omega > 0$，可判定体系为几何可变体系，且为常变体系；若 $\omega \le 0$（或只考虑体系本身 $\omega \le 3$），此时具备几何不变体系的必要条件，但缺少充分条件，需用几何组成规则进一步分析，确定体系是否几何不变。对简单体系也可直接用几何组成规则进行分析，而不必计算自由度。

（2）分析时，应尽可能将复杂问题转化为简单问题，也称简化体系。宜将能直接看出为几何不变的部分当作刚片，使体系简化。若体系中有二元体，也可先采用加减二元体方法使体系简化；若体系和地基用简支相连，可先去掉地基使体系简化；若能用简单组成规则使刚片扩大，也可采用扩大刚片法使体系简化，最终使体系简化为两刚片或三刚片，再根据组成规则判定体系的几何不变性。

【例 11.3】　试对图 11.16 所示体系进行几何组成分析。

解：首先将地基看成刚片，再将 AB 看成刚片，AB 和地基之间用 1、2、3 号链杆相连，这三根链杆既不完全平行，也不完全汇交于一点，满足两

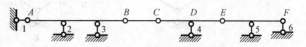

图 11.16　［例 11.3］图

刚片组成规则。因此可将 AB 与地基合成一个大刚片。接下来可将 CE 和 EF 各看成一个刚片，其中 CE 刚片通过 BC 杆及 4 号链杆与大刚片（地基与 AB 组成的刚片）相连且组成虚铰 D。EF 刚片则与大刚片通过 5、6 号链杆相连，其组成的虚铰在无穷远处。而 CE 与 EF 两刚片通过铰 E 相连。三刚片三个铰两两相连，且三个铰不在同一条直线上，整个体系几

何不变且无多余联系。

【例 11.4】　试对图 11.17（a）所示体系进行几何组成分析。

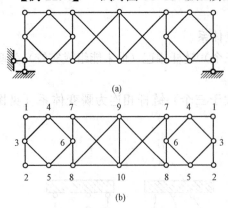

图 11.17　[例 11.4] 图

解：此桁架和地基简支相连，可去掉地基，仅需分析体系本身的几何不变性即可。对于体系本身 [见图 11.17（b）] 分析时，可从左右两边依次去二元体，最后剩下刚片 7、8、9、10、7、8 组成的刚片，当拆二元体到结点 6 时，即发现两链杆在一条直线上，故知体系是瞬变的。

【例 11.5】　试分析图 11.18 所示体系的几何组成。

解：在基本铰接三角形上增加二元体可得刚片 $ADCF$ 和刚片 $BECG$，且两部分都是几何不变的，可视为刚片 Ⅰ、Ⅱ，地基可看作刚片 Ⅲ。刚片 Ⅰ、Ⅲ 之间有杆 1、2 相连组成的虚铰 O；刚片 Ⅱ、Ⅲ 之间有杆 3、4 相连组成的虚铰 O'；Ⅰ、Ⅱ 刚片则用铰 C 相连。O、O'、C 三铰的不共线，依据三刚片组成规则，此桁架为几何不变体系且无多余联系。

【例 11.6】　试对图 11.19 所示体系进行几何组成分析。

解：首先，计算自由度，依据式（11.2）有

$$\omega = 2j - (b+r) = 2 \times 6 - (8+4) = 0$$

由 $\omega = 0$ 可知该体系具有几何不变的必要条件，但需进一步按组成规则判定。

此体系与地基不是简支因而不能去掉地基，也无二元体可去，可试用三刚片规则来分析。先将地基作为刚片 Ⅲ，△ABD 和△BCE 作为刚片 Ⅰ 和 Ⅱ，如图 11.19（b）所示。

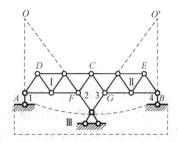

图 11.18　[例 11.5] 图

由分析可知，刚片 Ⅰ 和 Ⅲ、Ⅰ 和 Ⅱ 之间都有铰相连，而刚片 Ⅱ 和 Ⅲ 之间只有链杆 CH 相连，此外，杆件 DF、EF 没有用上，显然不符合规则，分析无法进行下去，因此需另选刚片。地基仍作为刚片 Ⅲ，铰 A 处的两根链杆可看作是地基上增加的二元体，因而同属于地基刚片 Ⅲ。于是，刚片 Ⅲ 上一共有 AB、AD、FG 和 CH 四根链杆连接，它们应该两两分别连到另外两刚片上。

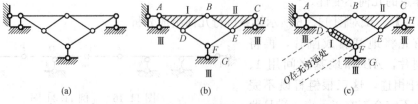

图 11.19　[例 11.6] 图

这样，可找出相应的杆件 DF 和△BCE 分别作为刚片，如图 11.19（c）所示。具体分析如下：

刚片 Ⅰ、Ⅲ 用来链杆 AD、FG 相连，组成虚铰在 F 点；

刚片 Ⅱ、Ⅲ 用来链杆 AB、CH 相连，组成虚铰在 C 点；

刚片I、II用来链杆 *BD*、*EF* 相连，且两杆平行，组成虚铰 *O* 在两杆延长线的无穷远处。
由于虚铰 *O* 在 *EF* 的延长线上，故 *C*、*F*、*O* 三铰在同一直线上，因此该体系为瞬变体系。

习 题

11-1 试对图 11.20～图 11.36 所示体系进行几何组成分析。

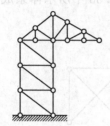

图 11.20 题 11-1 图一

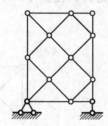

图 11.21 题 11-1 图二

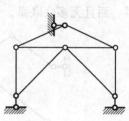

图 11.22 题 11-1 图三

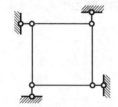

图 11.23 题 11-1 图四

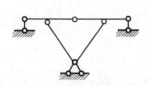

图 11.24 题 11-1 图五

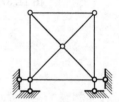

图 11.25 题 11-1 图六

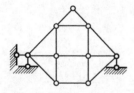

图 11.26 题 11-1 图七

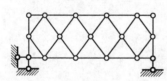

图 11.27 题 11-1 图八

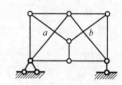

图 11.28 题 11-1 图九
(*k* 处非结点)

图 11.29 题 11-1 图十
(*k* 处非结点)

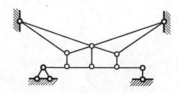

图 11.30 题 11-1 图十一

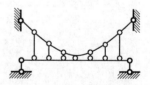

图 11.31 题 11-1 图十二

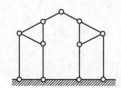

图 11.32 题 11-1 图十三

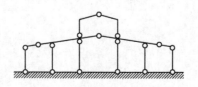

图 11.33 题 11-1 图十四

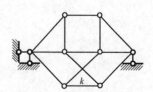

图 11.34 题 11-1 图十五
(*k* 处非结点)

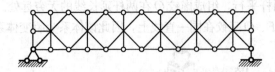

图 11.35　题 11-1 图十六　　　　　　　　　图 11.36　题 11-1 图十七

11-2　添加最少数目的链杆和支承链杆，使图 11.37 和图 11.38 中所示体系成为几何不变体系，而且无多余联系。

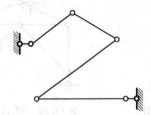

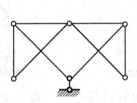

图 11.37　题 11-2 图一　　　　　　　图 11.38　题 11-2 图二

12 静定结构内力计算

12.1 概　　述

从几何构造来看，静定结构是没有多余约束的几何不变体系；从静力学角度来看，在任意荷载作用下，静定结构的所有反力和内力都可以用静力平衡方程唯一确定。因此，静定结构的平衡方程的数目必然等于未知量的数目。常见的静定结构有单跨静定梁、多跨静定梁、静定平面刚架、静定平面桁架及静定组合结构等。

静定结构内力计算方法的要点是：采用截面法，适当地选取隔离体，正确地运用静力平衡条件计算约束力及各个杆件的内力。静定杆件结构是由若干个杆件按第 11 章所介绍的几何组成基本规则，通过适当的约束连接而成的。因此，若能计算出杆件之间和杆件与基础之间连接处的约束力，那么各个杆件的内力便可用静力平衡方程求得。

另外，静定结构的内力计算还是静定结构位移计算及超静定结构计算的基础。所以，静定结构的内力计算是十分重要的，是结构力学的重点内容之一。通过本章的学习要求达到：熟练掌握截面内力计算和内力图的形状特征、绘制弯矩图的叠加法、截面法求解静定梁、刚架及其内力图的绘制和多跨静定梁及刚架的几何组成特点和受力特点；了解桁架的受力特点及按几何组成分类。熟练运用结点法和截面法及其联合应用，会计算简单桁架、联合桁架；掌握组合结构的计算方法；熟练掌握三铰拱的反力和内力计算，了解三铰拱的内力图绘制的步骤，掌握三铰拱合理拱轴线的形状及其特征；掌握静定结构的特性。

12.2 静　定　梁

静定梁一般可以分为单跨静定梁和多跨静定梁两种。多跨静定梁和静定刚架又可看作是由单跨静定梁加入适当约束而形成的结构。因此，单跨静定梁的内力分析是各种结构内力分析的基础。

12.2.1 单跨静定梁

单跨静定梁有简支梁、外伸梁、悬臂梁三种形式，如图 12.1 所示。

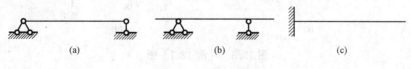

图 12.1　单跨静定梁

(a) 简支梁；(b) 外伸梁；(c) 悬臂梁

1. 支座反力和内力的计算

单跨静定梁在任意荷载作用下的支反力均只有三个，取全梁为隔离体，利用三个静力平衡条件即可全部求得。

在任意荷载作用下，平面杆件的任一截面上一般有三个内力分量，即轴力 F_N、剪力 F_Q 和弯矩 M，如图 12.2 所示。

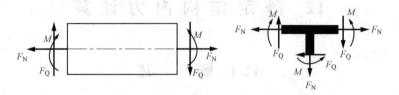

图 12.2　平面杆件截面上的内力

计算梁指定截面内力的基本方法是截面法，即用一假想截面沿所求内力截面切开，取截面任一侧部分为隔离体，利用隔离体的静力平衡方程即可求出此截面的三个内力分量。内力的正负号通常规定如下：轴力以拉力为正；剪力以绕隔离体顺时针方向转动为正；弯矩没有正负号。

由截面法计算可得截面内力分量如下：

（1）轴力的数值等于该截面一侧所有外力沿截面法线方向投影的代数和。

（2）剪力的数值等于该截面一侧所有外力沿截面切线方向投影的代数和。

（3）弯矩的数值等于该截面一侧所有外力对截面形心力矩的代数和。

各截面内力求出后，通常用图形来表示各截面内力的变化规律，这种图形称为结构的内力图。作内力图时，内力纵坐标应垂直于杆件的轴线，规定轴力图和剪力图要注明正负号，弯矩图绘在杆件受拉一侧，不用注明正负号。

以上所述内力分量计算方法，不仅适用于梁，也适用于其他结构。

【例 12.1】　计算图 12.3（a）所示结构 C 截面的内力。

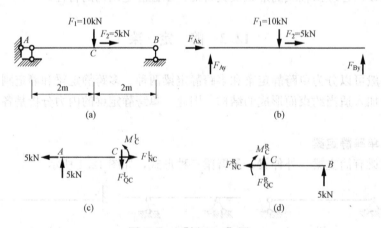

图 12.3　［例 12.1］图

解：首先计算支座反力。取全梁为隔离体如图 12.3（b）所示，利用整体平衡条件

$$\sum F_x = 0, \quad F_{Ax} = -5\text{kN（向左）}$$

$$\sum M_A = 0, \quad F_{By} = 5\text{kN（向上）}$$

$$\sum F_y = 0, \quad F_{Ay} = 5\text{kN（向上）}$$

利用截面法计算 C 截面内力，先计算 C 左截面内力，取 C 截面左侧部分为隔离体如图 12.3（c）所示，利用静力平衡条件

$$\sum F_x = 0, \quad F_{NC}^L = 5\text{kN}$$

$$\sum F_y = 0, \quad F_{QC}^L = 5\text{kN}$$

$$\sum M_x = 0, \quad M_C^L = 10\text{kN} \cdot \text{m}$$

计算 C 右截面内力，取 C 截面右侧部分为隔离体如图 12.3（d）所示，利用静力平衡条件

$$\sum F_x = 0, \quad F_{NC}^R = 0$$

$$\sum F_y = 0, \quad F_{QC}^R = -5\text{kN}$$

$$\sum M_x = 0, \quad M_C^R = 10\text{kN} \cdot \text{m}$$

2. 弯矩、剪力和荷载集度之间的微分关系

如图 12.4（a）所示简支梁，受任一连续分布荷载 $q(x)$ 作用。取 x 轴平行于梁的轴线，并以向右为正，y 轴向下为正，假设荷载垂直梁轴线，荷载集度 $q(x)$ 以向下为正。

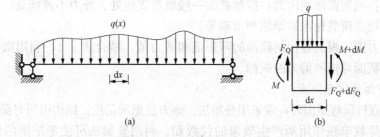

图 12.4 弯矩、剪力和荷载集度之间的微分关系
(a) 简支梁受分布荷载；(b) 微段

从梁内截取微段 dx，如图 12.4（b）所示。由该微段的平衡条件可以得出荷载集度与内力之间的微分关系为

$$\left. \begin{array}{l} \dfrac{dF_Q}{dx} = -q \\[2mm] \dfrac{dM}{dx} = F_Q \\[2mm] \dfrac{d^2M}{dx^2} = -q \end{array} \right\} \tag{12.1}$$

式（12.1）的几何意义：剪力图上某点处切线斜率等于该点处的荷载集度，但符号相反。

弯矩图上某点处的切线斜率等于该点处的剪力；弯矩图上某点的曲率等于该点荷载集度，但符号相反。据此，可以推知荷载情况与内力图形状之间的一些对应关系，见表 12.1。

表 12.1　　　　　　　　　　　内力图的形状特征

梁上荷载	无荷载区段	均布荷载区段	集中力作用处	集中力矩作用处
F_Q 图	平行轴线 	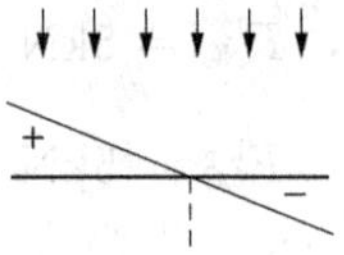 （均布荷载图示） 	发生突变 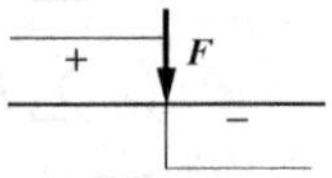 $+$　F $-$	无变化
M 图	斜直线 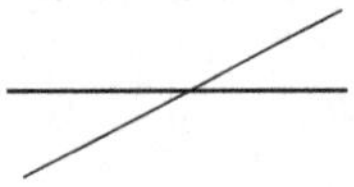	二次抛物线 凸向，即 q 指向 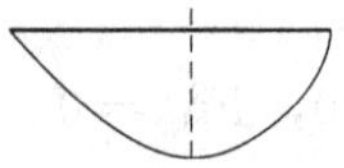	出现尖点 尖点指向，即 F 的指向 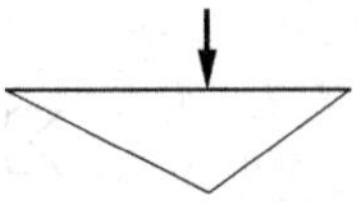	发生突变 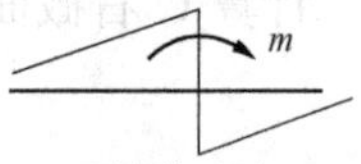 m 两直线平行
备注	$F_Q=0$ 区段 M 图 平行于轴线	$F_Q=0$ 处， M 达到极值	集中力作用点两侧 截面剪力不同	集中力矩作用点两侧 截面弯矩不同

掌握内力图形状的这些特征，对于正确和快速地绘制内力图很有帮助。利用微分关系绘制内力图的基本要点如下：

（1）求支座反力。

（2）计算各控制截面的内力，控制截面一般取在支座处、外力不连续处、集中力及集中力矩作用处、均布荷载作用的始端和末端等。

（3）绘内力图，根据各控制截面的弯矩值和剪力值，结合表 3.1，利用微分关系以曲线或直线连接各截面弯矩和剪力的纵标。

3. 分段叠加法作弯矩图

作结构中直杆段弯矩图时，常采用叠加法。该方法原理是指：结构由所有荷载作用产生的效果等于每一荷载单独作用所产生效果的代数和。利用叠加法可使弯矩图的绘制工作得到简化。

如图 12.5（a）所示简支梁，承受均布荷载 q 和力矩 M_A、M_B 的作用。作弯矩图时，可分别绘出均布荷载 q 和两端力矩 M_A、M_B 单独作用时的弯矩图，如图 12.5（b）、（c）所示，然后将两个弯矩图相应的竖标叠加，即得总弯矩图，如图 12.5（d）所示。这里要特别注意，弯矩图的叠加不是图形的简单拼接，而是竖标的叠加。

这种简支梁弯矩图的叠加法，还可以应用到结构中任意直杆段的弯矩图。如要作图 12.6（a）所示直杆段 AB 段的弯矩图，可截取 AB 段为隔离体，如图 12.6（b）所示，隔离体上的作用力除荷载 q 外，在杆端还有弯矩 M_A、M_B，轴力 F_{NA}、F_{NB} 和竖向力 F_{Ay}、F_{By}。将此隔离体与相应的图 12.6（c）所示简支梁相比较，由静力平衡条件可知两者弯矩情况完全相同。这样，作任意直杆段弯矩图的问题［见图 12.6（b）］就归结为作相应简支梁弯矩图的问题［见图 12.6（c）］，从而也可采用分段叠加法作弯矩图，如图 12.6（d）所示。作图步骤可归纳为：对于结构中任意直杆区段，用截面法求出该段两端的截面弯矩竖标后，先将两个竖标的顶点以虚线相连，并以此为基线，再将该段作为简支梁，作出简支梁在外荷载作用下（直杆区段上的荷载）的弯矩图，叠加到基线上（弯矩竖标叠加），最后所得到的图线与直杆段的轴线之间所包围的图形就是实际的弯矩图。

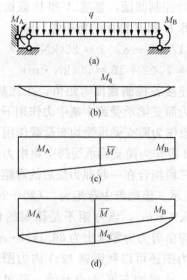

图 12.5 简支梁弯矩图的叠加法
(a) 简支梁受均布荷载和力矩作用;
(b) 均布荷载作用下弯矩图;
(c) 力矩作用下弯矩图;(d) 总弯矩图

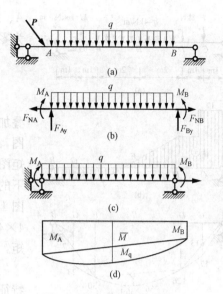

图 12.6 直杆段弯矩叠加
(a) 简支梁;(b) 直杆段 AB 段;
(c) 相应简支梁;(d) AB 段弯矩图

现将分段叠加法作梁的弯矩图的一般方法归纳如下:

(1) 选定外力的不连续点(集中力作用点、集中力矩作用点、分布荷载的始点和终点)为控制截面,首先计算控制截面的弯矩值。

(2) 分段作弯矩图。当控制截面间无荷载时,弯矩图为连接控制截面弯矩值的直线;当控制截面间存在荷载时,弯矩图应在由控制截面弯矩值作出的直线上在叠加该段简支梁作用荷载时产生的弯矩值。

【例 12.2】 求作图 12.7 (a) 所示梁的内力图。

解:(1) 计算支座反力

$$\sum M_B = 0$$

$$F_{Ay} \times 8 - 8 \times 7kN - 4 \times 4 \times 4kN - 16kN = 0$$

得

$$F_{Ay} = 17kN$$

$$\sum F_y = 0, \quad F_{By} = (8 + 16 - 17)kN = 7(kN)$$

(2) 作剪力图。由微分关系,AC、CD、FG、GB 各段无荷载作用,F_Q 为常数,F_Q 图为水平线。DF 段有均布荷载,F_Q 图为斜直线,C 点处有集中力作用,剪力图有突变。用截面法分别求出各控制截面剪力

$$F_{QA} = F_{QC}^{左} = 17kN$$

$$F_{QD} = F_{QC}^{右} = 9kN$$

$$F_{QF} = F_{QB} = -7kN$$

绘出剪力图,如图 12.7 (b) 所示。

(3) 作弯矩图。可利用分段叠加法作弯矩图。该梁可以分为 AD、DF、FB 三段,选

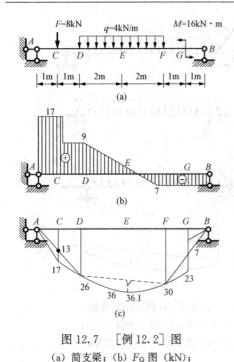

图 12.7　[例 12.2] 图

(a) 简支梁；(b) F_Q 图（kN）；

(c) M 图（kN·m）

A、D、F、B 为控制截面，显然 A 和 B 截面的弯矩为零，只需计算 D 和 F 截面的弯矩值，即

$$M_D = 17 \times 2 - 8 \times 1 = 26(\text{kN·m})$$

$$M_F = 7 \times 2 + 16 = 30(\text{kN·m})$$

先用虚线连接各控制截面弯矩值，在此基础上，叠加 AD 段作为简支梁承受跨中集中力作用下的弯矩图，叠加 DF 段作为简支梁承受均布荷载作用下的弯矩图，叠加 FB 段作为简支梁承受跨中集中力偶作用下的弯矩图。三段组合在一起即为最后的弯矩图，如图 12.7 (c) 所示。该梁跨中弯矩为：$(30+26)/2 + 4 \times 4^2/8 = 36(\text{kN·m})$，该弯矩不是该梁的最大弯矩，最大弯矩应由剪力为零求出为 36.1kN·m。

本题的剪力图还可以利用表 12.1 内力图的形状特征快速绘制。从梁的左侧 A 点开始，有向上的支座反力 $F_{Ay} = 17$kN，剪力图向上突变 17kN；AC 段无荷载，水平直线；C 点有向下集中力 $F = 8$kN，剪力图向下突变 8kN；CD 段无荷载，水平直线；DF 段有向下的水平均布荷载作用，剪力图从左向右为向下倾斜的斜直线，倾斜量大小等于均布荷载大小为 16kN；FB 段剪力图为水平直线，B 点处有向上的支座反力 $F_{By} = 7$kN，剪力图向上突变 7kN，恰好回到梁轴线处闭合。轴线上侧为正，下侧为负，如图 12.7 (b) 所示。

12.2.2　多跨静定梁

多跨静定梁是由若干根单跨梁（简支梁、悬臂梁、伸臂梁等）用铰相连，并用若干支座与基础相连构成的静定结构。如图 12.8 (a) 所示为公路桥使用的多跨静定梁，其计算简图如图 12.8 (b) 所示。

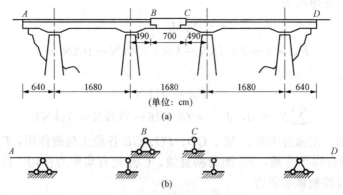

图 12.8　公路桥及其计算简图

(a) 公路桥；(b) 计算简图

多跨静定梁的受力分析关键在于其几何组成分析。从几何组成分析来看，多跨静定梁可分为基本部分和附属部分两部分，如图 12.8 (b) 所示，AB、CD 部分是依靠桥墩形成几何不变的伸臂梁。这种直接与基础组成几何不变的部分，或在竖向荷载作用下能维持平衡的部

分称为基本部分；而依靠基本部分才能构成几何不变的部分，如 *BC* 梁，称为附属部分。从受力分析来看，基本部分能独立承受荷载并保持平衡，作用在基本部分上的力不会影响附属部分。而当荷载作用在附属部分上时，不仅附属部分受力，而且也使基本部分受力。因此，在对多跨静定梁进行计算时，先计算附属部分，然后再计算基本部分。

以上分析说明：多跨静定梁的几何组成分为基本部分和附属部分。计算多跨静定梁时，应先计算附属部分，再计算基本部分。可将多跨静定梁拆为若干个单跨静定梁，对其进行受力分析，画出内力图，然后将各单跨梁的内力图组合在一起，即得多跨静定梁的内力图。

【例 12.3】 试作图 12.9 (a) 所示多跨静定梁的内力图。

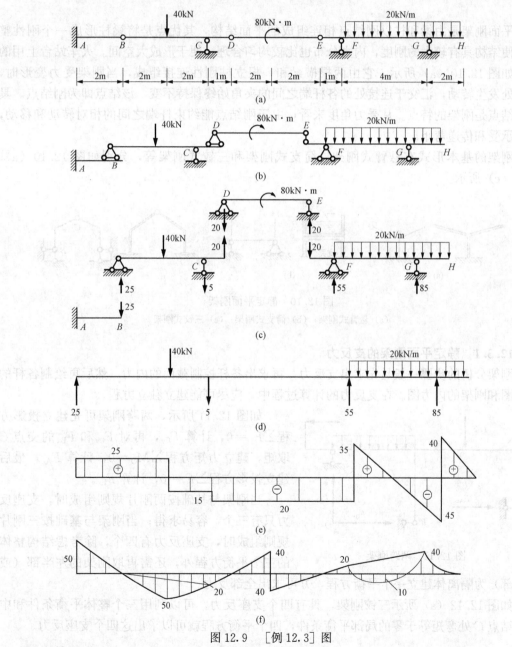

图 12.9 ［例 12.3］图

(a) 多跨静定梁；(b) 受力层次图；(c) 计算层次图；(d) 支座反力；(e) F_Q 图（kN）；(f) M 图（kN·m）

解： 该结构的基本部分和附属部分之间的支撑关系，即受力层次图如图 12.9 (b) 所示。先计算附属部分 DE 杆件，如图 12.9 (c) 所示。D 点和 E 点支座反力计算出来后，反向分别加到 BD 梁和 EH 梁上，结合梁上原有荷载进行计算。梁 BD 在 B 点的反力求出后，反向就是梁 AB 的荷载。最后计算梁 AB，求出 A 端支座反力。所有支座反力就可全部求出，如图 12.9 (d) 所示。支座反力求出后，即可作 F_Q 图和 M 图，如图 12.9 (e)、(f) 所示。

12.3 静定平面刚架

平面刚架是由梁和柱以刚结点相连组成的平面结构，其优点是将梁柱形成一个刚性整体，使结构具有较大的刚度，内力分布也比较均匀合理，便于形成大空间。火车站台上用的刚架如图 12.10 (a) 所示，它由两根横梁和一根立柱刚性连接组成，当刚架受力变形时，连接处发生转动，汇交于连接处的各杆端之间的夹角始终保持不变，该结点即为刚结点。具有刚结点是刚架的特点。从受力角度来看，由于刚结点能约束杆端之间的相对转动和移动，故能承受和传递弯矩。

刚架的基本形式有悬臂式刚架、简支式刚架和三铰式刚架等，分别如图 12.10 (a)、(b)、(c) 所示。

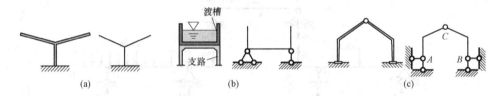

图 12.10 静定平面刚架
(a) 悬臂式刚架；(b) 简支式刚架；(c) 三铰式刚架

12.3.1 静定平面刚架的支反力

刚架分析的步骤一般是先求出支反力，再求出各杆控制截面的内力，然后再绘制各杆的弯矩图和刚架的内力图。在支反力的计算过程中，应尽可能建立独立方程。

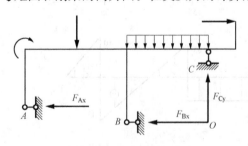

如图 12.11 所示，两跨刚架可先建立投影方程 $\sum F_y = 0$，计算 F_{Cy}，再对 F_{Cy} 和 F_{Bx} 的交点 O 取矩，建立力矩方程 $\sum M_O = 0$，计算 F_{Ax}，最后建立投影方程 $\sum F_x = 0$，计算 F_{Bx}。

当刚架与基础按两刚片规则组成时，支座反力只有三个，容易求得；当刚架与基础按三刚片规则组成时，支座反力有四个，除考虑结构整体的三个平衡方程外，还需再取刚架的左半部（或

图 12.11 两跨刚架

右半部）为隔离体建立一个平衡方程，方可求出全部反力。

如图 12.12 (a) 所示三铰刚架，具有四个支座反力，可以利用三个整体平衡条件和中间铰结点 C 处弯矩等于零的局部平衡条件，四个平衡方程就可以求出这四个支座反力。

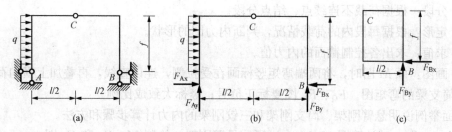

图 12.12　三铰刚架支座反力计算

如图 12.12（b）所示，首先考虑刚架整体平衡，由 $\sum M_B = 0$ 可得

$$F_{Ay}l + qf\frac{f}{2} = 0, \quad F_{Ay} = -\frac{qf^2}{2l}$$

由 $\sum M_B = 0$ 可得

$$F_{By}l - qf\frac{f}{2} = 0, \quad F_{By} = \frac{qf^2}{2l}$$

由 $\sum X = 0$ 得

$$F_{Ax} + qf - F_{Bx} = 0, \quad F_{Ax} = F_{Bx} - qf$$

方程内有两个未知量，但只有一个平衡方程，无法求得最后结果，只能求出两个未知量之间的关系，无法求出任何一个水平反力，这时应取一半刚架作为研究对象，利用局部平衡补充一个平衡方程，如图 12.12（c）所示，由 $\sum M_C = 0$ 可得

$$F_{Bx}f - F_{By}\frac{l}{2} = 0, \quad F_{Bx} = \frac{qf}{4}, \quad F_{Ax} = -\frac{3qf}{4}$$

三铰刚架结构中，支座反力的计算是内力计算的关键所在。通常情况下，支座反力需要通过解联立方程组来计算，因此，寻找建立相互独立的支座反力的静力平衡方程，可以大大降低计算反力的复杂程度和难度。当遇到图 12.13 所示的荷载作用下的三铰刚架时，可以先整体对 O 点取矩，直接求得 F_{Ax}，从而避免求解联立方程组。

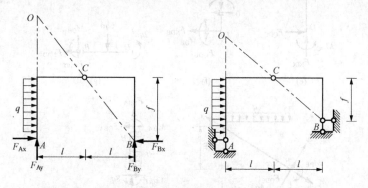

图 12.13　建立相互独立的静力平衡方程求解支座反力

12.3.2　静定平面刚架的内力分析及内力图绘制

静定平面刚架的内力计算方法，原则上可以采用与静定梁类似的内力分析方法，通常应先由整体及某些局部平衡条件，求出支座的反力及各铰接处的约束力，然后用截面法逐杆计算内力并绘制内力图。刚架的内力分析可分为分段、定形、求值和画图四个步骤，具体是：

1）分段：根据荷载不连续点、结点分段。

2）定形：根据每段内的荷载情况，判断内力图的形状。

3）求值：求出各控制截面的内力值。

4）画图：画 M 图时，将两端弯矩竖标画在受拉侧，连以直线，再叠加上横向荷载产生的相应简支梁的弯矩图。F_Q、F_N 图要标正负号；竖标大致成比例。

下面举例说明悬臂刚架、简支刚架和三铰刚架的内力计算步骤和方法。

【例 12.4】 试计算图 12.14（a）所示悬臂刚架，绘制 M、F_Q 和 F_N 图。

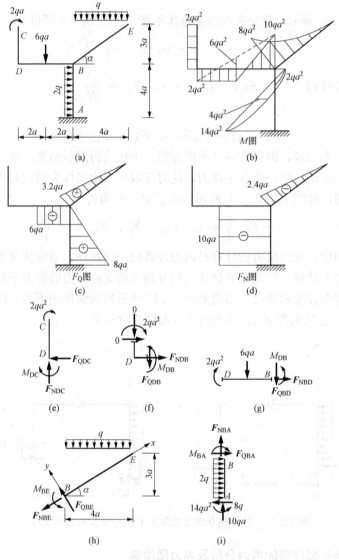

图 12.14 ［例 12.4］图

解：悬臂刚架的内力计算与悬臂梁基本相同，可以不求支座反力，从自由端开始逐段分析计算并作出内力图。

（1）利用截面法计算各杆控制截面的弯矩、剪力和轴力。

1）截取杆件 CD 为隔离体，如图 12.14（e）所示，则

$$\sum F_x = 0, \quad F_{QDC} = 0$$

$$\sum F_y = 0, \quad F_{NDC} = 0$$

$$\sum M_D = 0, \quad M_{DC} = -2qa^2$$

2）截取结点 D 为隔离体，如图 12.14（f）所示，则

$$\sum F_x = 0, \quad F_{NDB} = 0$$

$$\sum F_y = 0, \quad F_{QDB} = 0$$

$$\sum M_D = 0, \quad M_{DB} = 2qa^2$$

3）截取杆件 DB 为隔离体，如图 12.14（g）所示，则

$$\sum F_x = 0, \quad F_{NBD} = 0$$

$$\sum F_y = 0, \quad F_{QBD} = -6qa$$

$$\sum M_B = 0, \quad M_{BD} = -10qa^2$$

4）截取杆件 BE 为隔离体，如图 12.14（h）所示，则

$$\sum F_x = 0, \quad -F_{NBE} - q \times 4a \times \sin\alpha = 0$$

$$F_{NBE} = -4qa \times \frac{3}{5} = -2.4qa$$

$$\sum F_y = 0, \quad F_{QBE} - q \times 4a \times \cos\alpha = 0$$

$$F_{QBE} = 4qa \times \frac{4}{5} = 3.2qa$$

$$\sum M_B = 0, \quad M_{BE} - q \times 4a \times 2a = 0$$

$$M_{BE} = 8qa^2$$

5）截取杆件 AB 为隔离体，如图 12.14（i）所示。杆件 AB 的 B 端杆端内力可以由已经计算出的杆件 DB 和杆件 BE 的 B 端杆端力计算出来，再利用杆件 AB 本身的平衡条件计算出 A 端的内力，从而避免求解支座反力，这也是悬臂式结构常用的计算方法。但是本题利用这种方法相对烦琐，因此还是先计算 A 支座的支座反力。

$$\sum F_x = 0, \quad 2q \times 4a - F_{Ax} = 0$$

$$F_{Ax} = 8qa$$

$$\sum F_y = 0, \quad F_{Ay} - 6qa - q \times 4a = 0$$

$$F_{Ay} = 10qa$$

$$\sum M_A = 0, \quad 2qa^2 + q \times 4a \times 2a - 6qa \times 2a + 2q \times 4a \times 2a - M_A = 0$$

$$M_A = 14qa^2$$

然后计算杆件 AB 的 B 端杆端内力

$$\sum F_x = 0, \quad F_{QBA} = 0$$

$$\sum F_y = 0, \quad F_{NBA} = -10qa$$

$$\sum M_B = 0, \quad M_{BA} = -2qa^2$$

（2）绘制内力图。各杆件控制截面的内力求出后，可按前述方法作出 M、F_Q 和 F_N 图，如图 12.14（b）、（c）、（d）所示。

（3）校核内力图。可以选取 B 结点为隔离体，进行静力平衡验算，读者可自行完成。

【例 12.5】 试计算图 12.15（a）所示简支刚架的支座反力，并绘制 M、F_Q 和 F_N 图。

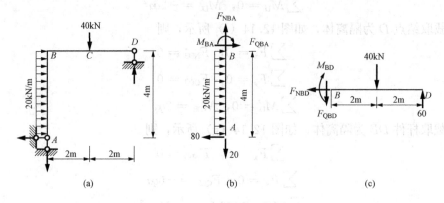

图 12.15 ［例 12.5］图

解：（1）求支座反力

$$F_{Ax} = 80kN, \quad F_{Ay} = 20kN, \quad F_{Dy} = 60kN$$

（2）求杆端力。

1）截取杆件 AB 为隔离体，如图 12.15（b）所示，则

$$\sum F_x = 0, \quad F_{QBA} + 20 \times 4kN - 80kN = 0, \quad F_{QBA} = 0$$

$$\sum F_y = 0, \quad F_{NBA} - 20kN = 0, \quad F_{NBA} = 20kN$$

2）截取杆件 BD 为隔离体，如图 12.15（c）所示，则

$$\sum F_x = 0, \quad F_{NBA} = 0$$

$$\sum F_y = 0, \quad F_{QBA} = -20kN$$

$$\sum M_B = 0, \quad M_{BD} = 160kN \cdot m$$

3）绘制内力图。各杆件控制截面的内力求出后，可按前述方法作出 M、F_Q 和 F_N 图，如图 12.16 所示。

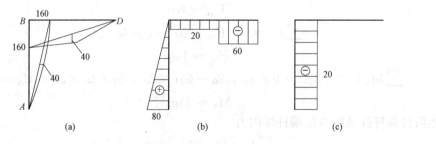

图 12.16 内力图

(a) M 图（kN·m）；(b) F_Q 图；(c) F_N 图（kN）

【例 12.6】 试计算图 12.17（a）所示三铰刚架的支座反力，并绘制 M、F_Q 和 F 图。

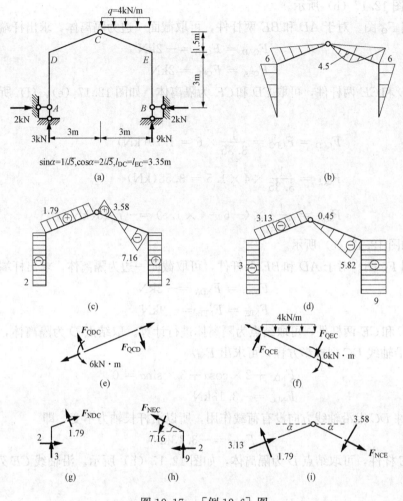

图 12.17   ［例 12.6］图

解：（1）求支座反力

$$\sum M_B = 0, \quad F_{Ay} \times 6 - 4 \times 3 \times 1.5 = 0, \quad F_{Ay} = 3\text{kN}$$

$$\sum F_y = 0, \quad F_{By} + 3 - 4 \times 3 = 0, \quad F_{By} = 9\text{kN}$$

考虑铰 C 左半部分，由 $\sum M_C = 0$ 得

$$F_{Ax} \times 4.5 - 3 \times 3 = 0, \quad F_{Ax} = 2\text{kN}$$

$$\sum F_x = 0, \quad F_{Bx} - 2 = 0, \quad F_{Bx} = 2\text{kN}$$

（2）计算内力并绘制内力图。

1）绘制弯矩图。先求杆端弯矩，画在受拉侧并连以直线，有外荷载作用的梁端利用分段叠加法进行叠加。

以杆件 CE 为例 $M_{EC} = -2 \times 3 = -6(\text{kN} \cdot \text{m}), \quad M_{CE} = 0$

杆件 CE 中点截面的弯矩为

$$-\frac{1}{2} \times 6 + \frac{1}{8} \times 4 \times 3^2 = 1.5(\text{kN} \cdot \text{m})$$

M 图如图 12.17（b）所示。

2）绘制 F_Q 图。对于 AD 和 BE 两杆件，可取截面一边为隔离体，求出杆端剪力

$$F_{QAD} = F_{QDA} = -2kN$$

$$F_{QBA} = F_{QEB} = 2kN$$

对于 CD 和 CE 两杆件，可取 CD 和 CE 为隔离体，如图 12.17（e）、（f）所示。求出杆端剪力

$$F_{QCD} = F_{QDC} = \frac{1}{3.35} \times 6 = 1.79(kN)$$

$$F_{QCE} = \frac{1}{3.35} \times 4 \times 1.5 = 3.58(kN)$$

$$F_{QEC} = \frac{1}{3.35} \times (-6 - 4 \times 1.5) = -7.16(kN)$$

F_Q 图如图 12.17（c）所示。

3）绘制 F_N 图。对于 AD 和 BE 两杆件，可取截面一边为隔离体，求出杆端轴力

$$F_{NAD} = F_{NDA} = -3kN$$

$$F_{NBE} = F_{NEB} = -9kN$$

对于 DC 和 CE 两杆件，可取结点为隔离体进行计算。取结点 D 为隔离体，如图 12.17（g）所示，沿轴线 DC 列投影方程，可求出 F_{NDC}

$$F_{NDC} + 2 \times \cos\alpha + 3 \times \sin\alpha = 0$$

$$F_{NDC} = -3.13kN$$

因为杆件 DC 上沿轴线方向没有荷载作用，所以沿杆长轴力不变，即

$$F_{NCD} = -3.13kN$$

对于 CE 杆件，可取结点 D 为隔离体，如图 12.17（h）所示。沿轴线 CE 列投影方程，可求出 F_{NEC}

$$F_{NEC} + 2 \times \cos\alpha + 9 \times \sin\alpha = 0$$

$$F_{NEC} = -5.82kN$$

为求 F_{NCE}，可利用结点 C 为隔离体，如图 12.17（i）所示。

$$\sum F_x = 0, F_{NCE}\cos\alpha - 3.58 \times \sin\alpha - 1.79 \times \sin\alpha + 3.13 \times \cos\alpha = 0$$

$$F_{NCE} = -0.45kN$$

F_N 图如图 12.17（d）所示。

（3）校核。可以截取刚架的任何部分校核是否满足平衡条件。如取结点 C 为隔离体，如图 12.17（i）所示，验算 $\sum F_y = 0$。

【例 12.7】　试作图 12.18（a）所示刚架的 M 图。

解：仅绘制弯矩图，并不需要求出全部支反力。

先由 AD 杆件的　　　　　　　　$\sum F_y = 0$，$F_{Ay} = 80kN$

再由整体的　　　　　　　　　　$\sum F_x = 0$，$F_{Bx} = 20kN$

绘制 AE 段弯矩图，AE 杆在 A 处的支座反力和均布荷载作用下 E 端的弯矩 $M_E = 80 \times 6 - 20 \times 6 \times 3 = 120(kN \cdot m)$，$A$ 端弯矩为零，用直线连接后叠加 AE 段在均布荷载作用下简

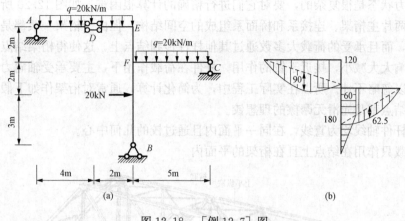

图 12.18 [例 12.7] 图

支梁的弯矩图，即得此杆的弯矩图。

BF 杆件在 B 处的支座反力和集中力作用下 F 端的弯矩 $M_F = 20 \times 5 - 20 \times 2 = 60$（kN·m），$B$ 端弯矩为零，用直线连接后叠加 BF 段在集中力作用下简支梁的弯矩图，即得此杆的弯矩图。

最后利用结点 F（见图 12.19）的平衡条件求出 FC 杆件 F 端的弯矩为 180kN·m，C 端弯矩为零，用直线连接后叠加 FC 段在均布荷载作用下简支梁的弯矩图，即得此杆件的弯矩图，如图 12.18（b）所示。

将静定刚架的内力分析和内力图绘制要点归纳如下：

（1）通常先求约束力和支座反力。

（2）作 M 图时，先求每段杆件的杆端弯矩，将竖标画于受拉的一侧，连以直线，再叠加由于杆件上横向荷载产生的相应简支梁的 M 图。M 图画在受拉侧，没有正负号。

（3）作 F_Q 图时，先计算每段杆件的杆端剪力。杆端剪力通常可根据截面一侧的荷载及支反力直接计算。当情况比较复杂时，可取一段杆件为隔离体，利用平衡方程求杆端剪力。杆端剪力求出后，杆件的 F_Q 图即可画出。F_Q 图必须注明正负号。

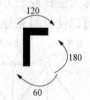

图 12.19 结点 F 的平衡

（4）作 F_N 图时，先计算每段杆件的杆端轴力。杆端轴力通常可根据截面一侧的荷载及支反力直接计算。当情况比较复杂时，可取结构的结点为隔离体，用投影方程求出杆端轴力。F_N 图必须注明正负号。

（5）内力图的校核。通常截取结点或结构的一部分，验算其是否满足平衡条件。

12.4 静定平面桁架

12.4.1 桁架的基本概念与分类

桁架结构是由许多细长杆件通过铰连接而成的空腹形式的结构。桁架结构被广泛用于建筑工程中的屋架、桥梁、建筑施工用的支架等。

实际的桁架各杆件之间的连接及所使用的材料多种多样，如榫接、螺栓连接或焊接，它们的实际受力状态是很复杂的，要对它们进行精确的计算很困难。如图 12.20 所示的钢桁架桥，它是由两片主桁架、连接系和桥面系组成的空间结构。但由于桁架一般都是由比较细长的杆件组成，而且承受的荷载大多数通过其他杆件传到结点上，这使得桁架结点的刚性对杆件内力的影响大大减小，接近于铰的作用。杆件在荷载作用下，主要承受轴向力，弯矩和剪力很小，可以忽略不计。所以在实际工程中，为简化计算，通常对桁架作如下假设：

（1）各结点都是光滑无摩擦的理想铰。

（2）各杆件轴线均为直线，在同一平面内且通过铰的几何中心。

（3）荷载只作用在结点上且在桁架的平面内。

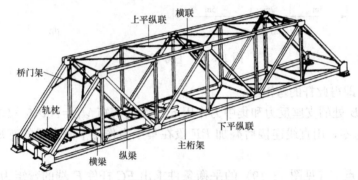

图 12.20　钢桁架桥

符合上述假设条件的桁架称为理想桁架。理想桁架中每根杆件两端是铰接的，这样的杆件称为链杆或二力杆。由于杆件只受到轴力作用，其横截面上只产生均匀分布的正应力，这样可以使材料充分发挥作用。所以，相对梁来讲，桁架的自重较轻，适用于大跨度结构。

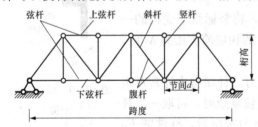

图 12.21　理想桁架

桁架杆件根据所在位置的不同，分别有不同的名称，如图 12.21 所示。上边缘的杆件称为上弦杆，下边缘的杆件称为下弦杆。中间各杆件称为腹杆，腹杆又分为斜杆和竖杆。弦杆上两相邻结点间的区间称为节间，其间距称为节间长度。两支座的水平距离称为跨度。支座连线至桁架最高点的距离称为桁高。

桁架按不同的特征可进行如下分类：

（1）按照桁架的外形可分为平行弦桁架、抛物线桁架、三角形桁架、梯形弦桁架，如图 12.22 所示。

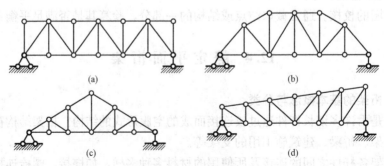

图 12.22　简单桁架

（2）按照桁架在竖向荷载作用下是否引起水平推力可分为：梁式桁架和拱式桁架，如图 12.23 所示。

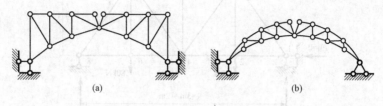

图 12.23　有水平推力的桁架

（3）按照桁架的几何组成方式可分为简单桁架、联合桁架和复杂桁架。简单桁架由基础或一基本铰接三角形开始，依次增加二元体所组成的桁架，如图 12.22 和图 12.24（a）所示。联合桁架由几个简单桁架按几何不变体系组成规则所连接而成的桁架，如图 12.24（b）所示。复杂桁架为不按以上两种方式组成的其他桁架，如图 12.24（c）所示。

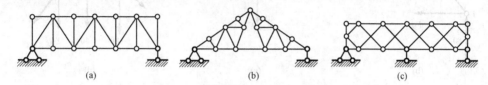

图 12.24　简单桁架、联合桁架和复杂桁架
（a）简单桁架；（b）联合桁架；（c）复杂桁架

12.4.2　桁架的内力计算

1. 结点法

所谓结点法就是取桁架的结点为隔离体，利用结点的静力平衡条件来计算杆件的内力或支反力。因为桁架的各杆只承受轴力，作用于任一结点的各力组成一个平面汇交力系，所以针对每个结点列出两个平衡方程 $\sum F_x = 0$ 和 $\sum F_y = 0$ 进行求解。

原则上，只要截取的结点有不多于两个的未知力，均可采用结点法。由于结点有两个自由度，仅能建立两个平衡方程，所以结点法一般应用于求解简单桁架。分析这类桁架时可先由整体平衡条件求出支座反力，然后再从最后一个结点开始，逆着桁架的组成次序依次考虑各结点的平衡，即可使每个结点出现的未知内力不超过两个，直接求出各杆件的内力。

【例 12.8】　试用结点法计算图 12.25（a）所示桁架中各杆件的内力。

解：（1）先求支座反力。由整体平衡方程 $\sum M_1 = 0$ 得

$$F_{8y} \times 12 - 80 \times 9 - 60 \times 6 - 40 \times 3 = 0$$

$$F_{8y} = 100 \text{kN}$$

再由 $\sum F_y = 0$ 得

$$F_{1y} - 80 - 60 - 40 + 100 = 0$$

$$F_{1y} = 80 \text{kN}$$

（2）截取各结点求解杆件内力。结点受力组成平面汇交力系，只能列两个平衡方程，即最多可以求解两个未知力。所以，一般采用结点法时，选取结点要求未知杆件的根数最多为两个。

1）结点 1：隔离体如图 12.25（a）所示，通常假设杆件的未知力为拉力。计算结果为

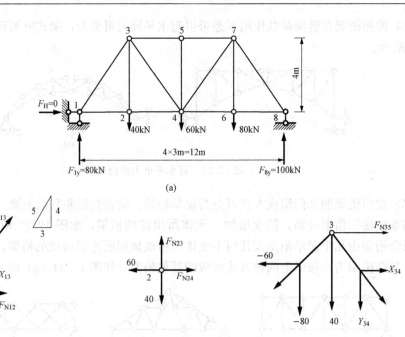

图 12.25　［例 12.8］图

正则为拉力，为负则为压力。

$$\sum F_y = 0, \quad Y_{13} + 80 = 0, \quad Y_{13} = -80\text{kN}$$

根据比例关系可得

$$X_{13} = (-80) \times \frac{3}{4} = -60(\text{kN})$$

$$F_{N13} = (-80) \times \frac{5}{4} = -100(\text{kN})$$

$$\sum F_x = 0, \quad F_{N12} + X_{13} = 0, \quad F_{N12} = 60\text{kN}$$

2）结点 2：隔离体如图 12.25（c）所示，则

$$\sum F_y = 0, \quad F_{N23} = 40\text{kN}$$

$$\sum F_x = 0, \quad F_{N24} = 60\text{kN}$$

3）结点 3：隔离体如图 12.25（d）所示，则

$$\sum F_y = 0, \quad Y_{34} + 40 - 80 = 0, \quad Y_{34} = 40\text{kN}$$

根据比例关系可得

$$X_{34} = 40 \times \frac{3}{4} = 30(\text{kN})$$

$$F_{N34} = 40 \times \frac{5}{4} = 50(\text{kN})$$

$$\sum F_x = 0, \quad F_{N35} + 30 + 60 = 0, \quad F_{N35} = -90\text{kN}$$

参照以上三个结点上各杆件内力的求解方法，依次取结点 4、5、6、7 计算，每次都只

有两个未知力，故不难求解。最后到结点 8 时，各力都已求出，故此结点的平衡条件是否满足可作为校核标准。

为了清晰起见，可以将求出的所有杆件的内力大小和性质标注于杆件旁，得到桁架的轴力图，如图 12.26 所示。

桁架中内力为零的杆件称为零杆。在求解桁架内力时，经常会遇到一些特殊的结点，掌握了这些特殊结点的平衡规律并找到零杆，可以方便计算。现举几个特殊结点如下：

1）两杆件结点如图 12.27（a）所示，当结点上无荷载作用时两杆件轴力为零。可表述如下：一个无荷载作用的两杆件结点，两杆件不在同一直线时，两杆件均为零杆；若两杆件结点上有一荷载作用，荷

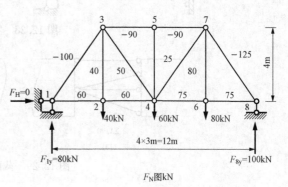

图 12.26 桁架的轴力图

载作用线与其中一杆件共线，如图 12.27（b）所示，则另一杆件为零杆，与荷载共线杆件轴力与荷载大小相等且性质相同（即同为拉力或同为压力）。

2）三杆件结点如图 12.27（c）所示，当其中两杆件共线且结点无荷载作用时，另一杆件必为零杆，共线两杆件轴力大小相等且性质相同。

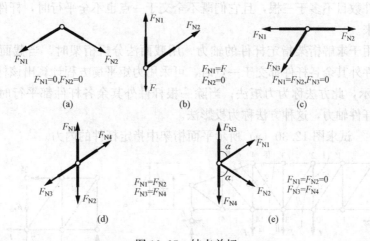

图 12.27 结点单杆

3）四杆件结点如图 12.27（d）所示，当四杆件两两共线且结点无荷载作用时，则共线的两杆件轴力相等且性质相同。当出现 K 形结点，如图 12.27（e）所示，其中两杆件共线，而另外两杆件在此直线同侧且交角相等，结点上若无荷载作用，则非共线两杆件内力大小相等而性质相反。若此结点处于正对称荷载作用下对称结构的对称轴上，且结点上无荷载作用，则两共线杆件轴力相等且性质相同，另外两杆件必为零杆。

以上各结论均可由静力平衡方程得出，读者可自行证明。

应用以上结论，不难判断图 12.28 及图 12.29 桁架中虚线所示各杆件均为零杆，于是剩下的计算工作便大为简化。

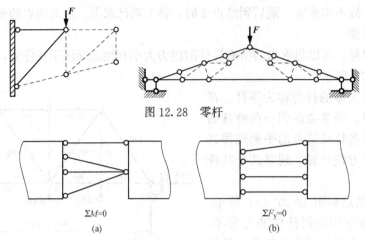

图 12.28　零杆

$\Sigma M=0$

(a)

$\Sigma F_y=0$

(b)

图 12.29　截面单杆

2. 截面法

所谓截面法就是先用一适当的假想截面将拟求的杆件切断，取出桁架的一部分（至少包含两个结点）为隔离体，然后利用其平衡条件建立平衡方程，从而解出拟求杆件的轴力。

由于隔离体包含两个或两个以上结点，形成平面一般力系，因此对每一隔离体可建立三个独立的平衡方程，解出三个未知轴力。在用截面法计算杆件轴力时，只有当所取隔离体上轴力未知的杆件数目不多于三根，且它们既不全交于一点也不全平行时，杆件的轴力才能直接全部求解出来。

截面法适用于求解桁架指定杆件的轴力。用截面法分析桁架时，当截面上杆件多于三根，除一根杆件外其余各杆件都交于一点时，可采用力矩平衡方程计算出该杆件轴力，如图 12-30（a）所示，此方法称为力矩法；当除一根杆件外其余各杆件都平行时，可采用投影方程计算出该杆件轴力，这种方法称为投影法。

【例 12.9】　试求图 12.30（a）所示平面桁架中指定杆件的内力。

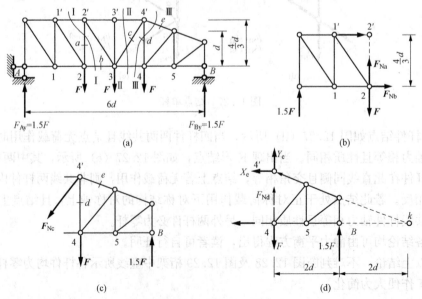

图 12.30　［例 12.9］图

解:(1)先求支座反力。由整体平衡方程$\sum M_{\mathrm{A}}=0$得

$$F_{\mathrm{By}} \times 6d - F \times (4d + 3d + 2d) = 0$$

$$F_{\mathrm{By}} = 1.5F$$

$$\sum F_{\mathrm{y}} = 0, \quad F_{\mathrm{Ay}} = 1.5F$$

(2)用截面Ⅰ-Ⅰ将桁架截开,取左半部分为隔离体,如图12.30(b)所示,求解F_{Na}和F_{Nb}。

$$\sum F_{\mathrm{y}} = 0, \quad F_{\mathrm{Na}} = F - F_{\mathrm{Ay}} = -0.5F$$

$$\sum M_2 = 0, \quad F_{\mathrm{Nb}} \times \frac{4}{3}d - 1.5F \times 2d = 0$$

$$F_{\mathrm{Nb}} = 2.25F$$

(3)用截面Ⅱ-Ⅱ将桁架截开,取右半部分为隔离体,如图12.30(c)所示,求解F_{Nc}。

$$\sum F_{\mathrm{y}} = 0, \quad Y_{\mathrm{c}} = 1.5F - F = 0.5F$$

$$F_{\mathrm{NC}} = \frac{5}{4}Y_{\mathrm{c}} = 0.625F$$

(4)用截面Ⅲ-Ⅲ将桁架截开,取右半部分为隔离体,如图12.30(d)所示,求解F_{Nd}和F_{Ne}。

$$\sum M_{\mathrm{K}} = 0, \quad (F_{\mathrm{Nd}} - F)(2d + 2d) + 1.5F \times 2d = 0$$

$$F_{\mathrm{Nd}} = 0.25F$$

$$\sum M_4 = 0, \quad X_{\mathrm{e}} = -2.25F$$

$$N_{\mathrm{e}} = \frac{\sqrt{10}}{3}X_{\mathrm{e}} = -\frac{3\sqrt{10}}{4}F$$

结点法和截面法是计算桁架内力常用的两种方法。对于简单桁架来说用哪种方法计算都很方便。对于联合桁架的内力分析,宜先用截面法将联合处杆件的内力求出,然后再对组成联合桁架的各简单桁架进行分析。具体计算时,通常是两种方法的灵活运用。

12.5 组 合 结 构

组合结构是指由桁架式杆件和梁式杆件混合组成的结构。其中桁架式杆件又叫链杆(两端铰接直杆且杆件上无荷载作用),其内力只有轴力;梁式杆件又称受弯杆件,杆件面的内力有轴力、剪力和弯矩。组合结构常用于房屋建筑中的屋架、起重机梁以及桥梁的承重结构。

计算组合结构时,一般先求出支座反力和桁架杆件的轴力,然后再计算梁式杆件的内力。分析时要特别注意区分桁架式杆件(产生轴力)和梁式杆件(产生轴力、剪力和弯矩)。

【例12.10】 试求图12.31(a)所示组合结构的内力。

解:当A支座水平反力为零,支座用竖向支座反力代替时,可将结构视为对称结构。荷载为正对称荷载。

(1)先求支座反力

$$F_{\mathrm{Ay}} = F_{\mathrm{By}} = 6\mathrm{kN}$$

(2)求桁架杆件AD、DF、DE、EG、EB的轴力,利用截面法求解,用截面截开铰C

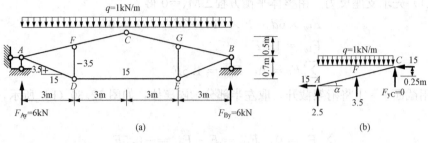

图 12.31 ［例 12.10］图

和 DE 杆件，取左半部分进行分析，对铰 C 取矩

$$\sum M_C = 0, \quad F_{NDE} \times 1.2 + 1 \times 6 \times 3 \text{kN} \cdot \text{m} - 6 \times 6 \text{kN} \cdot \text{m} = 0$$

$$F_{NDE} = 15 \text{kN}$$

取结点 D 作为隔离体

$$\sum F_x = 0, \quad X_{DA} = 15 \text{kN}$$

$$F_{NDA} = 15 \times \frac{3.08}{3} = 15.4 = F_{NEB}$$

$$Y_{DE} = 15 \times \frac{0.7}{3} = 3.5 \text{(kN)}$$

$$\sum F_y = 0, \quad F_{NDF} = -3.5 \text{kN} = F_{NEG}$$

（3）求梁式杆件 AC 和 BC 的内力，取杆件 AC 为研究对象，如图 12.31（a）所示。

1）求弯矩

$$M_F = 15 \times 0.25 - \frac{1}{2} \times 3 \times 3 = -0.75 \text{(kN} \cdot \text{m)}$$

$$M_A = M_C = 0$$

利用分段叠加法可作出弯矩图，如图 12.32（a）所示。

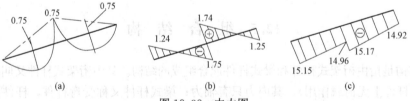

图 12.32 内力图

(a) M 图（kN·m）；(b) F_Q 图（kN）；(c) F_N 图（kN）

2）求剪力和轴力：利用下面公式求出剪力和轴力

$$\sin\alpha = 0.0835, \quad \cos\alpha = 0.996$$

$$F_Q = F_y \cos\alpha - F_H \sin\alpha$$

$$F_N = -F_y \sin\alpha - F_H \cos\alpha$$

控制截面 A 的剪力和轴力

$$F_{QA} = 2.5 \times 0.996 - 15 \times 0.0835 = 1.24 \text{(kN)}$$

$$F_{NA} = -2.5 \times 0.0835 - 15 \times 0.0996 = -15.15 \text{(kN)}$$

其余控制截面 $F_左$、$F_右$、C 的剪力和轴力可依此法分别求出，连线即可得到剪力图和轴力图，如图 12.32（b）、（c）所示。

结构的最终内力图请读者自行绘出。

12.6 静定结构的一般性质

静定结构是没有多余约束的几何不变体系，所以静定结构的内力可以全部由静力平衡条件确定，并且得到的解答是唯一的。由此可知，静定结构的基本静力特性就是满足平衡条件的内力解答的唯一性，其受力特性都是在此基础上派生出来的。下面介绍静定结构的一般性质，掌握了这些特性，有利于深化对静定结构的认识，也有助于正确而快速地分析静定结构的内力。

（1）静定结构的反力和内力与结构所用材料的性质、截面的尺寸和形状都无关。

（2）温度改变、支座位移和制造误差等非荷载因素，在静定结构中均不产生反力和内力。根据静定结构解答的唯一性，在没有荷载作用时，零解能满足静定结构的所有平衡条件，因而，在上述非荷载因素影响时，静定结构中均不引起内力，零内力（反力）便是唯一解答。实际上，由于静定结构没有多余约束，当有上列非荷载因素作用时，结构上的约束仅作某些转动和移动，并不产生内力。如图 12.33（a）所示，简支梁右侧支座下沉 Δ 时，仅发生双点画线所示的转动，而不产生反力和内力；图 12.33（b）所示悬臂梁，在温度改变时，也发生图中双点画线所示的形状改变，而不产生反力和内力。

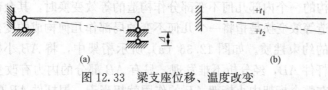

图 12.33 梁支座位移、温度改变
(a) 支座下沉；(b) 温度改变

（3）当平衡力系加在静定结构的某一内部几何不变部分时，其余部分既无内力也无反力。如图 12.34（a）所示刚架结构的 ACB 部分为内部几何不变部分，作用有一组平衡力系，则只有该部分受力，其余部分均没有内力和反力产生；如图 12.34（b）所示，桁架虚线部分杆件为受平衡力系作用的几何不变部分，因此，只在这部分的杆件中产生内力，而支座反力和其余部分的内力均为零。但是如图 12.34（c）所示的三铰拱中受平衡力系作用的部分就没有这样的结论，明显三铰拱有水平支座反力，因为这个局部是几何可变的。所以，静定结构在平衡力系作用下，只在其作用的最小几何不变体系上产生内力，其他结构构件上不产生弹性变形和内力。

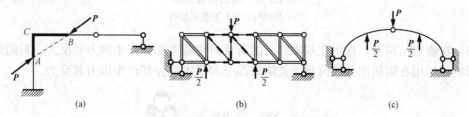

图 12.34 静定结构上施加平衡力系
(a) 刚架；(b) 桁架；(c) 三铰拱

（4）当静定结构的某一内部几何不变部分上的荷载作等效变换时，其余部分的内力和反力保持不变。所谓等效变换，是指由一组荷载变换为另一组荷载，且两组荷载的合力保持相同。通过图 12.35 所示桁架不难发现，图 12.35（a）、（b）所示的两组力系是静力等效的，它们对整个桁架的影响，在 AB 范围之内的内力不同，而在 AB 范围之外的内力和反力是相同的。把图 12.35（a）中除 AB 杆件外的其余杆件内力用 F_{N1} 表示，图 12.35（b）中除 AB 杆件外的其余杆件内力用 F_{N2} 表示，那么图 12.35（c）中除 AB 杆件外的杆件的内力就是 $F_{N1}-F_{N2}$。通过计算可知，图 12.35（c）中桁架除 AB 杆件外，其余杆件的内力和支座反力都为零，也就是说图 12.35（a）、（b）中除 AB 杆件外，其余杆件的内力和支座反力都相同。

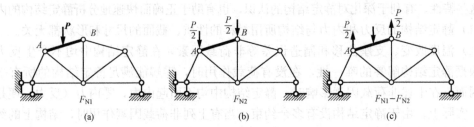

图 12.35 荷载等效变换
（a）原荷载；（b）荷载等效变换；（c）荷载叠加

（5）当静定结构的一个内部几何不变部分作构造的等效变换时，其余部分的内力和反力保持不变。所谓构造等效变换是指将一个几何不变的局部作几何构成的变化，但不改变该部分与其他部分之间的约束性质。如图 12.36（a）所示桁架中，将 AB 小桁架改为图 12.36（b）所示桁架中的杆件 AB，经分析不难发现，只有 AB 部分的内力有改变，桁架其余部分的内力保持不变。在整个桁架中小桁架 AB 的作用就相当于一根杆件 AB 的作用。

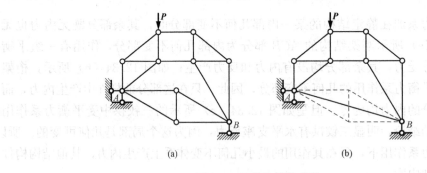

图 12.36 构造等效变换
（a）原结构；（b）交换后结构

（6）在静定结构中，作用在基本部分的荷载只使基本部分产生内力和反力，对附属部分没有影响；作用在附属部分的荷载能使附属部分和基本部分都产生内力和反力。

习 题

12-1 试作如图 12.37 所示静定梁的内力图。

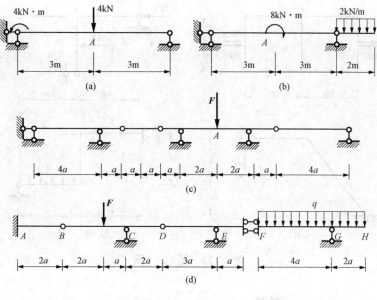

图 12.37　题 12-1 图

12-2　试作如图 12.38 所示刚架的内力图。

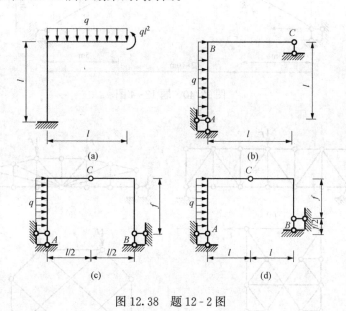

图 12.38　题 12-2 图

12-3　试作如图 12.39 所示刚架的弯矩图。

12-4　试求如图 12.40 所示抛物线 $[y=4fx(l-x)/l^2]$ 三铰拱距 A 支座 5m 处 K 截面的内力。

12-5　判断如图 12.41 所示桁架结构中的零杆。

12-6　求如图 12.42 所示桁架结构中指定杆件 a、b 的内力。

12-7　试讨论如图 12.43 所示桁架结构指定杆件内力的计算方法。

12-8　试作如图 12.44 所示组合结构的内力图。

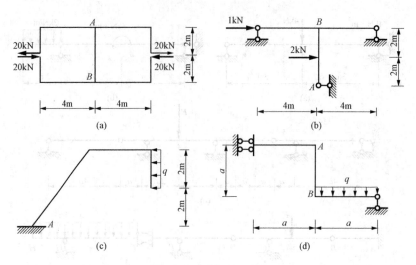

图 12.39　题 12-3 图

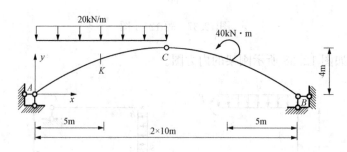

图 12.40　题 12-4 图

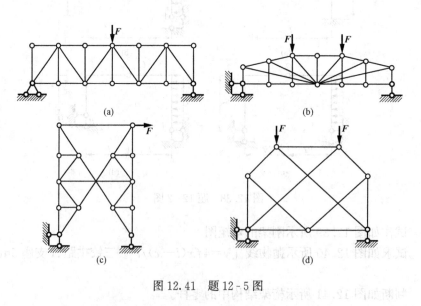

图 12.41　题 12-5 图

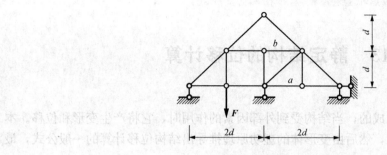

图 12.42 题 12-6 图

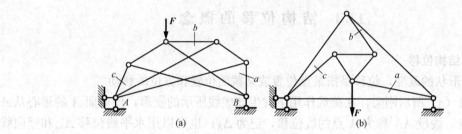

图 12.43 题 12-7 图

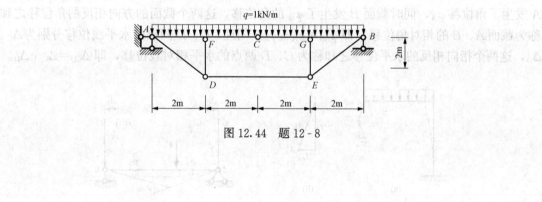

图 12.44 题 12-8

13 静定结构的位移计算

结构都是由变形材料制成的，当结构受到外部因素的作用时，它将产生变形和位移。本章首先介绍结构位移的概念，然后由变形体的虚功原理推导出结构位移计算的一般公式，最后介绍了图乘法。

13.1 结 构 位 移 的 概 念

13.1.1 结构位移

变形是指形状的改变，位移是指某点位置或某截面位置和方位的移动。

如图 13.1（a）所示刚架，在荷载作用下发生如虚线所示的变形，使截面 A 的形心从 A 点移动到 A' 点，线段 AA' 称为 A 点的线位移，记为 Δ_A；也可以用水平线位移 Δ_{Ax} 和竖向线位移 Δ_{Ay} 两个分量来表示，如图 13.1（b）所示。同时截面 A 还转动了一个角度，称为截面 A 的角位移，用 φ_A 表示。又如图 13.2 所示刚架，在荷载作用下发生如虚线所示变形，截面 A 发生了角位移 φ_A，同时截面 B 发生了 φ_B 的角位移，这两个截面的方向相反的角位移之和称为截面 A、B 的相对角位移，即 $\varphi_{AB} = \varphi_A + \varphi_B$。同理，$C$、$D$ 两点的水平线位移分别为 Δ_C、Δ_D，这两个指向相反的水平位移之和称为 C、D 两点的水平相对线位移，即 $\Delta_{CD} = \Delta_C + \Delta_D$。

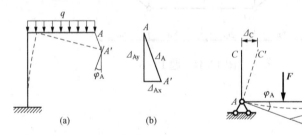

图 13.1　截面位移　　　　　图 13.2　相对位移
(a) 截面位移；(b) 位移分量

除上述位移之外，静定结构由于支座沉降等因素作用，也可使结构或杆件产生位移，但结构的各杆件并不产生内力，也不产生变形，故把这种位移称为刚体位移。

一般情况下，结构的线位移、角位移或者相对位移，与结构原来的几何尺寸相比都是极其微小的。

引起结构产生位移的主要因素有：荷载作用、温度改变、支座移动、杆件几何尺寸制造误差和材料收缩变形等。

13.1.2 结构位移计算的目的

（1）验算结构的刚度。结构在荷载作用下如果变形太大，即使不破坏也不能正常使用：即设计结构时，要计算结构的位移，应控制结构不能发生过大的变形，让结构位移不超过允许的限值。这一计算过程称为刚度验算。

（2）超静定结构的内力计算。计算超静定结构的反力和内力时，由于静力平衡方程数目不够，需建立位移条件的补充方程，所以必须计算结构的位移。

（3）保证施工。在结构的施工过程中，应知道结构的位移，以确保施工安全和拼装就位。

（4）研究振动和稳定。在结构的动力计算和稳定计算中，也需要计算结构的位移。

可见，结构的位移计算在工程上具有重要意义。

13.1.3　位移计算的有关假设

在求结构的位移时，为使计算简化，常采用如下假定：

（1）结构的材料服从胡克定律，即应力—应变成线性关系。

（2）结构的变形很小，不致影响荷载的作用。在建立平衡方程时，仍然用结构原有几何尺寸进行计算；由于变形微小，应力—应变与位移呈线性关系。

（3）结构各部分之间为理想连接，不需要考虑摩擦阻力等影响。

对于实际的大多数工程结构，按照上述假定计算的结果具有足够的精度。满足上述条件的理想化的体系，其位移与荷载之间为线性关系，常称为线性变形体系。当荷载全部去掉后，位移即全部消失。对于此种体系，计算其位移可以应用叠加原理。

位移与荷载之间呈非线性关系的体系称为非线性变形体系。线性变形体系和非线性变形体系统称为变形体系。本章只讨论线性变形体系的位移计算。

13.2　变形体系的虚功原理

13.2.1　虚功和刚体系虚功原理

实功：若力在自身引起的位移上做功，所做的功称为实功。

虚功：若力在彼此无关的位移上做功，所做的功称为虚功。

虚功有两种情况：第一，在做功的力与位移中，有一个是虚设的，所做的功是虚功；第二，力与位移两者均是实际存在的，但彼此无关，所做的功也是虚功。

刚体系虚功原理：刚体系处于平衡的充分必要条件是，对于任何虚位移，所有外力所做虚功总和为零。

所谓虚位移是指约束条件所允许的任意微小位移。

13.2.2　变形体系虚功原理

变形体系虚功原理：变形体系处于平衡的充分必要条件是，对任何虚位移，外力在此虚位移上所做的虚功总和等于各微段上内力在微段虚变形位移上所做的虚功总和。此微段内力所做的虚功总和在此称为变形虚功（也称内力虚功或虚应变能），用 $W_{外}=W_{变}$ 或 $W=W_v$ 表示。

接下来着重从物理概念上论证变形体系虚功原理的成立。

做虚功需要两个状态，一个是力状态，另一个是与力状态无关的位移状态。如图 13.3 (a) 所示，一平面杆件结构在力系作用下处于平衡状态，此状态称为力状态。又如图 13.3 (b) 所示，该结构由于别的原因而产生了位移，此状态称为位移状态；这里，位移可以是与力状态无关的其他任何原因（如另一组力系、温度变化、支座移动等）引起的，也可以是假想的。但位移必须是微小的，并为支座约束条件（如变形连续条件）所允许，即应是所谓协调的位移。

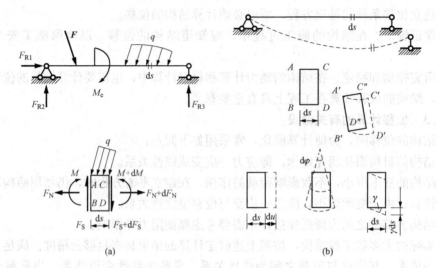

图 13.3　虚功原理中的力状态与位移状态
(a) 力状态；(b) 位移状态

现从图 13.3 (a) 所示的力状态下任取出一微段来，作用在微段上的力既有外力又有内力，这些力将在图 13.3 (b) 所示位移状态中的对应微段由 $ABCD$ 移到了 $A'B'C'D'$ 的位移上做虚功。把所有微段的虚功总合起来，便得到整个结构的虚功。

(1) 按外力虚功和内力虚功计算结构总虚功。设作用于微段上所有力所做虚功总和为 $\mathrm{d}W$，它可分为两部分：一部分是微段表面上外力所做的功 $\mathrm{d}W_e$，另一部分是微段截面上的内力所做的功 $\mathrm{d}W_i$，即

$$\mathrm{d}W = \mathrm{d}W_e + \mathrm{d}W_i$$

沿杆段积分求和，得整个结构的虚功为

$$\sum \int \mathrm{d}W = \sum \int \mathrm{d}W_e + \sum \int \mathrm{d}W_i$$

简写为

$$W = W_e + W_i$$

W_e 是整个结构的所有外力（包括荷载和支座反力）所做虚功总和，简称外力虚功；W_i 是所有微段截面上的内力所做虚功总和。

由于任何相邻截面上的内力互为作用力与反作用力，它们大小相等、方向相反，且具有相同位移，因此，每一对相邻截面上的内力虚功总是互相抵消，由此有

$$W_i = 0$$

于是整个结构的总虚功便等于外力虚功

$$W = W_e$$

(2) 按刚体虚功与变形虚功计算结构总虚功。把图 13.3 (b) 所示位移状态中微段的虚位移分解为两部分，第一部分仅发生刚体位移（由 $ABCD$ 移到 $A'B'C''D''$），然后再发生第二部分变形位移（$A'B'C''D''$ 移到 $A'B'C'D'$）。

作用在微段上的所有力在微段刚体位移上所做虚功为 $\mathrm{d}W_s$，由于微段上的所有力含微

段表面的外力及截面上的内力，并构成一平衡力系，故其在刚体位移上所做虚功 $dW_s=0$。

作用在微段上的所有力在微段变形位移上所做虚功为 dW_V，由于当微段发生变形位移时，仅其两侧面有相对位移，故只有作用在两侧面上的内力做功，而外力不做功。

由此可见，dW_V 实质是内力在变形位移上所做虚功，即

$$dW = dW_s + dW_V$$

沿杆段积分求和，得整个结构的虚功为

$$\sum\int dW = \sum\int dW_s + \sum\int dW_V$$

简写为

$$W = W_s + W_V$$

由于

$$dW_s = 0, \ W_s = 0$$

所以有

$$W = W_V$$

力状态上的力在结构位移状态上的虚位移所做的虚功只有一个确定值，比较 $W=W_e$ 和 $W=W_V$ 两式可得

$$W = W_e = W_V$$

这就是要证明的结论。

W_V 的计算如下：

对于平面杆系结构，微段的变形如图 13.3（b）所示，可以分解为轴向变形 du、弯曲变形 $d\varphi$ 和剪切变形 γds。

微段上的外力无对应的位移，因而不做功；而微段上的轴力、弯矩和剪力的增量 dF_N、dM 和 dF_s 在变形位移时所做虚功为高阶微量，可略去。因此，微段上各内力在其对应的变形位移上所做虚功为

$$dW_V = F_N du + M d\varphi + F_s \gamma ds$$

对于整个结构有

$$W_V = \sum\int dW_V = \sum\int F_N du + \sum\int M d\varphi + \sum\int F_s \gamma ds$$

为书写简便，将外力虚功 W_e 改用 W 表示，则变形体虚功方程为

$$W = W_V \tag{13.1}$$

对于平面杆件结构有

$$W_V = \sum\int F_N du + \sum\int M d\varphi + \sum\int F_s \gamma ds \tag{13.2}$$

故虚功方程为

$$W = \sum\int F_N du + \sum\int M d\varphi + \sum\int F_s \gamma ds \tag{13.3}$$

在上面的讨论中，没有涉及材料的物理性质，因此，对于弹性、非弹性、线性、非线性的变形体系，虚功原理都适用。

刚体系虚功原理是变形体系虚功原理的一个特例，即刚体发生位移时各微段不产生变形，故变形虚功 $W_V=0$。

此时式（13.1）为

$$W = 0 \tag{13.4}$$

虚功原理在具体应用时有两种方式：一种是对于给定的力状态，另外虚设一个位移状态，利用虚功方程来求解力状态中的未知力，这样应用的虚功原理可称为虚位移原理，在理论力学中曾讨论过这种应用方式；另一种是对于给定的位移状态。另外虚设一个力状态，利用虚功方程来求解位移状态中的未知位移，这样应用的虚功原理可称为虚力原理。

13.3 结构位移计算的一般公式

虚力原理是在虚功原理两个彼此无关的状态中，在位移状态给定的条件下，通过虚设平衡力状态来建立虚功方程求解结构实际存在的位移。

13.3.1 结构位移的计算

如图 13.4（a）所示，刚架在荷载支座移动或温度变化等因素影响下，产生了如虚线所示的实际变形，此状态为位移状态。为求此状态的位移，需按所求位移相对应地虚设一个力状态。若求图 13.4（a）所示刚架 K 点沿 k-k 方向的位移 ΔK，则虚设图 13.4（b）所示刚架的力状态。即在刚架 K 点沿拟求位移 Δ_{K} 的 k-k 方向虚加一个集中力 F_{K}，为使计算简便，令 $F_{\mathrm{K}}=1$。

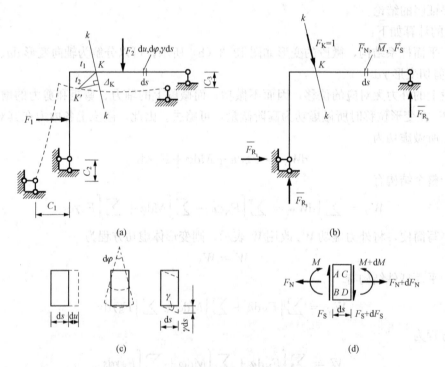

图 13.4 杆件及微段上的位移状态与力状态
（a）位移状态；（b）力状态；（c）微段上的变形位移；（d）微段上的受力

为求外力虚功 W，在位移状态中给出了实际位移 Δ_{K}、C_1、C_2 和 C_3，在力状态中可根据 $F_{\mathrm{K}}=1$ 的作用求出 $\overline{F}_{R1}$、$\overline{F}_{R2}$、$\overline{F}_{R3}$ 支座反力。力状态下的外力在位移状态中的相应位

移所做虚功为

$$W = F_K \Delta_K + \overline{F}_{R_1} C_1 + \overline{F}_{R2} C_2 + \overline{F}_{R3} C_3 = 1 \times \Delta_K + \sum \overline{F}_R C_i$$

为求变形虚功，在位移状态中任取一微段 ds，如图 13.4（c）所示，微段上的变形位移分别为 du、$d\varphi$ 和 γds。

在力状态中，可在与位移状态相对应的相同位置取一微段 ds，如图 13.4（d）所示，并根据 $F_K = 1$ 的作用求出微段上的内力 $\overline{F}_N$、$\overline{M}$ 和 $\overline{F}_S$。因此，力状态微段上的内力在位移状态微段上的变形位移所做虚功为

$$dW_V = \overline{F}_N du + \overline{M} d\varphi + \overline{F}_S \gamma ds$$

而整个结构的变形虚功为

$$W_V = \sum \int \overline{F}_N du + \sum \int \overline{M} d\varphi + \sum \int \overline{F}_S \gamma ds$$

由虚功原理 $W = W_V$，有

$$1 \times \Delta_K + \sum \overline{F}_R C_i = \sum \int \overline{F}_N du + \sum \int \overline{M} d\varphi + \sum \int \overline{F}_S \gamma ds$$

可得

$$\Delta_K = -\sum \overline{F}_R C_i + \sum \int \overline{F}_N du + \sum \int \overline{M} d\varphi + \sum \int \overline{F}_S \gamma ds \qquad (13.5)$$

式（13.5）就是平面杆件结构位移计算的一般公式。

如果确定了虚拟力状态，其反力 F_R 和微段上的内力 F_N、M 和 F_S 可求；同时若已知了实际位移状态支座的位移 C_i，并可求解微段的变形位移 du、$d\varphi$ 和 γds，则位移 Δ_K 可求。若计算结果为正，表示单位荷载所做虚功为正，即所求位移 Δ_K 的指向与单位荷载 $F_K = 1$ 的指向相同；为负则相反。

13.3.2 单位荷载的设置

利用虚功原理来求结构的位移，关键是虚设恰当的力状态，而巧妙之处在于虚设的单位荷载一定在所求位移点沿所求位移方向设置，这样虚功恰好等于位移。这种计算位移的方法称为单位荷载法。

在实际问题中，除了计算线位移外，还要计算角位移、相对位移等。因集中力是在其相应的线位移上做功，力偶是在其相应的角位移上做功。若拟求绝对线位移，则应在拟求位移处沿拟求线位移方向虚设相应的单位集中力；若拟求绝对角位移，则应在拟求角位移处沿拟求角位移方向虚设相应的单位集中力偶；若拟求相对位移，则应在拟求相对位移处沿拟求相对位移方向虚设相应的一对单位力或力偶。

图 13.5 分别表示了在拟求 Δ_{Ky}、Δ_{Kx}、φ_K、Δ_{KJ} 和 φ_{CE} 的单位荷载设置。

为研究问题的方便，在位移计算中，引入广义位移和广义力的概念。线位移、角位移、相对线位移、相对角位移以及某一组位移等，可统称为广义位移；而集中力、力偶、一对集中力、一对力偶以及某一力系等，则统称为广义力。

这样，在求解任何广义位移时，虚拟状态所加的荷载应是与所求广义位移相应的单位广义力。这里的"相应"是指力与位移在做功关系上的对应，如集中力与线位移对应、力偶与角位移对应等。

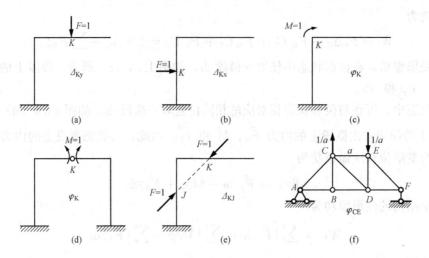

图 13.5　力与位移的对应关系

(a) K 点竖向位移；(b) K 点水平位移；(c) K 截面转角；(d) 铰 K 左右截面相对转角；

(e) K、J 两点相对线位移；(f) CE 杆的转角

13.4　静定结构在荷载作用下的位移计算

这里所说的静定结构在荷载作用下的位移计算，仅限于线弹性结构，即位移与荷载呈线性关系。因而计算位移时荷载的影响可以叠加，而且当荷载全部撤除后位移也完全消失。这样的结构，其位移应是微小的，应力－应变的关系符合胡克定律。

设位移仅由荷载引起，而无支座移动，故式（13.5）中的 $\sum \bar{F}_R C_i$ 一项为零，位移计算公式为

$$\Delta_{KP} = \sum \int \bar{F}_N du_P + \sum \int \bar{M} d\varphi_P + \sum \int \bar{F}_S \gamma_P ds \qquad (13.6)$$

式中：Δ_{KP} 用了两个脚标，第一个脚标 K 表示该位移发生的地点和方向，第二个脚标 P 表示引起该位移的原因，即是广义荷载引起的；$\bar{M}$、$\bar{F}_N$ 和 $\bar{F}_S$ 为虚拟力状态中微段上的内力，如图 13.6（b）所示。$d\varphi_P$、du_P、$\gamma_P ds$ 是实际位移状态中微段发生的变形位移。若引起实际位移的原因是荷载，即结构在荷载作用下微段上的变形位移，由荷载在微段上引起的内力通过材料力学相关公式可求。

设荷载作用下微段上的内力为 M_P、F_{NP} 和 F_{SP}，如图 13.6（a）所示，分别引起的变形位移为

$$d\varphi_P = \frac{M_P ds}{EI} \qquad (13.7)$$

$$du_P = \frac{F_{NP} ds}{EA} \qquad (13.8)$$

$$\gamma_P ds = \frac{k F_{SP} ds}{GA} \qquad (13.9)$$

式中：E 为材料的弹性模量；I，A 为杆件截面的惯性矩和面积；G 为材料的切变模量；k 为切应力沿截面分布不均匀而引用的修正系数，其值与截面形状有关，矩形截面，$k = 6/5$，

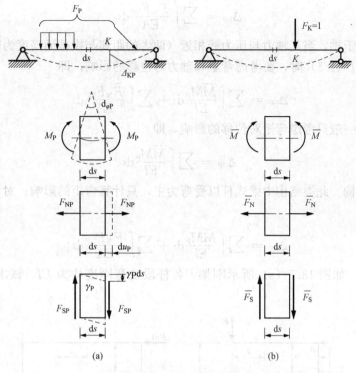

图 13.6 力的实际状态与虚拟状态

(a) 实际状态；(b) 虚拟状态

圆形截面 $k = 10/9$，薄壁圆环截面 $k = 2$，工字形截面 $k = A/A'$；A' 为腹板截面面积。

应该指出：上述关于微段变形位移的计算，对于直杆是正确的，而对于曲杆还需考虑曲率对变形的影响。对于工程中常用的曲杆结构，由于其截面高度与曲率半径相比很小（称为小曲率杆），曲率的影响不大，故仍可按直杆公式计算。

将式 (13.7) ～式 (13.9) 代入式 (13.6)，得

$$\Delta_{\text{KP}} = \sum \int \frac{\bar{M} M_{\text{P}}}{EI} \mathrm{d}s + \sum \int \frac{\bar{F}_{\text{N}} F_{\text{NP}}}{EA} \mathrm{d}s + \sum \int \frac{k \bar{F}_{\text{S}} F_{\text{SP}}}{GA} \mathrm{d}s \tag{13.10}$$

式 (13.10) 即为平面杆系结构在荷载作用下的位移计算公式，其中，右边三项分别代表结构的弯曲变形、轴向变形和剪切变形对所求位移的影响。

在荷载作用下的实际结构中，不同的结构形式其受力特点不同，各内力项对位移的影响也不同。为简化计算，对不同结构，常忽略对位移影响较小的内力项，这样既满足了工程精度要求，又使计算简化。

各类结构的位移计算简化公式如下：

(1) 梁和刚架。位移主要是由弯矩引起，为简化计算，可忽略剪力和轴力对位移的影响，则有

$$\Delta_{\text{KP}} = \sum \int \frac{\bar{M} M_{\text{P}}}{EI} \mathrm{d}s \tag{13.11}$$

(2) 桁架。各杆件只有轴力，则有

$$\Delta_{KP} = \sum \int \frac{\overline{F}_N F_{NP}}{EA} ds \qquad (13.12)$$

（3）拱。对于拱，当其轴力与压力线相近（两者的距离与拱截面高度为同一数量级）或者为扁平拱（$f/l < 1/5$）时，要考虑弯矩和轴力对位移的影响，即

$$\Delta_{KP} = \sum \int \frac{\overline{M} M_P}{EI} ds + \sum \int \frac{\overline{F}_N F_{NP}}{EA} ds \qquad (13.13)$$

其他情况下一般只考虑弯矩对位移的影响，即

$$\Delta_{KP} = \sum \int \frac{\overline{M} M_P}{EI} ds \qquad (13.14)$$

（4）组合结构。此类结构中梁式杆以受弯为主，只计算弯矩的影响；对于链杆，只有轴力影响，即

$$\Delta_{KP} = \sum \int \frac{\overline{M} M_P}{EI} ds + \sum \int \frac{\overline{F}_N F_{NP}}{EA} ds \qquad (13.15)$$

【例 13.1】 如图 13.7（a）所示刚架，各杆段抗弯刚度均为 EI，试求 B 截面水平位移 Δ_{Bx}。

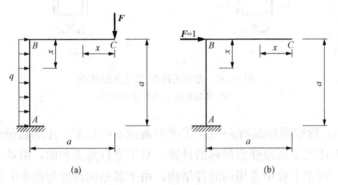

图 13.7　［例 13.1］图

解： 实际位移状态如图 13.7（a）所示，设立虚拟单位力状态如图 13.7（b）所示。

刚架弯矩以内侧受拉为正，则有：

BA 杆

$$M_P(x) = -Fa - \frac{qx^2}{2} (0 < x < a)$$

$$\overline{M}(x) = -1 \times x (0 < x < a)$$

BC 杆

$$M_P(x) = -Fx (0 \leqslant x \leqslant a)$$

$$\overline{M}(x) = 0 (0 \leqslant x \leqslant a)$$

将内力及 $ds = dx$ 代入式（13.11）有

$$\Delta_{Bx} = \int_0^a \frac{-x}{EI} \times \left(-Fa - \frac{qx^2}{2}\right) dx + \int_0^a \frac{1}{EI} \times (-Fx) dx$$

$$= \frac{1}{EI} \left(\frac{Fa^3}{2} + \frac{qa^4}{8}\right) (\rightarrow)$$

【**例 13.2**】 试求图 13.8（a）所示等截面圆弧形曲杆（四分之一圆周）B 点的竖向位移 Δ_{By}。考虑弯曲、轴向、剪切变形，并设杆的截面高度与其曲率半径之比很小（小曲率杆）。

解： 已知实际位移状态如图 13.8（a）所示，设立虚拟单位力状态如图 13.8（b）所示，取圆心 O 为极坐标原点，角 θ 为自变量，则

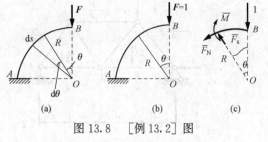

图 13.8　［例 13.2］图

$$M_P = -FR\sin\theta\left(0 \leqslant \theta < \frac{\pi}{2}\right) \quad \overline{M} = -R\sin\theta\left(0 \leqslant \theta \leqslant \frac{\pi}{2}\right)$$

$$F_{NP} = -F\sin\theta\left(0 \leqslant \theta < \frac{\pi}{2}\right) \quad \overline{F}_N = -\sin\theta\left(0 \leqslant \theta \leqslant \frac{\pi}{2}\right)$$

$$F_{SP} = -F\cos\theta\left(0 \leqslant \theta < \frac{\pi}{2}\right) \quad \overline{F}_S = \cos\theta\left(0 \leqslant \theta \leqslant \frac{\pi}{2}\right)$$

内力 $\overline{M}$、$\overline{F}_S$ 和 $\overline{F}_N$ 正向示于图 13.8（c），将以上内力和 $ds = Rd\theta$ 代入式（13.10）有

$$\Delta_{By} = \int_0^{\frac{\pi}{2}} (-R\sin\theta)\frac{-FR\sin\theta}{EI}Rd\theta + \int_0^{\frac{\pi}{2}} (-\sin\theta)\frac{(-F\sin\theta)}{EA}Rd\theta$$

$$+ \int_0^{\frac{\pi}{2}} k(\cos\theta)\frac{F\cos\theta}{GA}Rd\theta$$

积分得

$$\Delta_{By} = \frac{\pi}{4}\frac{FR^3}{EI} + \frac{\pi}{4}\frac{FR}{EA} + k\frac{\pi}{4}\frac{FR}{GA}$$

分析： 以 Δ_M、Δ_N 和 Δ_S 分别表示弯曲变形、轴向变形和剪切变形引起的位移，则有

$$\Delta_M = \frac{\pi}{4}\frac{FR^3}{EI}, \quad \Delta_N = \frac{\pi}{4}\frac{FR}{EA}, \quad \Delta_S = k\frac{\pi}{4}\frac{FR}{GA}$$

这里举一个具体例子，比较其大小。对于钢筋混凝土结构，$G \approx 0.4E$，若截面为矩形，则有

$$k = 1.2, \quad \frac{I}{A} = \frac{bh^3}{12} \times \frac{1}{bh} = \frac{h^2}{12}$$

此时

$$\frac{\Delta_S}{\Delta_M} = k\frac{EI}{GAR^2} = \frac{1}{4}\left(\frac{h}{R}\right)^2$$

$$\frac{\Delta_N}{\Delta_M} = \frac{I}{AR^2} = \frac{1}{12}\left(\frac{h}{R}\right)^2$$

通常 $h/R < 1/10$，则有

$$\frac{\Delta_S}{\Delta_M} < \frac{1}{400}, \quad \frac{\Delta_N}{\Delta_M} < \frac{1}{1200}$$

因此，在竖向荷载作用下，对于一般曲杆，剪切变形、轴向变形与弯曲变形引起的位移相比很小，可以略去。

【**例 13.3**】 试计算图 13.9（a）所示桁架结点 C 的竖向位移，设各杆 EA 为同一常数。

解： 实际位移状态如图 13.9（a）所示，并求内力 F_{NP}。设立虚拟单位力状态如图 13.9

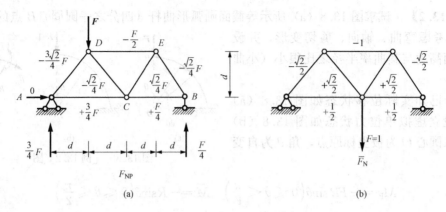

图 13.9 [例 13.3] 图

(b) 所示，并求内力 $\bar{F}_N$，代入式 (13.12) 有

$$\Delta_{Cy} = \frac{1}{EA} \sum \bar{F}_N F_{NP} l$$

$$= \frac{1}{EA} \left[\left(-\frac{\sqrt{2}}{2} \right) \times \left(-\frac{3\sqrt{2}}{4} F \right) \times (\sqrt{2}d) + \left(\frac{\sqrt{2}}{2} \right) \times \left(-\frac{\sqrt{2}}{4} F \right) \times (\sqrt{2}d) \right.$$

$$+ \left(\frac{\sqrt{2}}{2} \right) \times \left(\frac{\sqrt{2}}{4} F \right) \times \sqrt{2}d + \left(-\frac{\sqrt{2}}{2} \right) \times \left(-\frac{\sqrt{2}}{4} \right) \times \sqrt{2}d$$

$$+ (-1) \times \left(-\frac{F}{2} \right) \times (2d) + \left(\frac{1}{2} \right) \times \left(\frac{3}{4} F \right) \times 2d + \left(\frac{1}{2} \right) \times \left(\frac{F}{4} \right) \times 2d \right]$$

$$= \frac{Fd}{EA} (2 + \sqrt{2}) \approx 3.41 \times \frac{Fd}{EA} (\downarrow)$$

13.5 图 乘 法

计算梁和刚架在荷载作用下的位移时，先要写出 M_P 和 $\bar{M}$ 的方程式，然后代入式 (13.11) 有

$$\Delta_{KP} = \sum \int \frac{\bar{M} M_P}{EI} \mathrm{d}s$$

进行积分运算。当荷载比较复杂时，两个函数乘积的积分计算很烦琐，当结构的各杆段符合下列条件时，问题可以简化：

(1) 杆轴线为直线。

(2) EI 为常数。

(3) $\bar{M}$ 和 M_P 两个弯矩图至少有一个为直线图形。

若符合上述条件，则可用下述图乘法来代替积分运算，使计算工作简化。

图 13.10 所示为等截面直杆 AB 段上的两个弯矩图，M 图为一段直线，M_P 图为任意形状，对于图示坐标，$\bar{M} = x \tan\alpha$，于是有

$$\int_A^B \frac{\bar{M} M_P}{EI} \mathrm{d}s = \frac{1}{EI} \int_A^B \bar{M} M_P \mathrm{d}s = \frac{1}{EI} \int_A^B x \tan\alpha M_P \mathrm{d}x$$

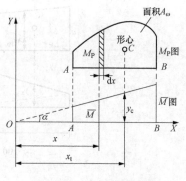

图 13.10 弯矩图的图乘

$$= \frac{1}{EI}\tan\alpha\int_A^B x M_P \mathrm{d}x$$

$$= \frac{1}{EI}\tan\alpha\int_A^B x \mathrm{d}A_\omega \qquad (13.16)$$

式中：$\mathrm{d}A_\omega = M_P \mathrm{d}r$ 表示 M_P 图的微面积，因而积分 $\int_A^B x \mathrm{d}A_\omega$ 就是 M_P 图形面积 A_ω 对 Y 轴的静矩。

这个静矩可以写为

$$\int_A^B x \mathrm{d}A_\omega = A_\omega x_c \qquad (13.17)$$

其中，x_c 为 M_P 图形心到 Y 轴的距离。将式（13.17）代入式（13.16），得

$$\int_A^B \frac{\overline{M}M_P}{EI}\mathrm{d}s = \frac{1}{EI}A_\omega x_c \tan\alpha$$

而 $x_c\tan\alpha = y_c$，y_c 为 $\overline{M}$ 图中与 M_P 图形心相对应的竖标，于是式（13.16）可写为

$$\int_A^B \frac{\overline{M}M_P}{EI}\mathrm{d}s = \frac{1}{EI}A_\omega y_c \qquad (13.18)$$

上述积分式等于一个弯矩图的面积 A_ω 乘以其形心所对应的另一个直线弯矩图的竖标 y_c，再除以 EI。这种利用图形相乘来代替两函数乘积的积分运算称为图乘法。

根据上面的推导过程，在应用图乘法时要注意以下几点：

（1）必须符合前述的前提条件。

（2）竖标只能取自直线图形。

（3）A_ω 与 y_c 若在杆件同侧图乘取正号，在异侧图乘取负号。

（4）需要掌握几种简单图形的面积及形心位置，如图 13.12 所示。

（5）当遇到面积和形心位置不易确定时，可将它分解为几个简单的图形，分别与另一图形相乘，然后把结果叠加。

例如，图 13.11（a）所示的两个梯形相乘时，梯形的形心不易定出，可以把它分解为两个三角形，即 $M_P = M_{Pa} + M_{Pb}$，形心对应的竖标分别为 y_a 和 y_b，则

$$\frac{1}{EI}\int \overline{M}M_P \mathrm{d}x = \frac{1}{EI}\int \overline{M}(M_{Pa}+M_{Pb})\mathrm{d}x$$

$$= \frac{1}{EI}\int \overline{M}M_{Pa}\mathrm{d}x + \frac{1}{EI}\int \overline{M}M_{Pb}\mathrm{d}x$$

$$= \frac{1}{EI}\left(\frac{al}{2}y_a + \frac{bl}{2}y_b\right)$$

其中，当 M_P 或 M 图的竖标 a、b、c、d 不在基线的同一侧时，可继续分解为位于基线两侧的两个三角形，如图 13.11（b）所示，上述公式仍可用，只不过 b、c 取负值即可。

图 13.12 所示为几种简单图形，其中各抛物线图形均为标准抛物线图形。在采用图形数据时一定要分清楚是否为标准抛物线图形。

所谓标准抛物线图形，是指抛物线图形具有顶点（顶点是指切线平行于底边的点），并且顶点在中点或者端点。

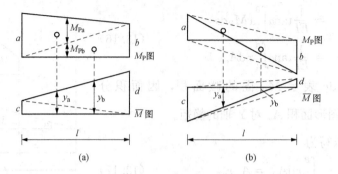

图 13.11 弯矩图的分解

(a) 弯矩在基线同侧；(b) 弯矩在基线异侧

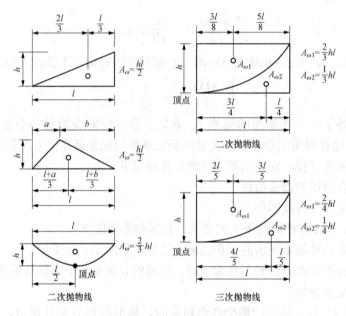

图 13.12 简单图形的形心位置

（6）当 y_c 所在图形是折线时，或各杆段截面不相等时，均应分段图乘，再进行叠加，如图 13.13 所示。

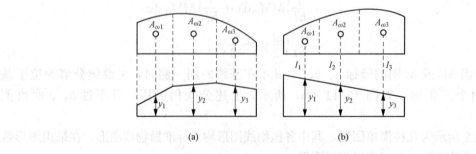

图 13.13 弯矩图分段图乘

(a) 弯矩图分段情况一；(b) 弯矩图分段情况二

图 13.13（a）所示应为

$$\Delta = \frac{1}{EI}(A_{\omega 1}y_1 + A_{\omega 2}y_2 + A_{\omega 3}y_3)$$

图 13.13（b）所示应为

$$\Delta = A_{\omega 1}\frac{y_1}{EI_1} + A_{\omega 2}\frac{y_2}{EI_2} + A_{\omega 3}\frac{y_3}{EI_3}$$

【例 13.4】 试用图乘法计算图 13.14（a）所示简支刚架中截面 C 的竖向位移 Δ_{cy}，B 点的角位移 φ_B 和 D、E 两点间的相对水平位移 Δ_{DE}，且各杆 EI 为常数。

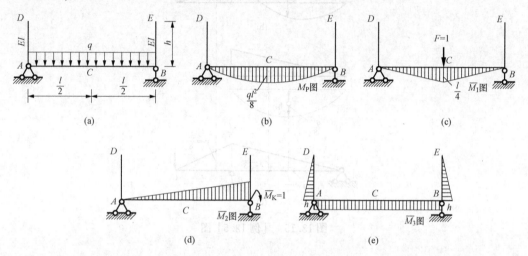

图 13.14　[例 13.4] 图

解： （1）计算 C 点的竖向位移 Δ_{Cy}。

作出 M_P 图和 C 点作用单位荷载 $F=1$ 时的 $\overline{M}_1$ 图，分别如图 13.14（b）、图 13.14（a）所示。由于 $\overline{M}$ 图是折线，故需分段进行图乘，然后叠加，则有

$$\Delta_{cy} = \frac{1}{EI} \times 2\left[\left(\frac{2}{3} \times \frac{l}{2} \times \frac{ql^2}{8}\right) \times \left(\frac{5}{8} \times \frac{l}{4}\right)\right] = \frac{5ql^4}{384EI}(\downarrow)$$

（2）计算 B 结点的角位移 φ_B。

在 B 点处加单位力偶，单位弯矩图 $\overline{M}_2$ 如图 13.14（d）所示，将 M_P 与 $\overline{M}_2$ 图乘得

$$\varphi_B = -\frac{1}{EI} \times \left(\frac{2}{3} \times l \times \frac{ql^2}{8}\right) \times \frac{1}{2} = -\frac{ql^3}{24EI}(\curvearrowleft)$$

式中最初所用负号是因为两个图形在基线的异侧，最后结果为负号表示 φ_B 的实际转向与所加单位力偶的方向相反。

（3）为求 D、E 两点的相对水平位移，在 D、E 两点沿着两点连线方向加一对指向相反的单位力，该力为虚拟力状态，作出 $\overline{M}_3$ 图，如图 13.14（e）所示，将 M_P 与 M_3 图乘得

$$\Delta_{DE} = \frac{1}{EI}\left(\frac{2}{3} \times \frac{ql^2}{8} \times l\right) \times h = \frac{ql^3 h}{12EI}(\rightarrow\leftarrow)$$

计算结果为正号，表示 D、E 两点相对位移方向与所设单位力的指向相同，即 D、E 两点相互靠近。

【例 13.5】　试求图 13.15（a）所示外伸梁 C 点的竖向位移 Δ_C 且梁的 EI 为常数。

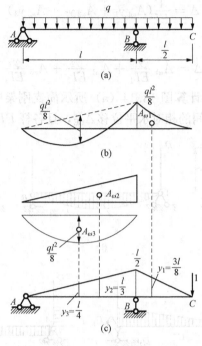

(a)

(b)

(c)

图 13.15　[例 13.5] 图

解：作 M_P 和 $\overline{M}$ 图，分别如图 13.15（b）、（c）所示。BC 段 M_P 图是标准二次抛物线图形；AB 段 M_P 图不是标准二次抛物线图形，现将其分解为一个三角形和一个标准二次抛物线图形。由图乘法可得

$$\Delta_{Cy} = \frac{1}{EI}\left[\left(\frac{1}{3} \times \frac{ql^2}{8} \times \frac{l}{2} \right) \times \frac{3l}{8} - \left(\frac{2}{3} \times \frac{ql^2}{8} \times l \right) \times \frac{l}{4} + \left(\frac{1}{2} \times \frac{ql^2}{8} \times l \right) \times \frac{l}{3} \right]$$

$$= \frac{ql^4}{128EI}(\downarrow)$$

习　　　题

13-1　用积分法计算如图 13.16 所示结构的位移。

（1）求 Δ_c。

（2）求 φ_s。

（3）求 Δ_c。

（4）求 Δ_B（不考虑曲率的影响和剪力、轴力的影响）。

（5）求 Δ_B（不考虑曲率的影响和剪力、轴力的影响）。

13-2　用图乘求如图 13.17 所示结构 A 端的竖向位移 Δ_{Ay} 与 A 端转角 φ_A。

13-3　用图乘法求如图 13.18 所示结构位移：

（1）求 Δ_{Cy}，已知 $I = 1660\text{cm}^4$，$E = 2.1 \times 10^4 (\text{kN/cm}^2)$。

（2）求 Δ_A，已知 $EI = 2 \times 10^8 (\text{kN/cm}^2)$。

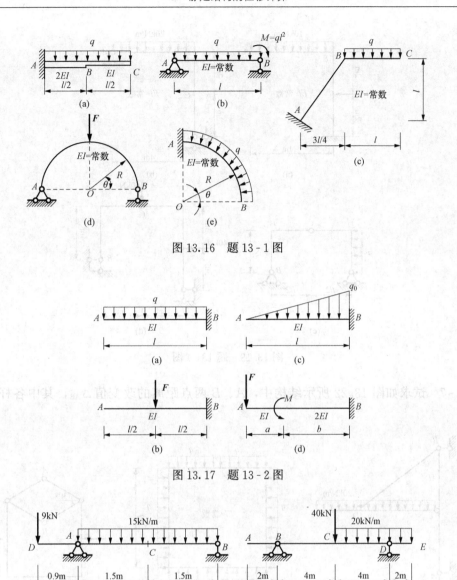

图 13.16 题 13 - 1 图

图 13.17 题 13 - 2 图

图 13.18 题 13 - 3 图

13 - 4 用图乘法计算如图 13.19 所示刚架的位移。

(1) 求 Δ_{Ay}、Δ_{Ax}、φ_A。

(2) 求 Δ_{Cx}、φ_B。

(3) 求 Δ_{Ex}、φ_B。

(4) 求铰 C 左、右截面相对角位移 φ_C，其中 $EI = 2.1 \times 10^8 (\text{kN} \cdot \text{cm}^2)$。

13 - 5 试求如图 13.20 所示结构结点 C 的竖向位移 Δ_{Cy}，已知 $E = 2.1 \times 10^4 \text{kN/cm}^2$，$I = 3600 \text{cm}^4$，杆 BD 截面积 $A = 12 \text{cm}^2$。

13 - 6 试求如图 13.21 所示刚架 A、B 两点竖向相对位移 $\Delta_{AB(y)}$、水平向相对位移 $\Delta_{AB(x)}$ 和两截面相对角位移 φ_{AB}。

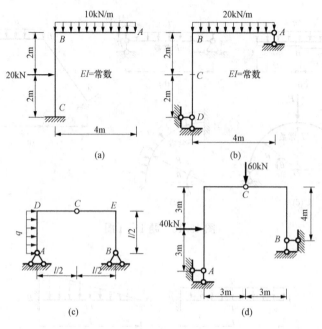

图 13.19 题 13 - 4 图

13 - 7 试求如图 13.22 所示结构中，A、B 两点距离的改变值 Δ_{AB}，其中各杆截面积相同。

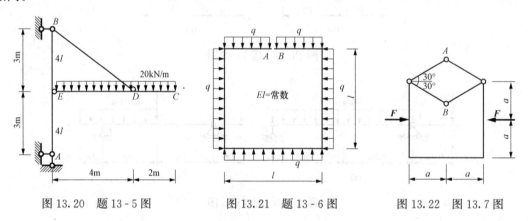

图 13.20 题 13 - 5 图　　　　图 13.21 题 13 - 6 图　　　　图 13.22 图 13.7 图

13 - 8 设如图 13.23 所示三铰刚架内部升温 30℃，各杆截面为矩形，截面高度 h 相同，求 C 点的竖向位移 Δ_{Cy}。

13 - 9 如图 13.24 所示，在简支梁两端作用一对力偶 M，同时梁上边温度升高 t_1，梁下边温度下降 t_1，求端点转角 θ。如果 $\theta=0$，则力偶应是多少？

13 - 10 如图 13.25 所示简支刚架 B 下沉 b，试求 C 点水平位移 Δ_{Cx}。

13 - 11 如图 13.26 所示两跨简支梁 $l=16\text{m}$，支座 A、B、C 分别沉降 $a=40\text{mm}$、$b=100\text{mm}$、$c=80\text{mm}$，试求 B 铰左、右两侧截面的相对角位移 φ_B。

13 - 12 已知图 13.27（a）所示结构，在支座 B 处下沉 $\Delta_B=1$ 时，D 点的竖向位移 $\Delta_{Dy}=11/16$，试作图 13.27（b）所示结构的弯矩图。

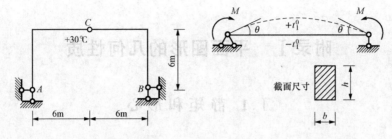

图 13.23　题 13 - 8 图　　　　　　　　图 13.24　题 13 - 9 图

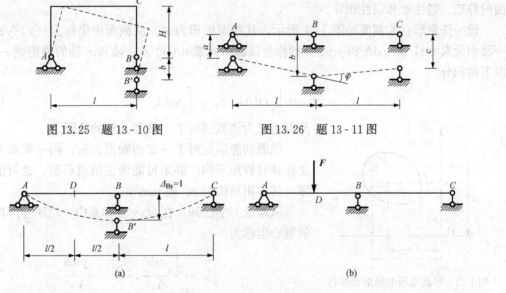

图 13.25　题 13 - 10 图　　　　　　图 13.26　题 13 - 11 图

图 13.27　题 13 - 12 图

附录Ⅰ 平面图形的几何性质

Ⅰ.1 静 矩 和 形 心

计算杆的应力和变形时，将用到杆横截面的几何性质。例如在杆的拉（压）计算中所用的横截面面积 A。在圆杆扭转计算中所用的极惯性矩 I_p，以及在梁的弯曲计算中所用的横截面的静矩、惯性矩和惯性积等。

设一任意形状的截面如图Ⅰ.1所示，其截面面积为 A。从截面中坐标为 (x, y) 处取一面积元素 dA，则 xdA 和 ydA 分别称为该面积元素 dA 对于 y 轴和 x 轴的静矩或一次矩，以下两积分

$$S_y = \int_A x\,dA, \quad S_x = \int_A y\,dA \tag{Ⅰ.1}$$

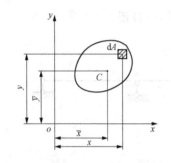

图Ⅰ.1 平面图形的静矩和形心

分别定义为该截面对于 y 轴和 x 轴的静距。

截面的静矩是对于一定的轴而言的，同一截面对不同坐标轴的静矩不同。静矩可能为正值或负值，也可能等于零，其常用单位为 m^3 或 mm^3。

从理论力学已知，在 Oxy 坐标系中，均质等厚度薄板的重心坐标为

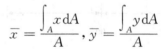

$$\overline{x} = \frac{\int_A x\,dA}{A}, \quad \overline{y} = \frac{\int_A y\,dA}{A}$$

而均质薄板的重心与该薄板平面图形的形心是重合的，所以，上式可用来计算截面的形心坐标。由于上式中的 xdA 和 ydA 就是截面的静矩，于是可将上式改写为

$$\overline{x} = \frac{S_y}{A}, \quad \overline{y} = \frac{S_x}{A} \tag{Ⅰ.2a}$$

因此，在知道截面对于 y 轴和 x 轴的静距以后，即可求得截面形心的坐标。若将上式写成

$$S_y = A\overline{x}, \quad S_x = A\overline{y} \tag{Ⅰ.2b}$$

则在已知截面的面积 A 及其形心的坐标 $\overline{x}$、$\overline{y}$ 时，就可求得截面对于 y 轴和 x 轴的静矩。

由以上两式可见，若截面对于其一轴的静矩等于零，则该轴必通过截面的形心；反之，截面对于通过其形心的轴的静矩恒等于零。

当截面由若干简单图形例如矩形、圆形或三角形等组成时，由于简单图形的面积及其形心位置均为已知，而且，从静矩定义可知，截面各组成部分对于某一轴的静矩之代数和，就等于该截面对于同一轴的静矩，即得整个截面的静矩为

$$S_y = \sum_{i=1}^{n} A_i\,\overline{x_i}, \quad S_x = \sum_{i=1}^{n} A_i\,\overline{y_i} \tag{Ⅰ.3}$$

式中：A_i 和 $\overline{x_i}$、$\overline{y_i}$ 分别代表任一简单图形的面积及其形心的坐标；n 为组成截面的简单图形的个数。

若将按式（Ⅰ.3）求得的 S_y 和 S_x 代入式（Ⅰ.2a），可得计算组合截面形心坐标的公式为

$$\bar{x} = \frac{\sum\limits_{i=1}^{n} A_i\,\overline{x_i}}{\sum\limits_{i=1}^{n} A_i}, \quad \bar{y} = \frac{\sum\limits_{i=1}^{n} A_i\,\overline{y_i}}{\sum\limits_{i=1}^{n} A_i} \qquad （Ⅰ.4）$$

【例Ⅰ.1】 试计算图Ⅰ.2所示三角形截面对于与其底边重合的 x 轴的静矩。

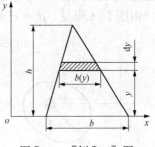

图Ⅰ.2 ［例Ⅰ.1］图

解： 取平行于 x 轴的狭长条作为面积元素，即 $\mathrm{d}A = b(y)\mathrm{d}y$。由相似三角形关系，可知 $b(y) = \dfrac{b}{h}(h-y)$，因此有 $\mathrm{d}A = \dfrac{b}{h}(h-y)\mathrm{d}y$。将其代入式（Ⅰ.1）的第二式，即得

$$S_x = \int_A y\,\mathrm{d}A = \int_0^h \frac{b}{h}(h-y)\mathrm{d}y = b\int_0^h y\,\mathrm{d}y - \frac{b}{h}\int_0^h y^2\,\mathrm{d}y = \frac{bh^2}{6}$$

【例Ⅰ.2】 试确定图Ⅰ.3所示截面形心 C 的位置。

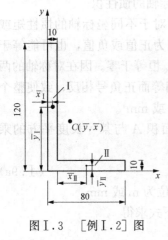

图Ⅰ.3 ［例Ⅰ.2］图

解： 将截面分为Ⅰ、Ⅱ两个矩形。取 x 轴和 y 轴分别与截面的底边和左边缘重合。先计算每一矩形的面积 A_i 和形心坐标 $(\overline{x_i},\ \overline{y_i})$：

矩形Ⅰ $A_{\mathrm{I}} = 10\,\mathrm{mm} \times 120\,\mathrm{mm} = 1200（\mathrm{mm}^2）$

$$\overline{x_{\mathrm{I}}} = \frac{10}{2}\,\mathrm{mm} = 5\,\mathrm{mm}, \quad \overline{y_{\mathrm{I}}} = \frac{120}{2}\,\mathrm{mm} = 60（\mathrm{mm}）$$

矩形Ⅱ $A_{\mathrm{II}} = 10\,\mathrm{mm} \times 70\,\mathrm{mm} = 700（\mathrm{mm}^2）$

$$\overline{x_{\mathrm{II}}} = 10\,\mathrm{mm} + \frac{70}{2}\,\mathrm{mm} = 45\,\mathrm{mm}, \quad \overline{y_{\mathrm{II}}} = \frac{10}{2}\,\mathrm{mm} = 5（\mathrm{mm}）$$

将其代入式（Ⅰ.4），即得截面形心 C 的坐标为

$$\bar{x} = \frac{A_{\mathrm{I}}\,\overline{x_{\mathrm{I}}} + A_{\mathrm{II}}\,\overline{x_{\mathrm{II}}}}{A_{\mathrm{I}} + A_{\mathrm{II}}} = \frac{37500\,\mathrm{mm}^3}{1900\,\mathrm{mm}^2} \approx 20（\mathrm{mm}）$$

$$\bar{x} = \frac{A_{\mathrm{I}}\,\overline{y_{\mathrm{I}}} + A_{\mathrm{II}}\,\overline{y_{\mathrm{II}}}}{A_{\mathrm{I}} + A_{\mathrm{II}}} = \frac{75500\,\mathrm{mm}^3}{1900\,\mathrm{mm}^2} \approx 40（\mathrm{mm}）$$

Ⅰ.2 极惯性矩、惯性矩与惯性积

设一面积为 A 的任意形状截面如图Ⅰ.4所示。从截面中坐标为 $(x,\ y)$ 处取一面积元素 $\mathrm{d}A$，则 $\mathrm{d}A$ 与其至坐标原点距离平方的乘积 $\rho^2\mathrm{d}A$，称为面积元素对 O 点的极惯性矩或截面二次极矩。以下积分

$$I_p = \int_A \rho^2\,\mathrm{d}A \qquad （Ⅰ.5）$$

定义为整个截面对于 O 点的极惯性矩。显然，极惯性矩的数值恒为正值。其单位为 m^4 或 mm^4。

面积元素 dA 与其至 y 轴或 x 轴距离平方的乘积 x^2dA 或 y^2dA 分别称为面积元素对于 y 轴或 x 轴的惯性矩或截面二次轴距。以下两积分

$$\left.\begin{aligned} I_y = \int_A x^2 dA \\ I_x = \int_A y^2 dA \end{aligned}\right\} \qquad (I.6)$$

分别定义为整个截面对于 y 轴或 x 轴的惯性矩。

由图 I.4 可见，$\rho^2 = x^2 + y^2$，故有

$$I_p = \int_A \rho^2 dA = \int_A (x^2 + y^2) dA = I_y + I_x \qquad (I.7)$$

即任意截面对一点的极惯性矩的数值等于截面对以该点为原点的任意两正交坐标轴的惯性矩之和。

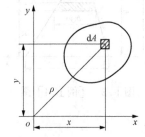

面积元素 dA 与其分别至 y 轴和 x 轴距离的乘积 $xydA$，称为该面积元素对于两坐标轴的惯性积。

以下积分

$$I_{xy} = \int_A xy dA \qquad (I.8)$$

图 I.4 平面图形的极惯性矩、
惯性矩和惯性积

定义为整个截面对于 x，y 两坐标轴的惯性积。

从上述定义可见，同一截面对于不同坐标轴的惯性矩或惯性积一般是不同的。惯性矩的数值恒为正值，而惯性积可能为正值或负值，也可能等于零。若 x，y 两坐标轴中有一个为截面的对称轴，则其惯性积 I_{xy} 恒等于零。因在对称轴的两侧，处于对称位置的两面积元素 dA 的惯性积叫 $xydA$，数值相等而正负号相反，致使整个截面的惯性积必等于零。惯性矩和惯性积的单位相同，均为 m^4 或 mm^4。

对于规则截面，如矩形图形等，可将惯性矩表示为截面面积 A 与某一长度平方的乘积，即

$$I_y = i_y^2 A, \quad I_x = i_x^2 A \qquad (I.9a)$$

式中：i_y 和 i_x 分别称为截面对于 y 轴和 x 轴的惯性半径，其单位为 m 或 mm。

当已知截面面积 A 和惯性矩 I_y 和 I_x 时，惯性半径即可从下式求得

$$i_y = \sqrt{\frac{I_y}{A}}, \quad i_x = \sqrt{\frac{I_x}{A}} \qquad (I.9b)$$

在附录 II 中给出了一些常用截面的几何性质计算公式备查。

【例 I.3】 试计算图 I.5（a）所示矩形截面对于其对称轴（即形心轴）x 和 y 的惯性矩。

解：取平行于 x 轴的狭长条 ［图 I.5（a）］作为面积元素，即 $dA = hdx$，根据式（I.6）的第二式，可得

$$I_x = \int_A y^2 dA = \int_{-\frac{h}{2}}^{\frac{h}{2}} by^2 dy = \frac{bh^3}{12}$$

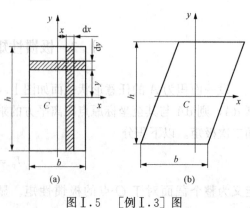

图 I.5 ［例 I.3］图

同理，在计算对 y 轴的惯性矩 I_y 时，可取 $dA=hdx$，即得

$$I_y=\int_A x^2 dA=\int_{-\frac{b}{2}}^{\frac{b}{2}} hx^2 dx=\frac{b^3 h}{12}$$

若截面是高度为 h 的平行四边形［图Ⅰ.5（b）］，其对形心轴 x 的惯性矩同样为 $I_x=\dfrac{bh^3}{12}$。

【例Ⅰ.4】 试计算图Ⅰ.6所示圆截面对于其对称轴的惯性矩。

解： 以圆心为原点，选坐标轴 x，y。取平行于 x 轴的狭长条作为面积元素，即 $dA=2xdy$。根据式（Ⅰ.6）的第二式，可得

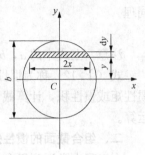

$$I_x=\int_A y^2 dA=\int_{-\frac{d}{2}}^{\frac{d}{2}} y^2\times 2xdy=4\int_0^{\frac{d}{2}} y^2\sqrt{\left(\frac{d}{2}\right)^2-y^2}dy$$

式中引用了 $x=\sqrt{\left(\dfrac{d}{2}\right)^2-y^2}$ 这一几何关系，并利用了截面对称于 x 轴的关系将积分下限作了变动。

利用积分公式，可得

图Ⅰ.6 ［例Ⅰ.4］图

$$4\left\{-\frac{y}{4}\sqrt{\left[\left(\frac{d}{2}\right)^2-y^2\right]^3}+\frac{(d/2)^2}{8}\left[y\sqrt{\left(\frac{d}{2}\right)^2-y^2}+\left(\frac{d}{2}\right)^2\arcsin\frac{y}{d/2}\right]\right\}\Big|_0^{\frac{d}{2}}=\frac{\pi d^4}{64}$$

利用圆截面的极惯性矩 $I_p=\dfrac{\pi d^4}{32}$，由于圆截面对任一形心轴的惯性矩均相等，因而 $I_x=I_y$。于是，由式（Ⅰ.7）得

$$I_x=I_y=\frac{I_p}{2}=\frac{\pi d^4}{64}$$

对于矩形和圆形截面，由于 x，y 两轴都是截面的对称轴，因此，惯性积 I_{xy} 均等于零。

Ⅰ.3 平行移轴公式——组合截面的惯性矩和惯性积

一、惯性矩和惯性积的平行移轴公式

设一面积为 A 的任意形状截面如图Ⅰ.7所示。截面对任意 x，y 两坐标轴的惯性矩和惯性积分别为 I_x、I_y 和 I_{xy}。另外，通过截面形心 C 有分别与 x、y 轴平行的 x_C、y_C 轴，称为形心轴。截面对于形心轴的惯性矩和惯性积分别为 I_{x_C}、I_{y_C} 和 $I_{x_Cy_C}$

由图Ⅰ.7可见，截面上任一面积元素 dA 在两坐标系内的坐标 (x,y) 和 (x_C,y_C) 之间的关系为

$$x=x_C+b,\quad y=y_C+a \qquad (Ⅰ.10)$$

式中：a，b 为截面形心在 Oxy 坐标系内的坐标值，即 $\bar{x}=b$，$\bar{y}=a$。将式（Ⅰ.10）中的 y 代入式（Ⅰ.6）中的第二式，经展开并逐项积分后，可得

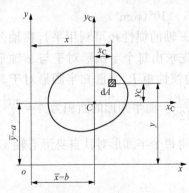

图Ⅰ.7 惯性矩和惯性积的平行移轴

$$I_x=\int_A y^2 dA=\int (y_C+a)^2 dA$$
$$=\int_A y_C^2 dA+2a\int_A y_C dA+a^2\int_A dA \qquad (Ⅰ.11)$$

根据惯性矩和静距的定义，式（Ⅰ.11）右端的各项积分分别为

$$\int_A y_C^2 dA = I_{x_C}, \int_A y_C dA = A \cdot \overline{y_C}, \int_A dA = A$$

其中，y_C 应为截面形心 C 到 x 轴的距离，但 x 轴通过截面形心 C，因此 $\overline{y_C}$ 等于零。于是，式（Ⅰ.11）可写成

$$I_x = I_{x_C} + a^2 A \qquad\qquad (Ⅰ.12a)$$

同理

$$I_y = I_{y_C} + b^2 A \qquad\qquad (Ⅰ.12b)$$

$$I_{xy} = I_{x_C y_C} + abA \qquad\qquad (Ⅰ.12c)$$

注意，上式中的 a，b 两坐标值有正负号，由截面形心 C 所在的象限来决定。

式（Ⅰ.12）称为惯性矩和惯性积的平行移轴公式。应用上式可根据截面对于形心轴的惯性矩或惯性积，计算截面对于与形心轴平行的坐标轴的惯性矩或惯性积，或进行相反的运算。

二、组合截面的惯性矩及惯性积

在工程中常遇到组合截面。根据惯性矩和惯性积的定义可知，组合截面对于某坐标轴的惯性矩（或惯性积）就等于其各组成部分对于同一坐标轴的惯性矩（或惯性积）之和。若截面是由 n 个部分组成，则组合截面对于 x，y 两轴的惯性矩和惯性积分别为

$$I_x = \sum_{i=1}^n I_{xi}, \quad I_y = \sum_{i=1}^n I_{yi}, \quad I_{xy} = \sum_{i=1}^n I_{xyi} \qquad (Ⅰ.13)$$

式中：I_{xi}，I_{yi} 和 I_{xyi} 分别为组合截面中组成部分 i 对于 x，y 两轴的惯性矩和惯性积。

不规则截面对坐标轴的惯性矩或惯性积，可将截面分割成若干等高度的窄长条，然后应用式（Ⅰ.13），计算其近似值。

【例Ⅰ.5】　试求图Ⅰ.8 所示截面对于对称轴 x 的惯性矩 I_x。

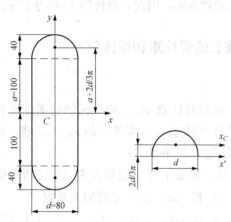

图Ⅰ.8　［例Ⅰ.5］图

解：将截面看作由一个矩形和两个半圆形组成。设矩形对于 x 轴的惯性矩为 I_{x1}，每一个半圆形对于 x 轴的惯性矩为 I_{x2}，则由式（Ⅰ.13）可知，所给截面的惯性矩为

$$I_x = I_{x1} + 2I_{x2} \qquad (1)$$

矩形对于 x 轴的惯性矩为

$$I_{x1} = \frac{d(2a)^3}{12} = \frac{(80mm)(200mm)^3}{12} = 5333 \times 10^4 (mm^4) \qquad (2)$$

半圆形对于 x 轴的惯性矩可利用平行移轴公式求得。为此，先求出每个半圆形对于与 x 轴平行的形心轴 x_C 的惯性矩 I_{x_C}。已知半圆形对于其底边的惯性矩为圆形对其直径轴 x' 的惯性矩之半，即 $I_{x'} = \frac{\pi d^4}{128}$。而半圆形的面积为 $A = \frac{\pi d^2}{8}$，其形心到底边的距离为 $\frac{2d}{3\pi}$。故由平行移轴式（Ⅰ.12a），可得每个半圆形对其自身形心轴 x_C 的惯性矩为

$$I_{x_C} = I_{x'} - \left(\frac{2d}{3\pi}\right)^2 A = \frac{\pi d^4}{128} - \left(\frac{2d}{3\pi}\right)^2 \frac{\pi d^2}{8} \tag{3}$$

半圆形形心到 x 轴的距离为 $a + \frac{2d}{3\pi}$。由平行移轴公式，求得每个半圆形对于 x 轴的惯性矩为

$$I_{x2} = I_{x_C} + \left(a + \frac{2d}{3\pi}\right)^2 A = \frac{\pi d^4}{128} - \left(\frac{2d}{3\pi}\right)^2 \frac{\pi d^2}{8} + \left(a + \frac{2d}{3\pi}\right)^2 \frac{\pi d^2}{8}$$

$$= \frac{\pi d^2}{4}\left(\frac{d^2}{32} + \frac{a^2}{2} + \frac{2ad}{3\pi}\right) \tag{4}$$

将 $d=80\text{mm}$，$a=100\text{mm}$ 代入式（4），即得

$$I_{x2} = \frac{\pi (80\text{mm})^2}{4}\left[\frac{(80\text{mm})^2}{32} + \frac{(100\text{mm})^2}{2} + \frac{2 \times 100\text{mm} \times 80\text{mm}}{3\pi}\right]$$

$$= 3467 \times 10^4 (\text{mm}^4)$$

将求得的 I_{x1} 和 I_{x2} 代入式（1），使得 $I_x = 5333 \times 10^4 + 2 \times 3467 \times 10^4 = 12270 \times 10^4 (\text{mm}^4)$。

【例 I.6】 图 I.9 所示截面由一个 25c 号槽钢截面和两个 90mm×90mm×12mm 角钢截面组成。试求组合截面分别对于形心轴 x 和 y 的惯性矩 I_x 和 I_y。

解： 型钢截面的几何性质数值可从型钢规格表查得：

25c 号槽钢截面

$$A = 44.91\text{cm}^2$$
$$I_{x_C} = 3690.45\text{cm}^4$$
$$I_{y_C} = 218.415\text{cm}^4$$

90mm×90mm×12mm 角钢截面

$$A = 20.3\text{cm}^2$$
$$I_{x_C} = I_{y_C} = 149.22\text{cm}^4$$

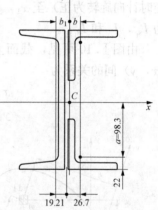

图 I.9 ［例 I.6］图

首先确定此组合截面的形心位置。为便于计算，以两角钢截面的形心连线作为参考轴，则组合截面形心 C 离该轴的距离 b 为

$$\bar{x} = \frac{\sum A_i \bar{x}_i}{\sum A_i} = \frac{2 \times (2030\text{mm}^2) \times 0 + (4491\text{mm}^2)[-(19.21\text{mm} + 26.7\text{mm})]}{2 \times (2030\text{mm}^2) + 4491\text{mm}^2}$$

$$= -24.1(\text{mm})$$

由此得

$$b = |\bar{x}| = 24.1(\text{mm})$$

然后按式（I.12），分别计算槽钢截面和角钢截面对于 x 轴和 y 轴的惯性矩：

槽钢截面

$$I_{x1} = I_{x_C} + a_1^2 A = 3690.45 \times 10^4 \text{mm}^4 + 0 = 3690 \times 10^4 (\text{mm}^4)$$

$$I_{y1} = I_{y_C} + b_1^2 A$$

$$= 218.415 \times 10^4 \text{mm}^4 + (19.21\text{mm} + 26.7\text{mm} - 24.1\text{mm})^2 \times 4491\text{mm}^2$$

$$= 431 \times 10^4 (\text{mm}^4)$$

角钢截面

$$I_{x2} = I_{x_C} + a^2 A = 149.22 \times 10^4 \text{mm}^4 + (98.3\text{mm})^2 \times 2030(\text{mm}^2)$$
$$= 2110 \times 10^4 (\text{mm}^4)$$
$$I_{y2} = I_{y_C} + b^2 A = 149.22 \times 10^4 \text{mm}^4 + (24.1\text{mm})^2 \times 2030\text{mm}^2$$
$$= 267 \times 10^4 (\text{mm}^4)$$

最后按式（Ⅰ.13）得所求的惯性矩为

$$I_x = 3690 \times 10^4 \text{mm}^4 + 2 \times 2110 \times 10^4 \text{mm}^4 = 7910 \times 10^4 (\text{mm}^4)$$
$$I_y = 431 \times 10^4 \text{mm}^4 + 2 \times 267 \times 10^4 \text{mm}^4 = 965 \times 10^4 (\text{mm}^4)$$

Ⅰ.4　惯性矩和惯性积的转轴公式——主轴和主矩

一、惯性矩和惯性积的转轴公式

设一面积为 A 的任意形状截面如图Ⅰ.10 所示。截面对于通过其上任意一点 O 的两坐标轴 x 和 y 的惯性矩和惯性积已知为 I_x，I_y 和 I_{xy}。若坐标轴 x，y 绕 O 点旋转 α 角（α 角以逆时针向旋转为正）至 x_1，y_1 位置，则该截面对于新坐标轴 x_1，y_1 的惯性矩和惯性积分别为 I_{x_1}，I_{y_1} 和 $I_{x_1 y_1}$。

由图Ⅰ.10 可见，截面上任一面积元素 $\mathrm{d}A$ 在新、老两坐标系内的坐标 (x_1, y_1) 和 (x, y) 间的关系为

$$x_1 = \overline{OC} = \overline{OE} + \overline{BD} = x\cos\alpha + y\sin\alpha$$
$$y_1 = \overline{AC} = \overline{AD} - \overline{EB} = y\cos\alpha - x\sin\alpha$$

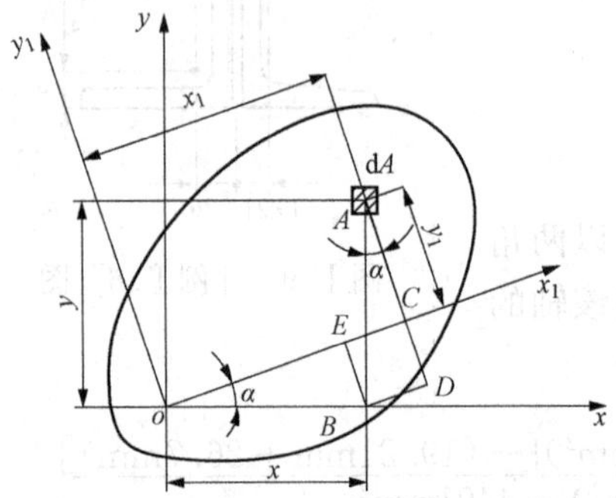

将 y_1 代入式（Ⅰ.6）中的第二式，经过展开并逐项积分后，即得该截面对于坐标轴 x_1 的惯性矩 I_{x_1} 为

$$I_{x_1} = \cos^2\alpha \int_A y^2 \mathrm{d}A + \sin^2\alpha \int_A x^2 \mathrm{d}A - 2\sin\alpha\cos\alpha \int_A xy\,\mathrm{d}A$$

$$（Ⅰ.14）$$

根据惯性矩和惯性积的定义，上式右端的各项积分分别为

$$\int_A y^2 \mathrm{d}A = I_x, \quad \int_A x^2 \mathrm{d}A = I_y, \quad \int_A xy\,\mathrm{d}A = I_{xy}$$

图Ⅰ.10　惯性矩和惯性积的转轴

将其代入式（Ⅰ.14）并改用二倍角函数的关系，即得

$$I_{x_1} = \frac{I_x + I_y}{2} + \frac{I_x - I_y}{2}\cos2\alpha - I_{xy}\sin2\alpha \qquad （Ⅰ.15a）$$

同理

$$I_{y_1} = \frac{I_x + I_y}{2} - \frac{I_x - I_y}{2}\cos2\alpha + I_{xy}\sin2\alpha \qquad （Ⅰ.15b）$$

$$I_{x_1 y_1} = \frac{I_x - I_y}{2}\sin2\alpha + I_{xy}\cos2\alpha \qquad （Ⅰ.15c）$$

以上三式就是惯性矩和惯性积的转轴公式，可用来计算截面的主惯性轴和主惯性矩。

将式（Ⅰ.15a) 和式（Ⅰ.15b) 中的 I_{x_1} 和 I_{y_1} 相加，可得

$$I_{x_1} + I_{y_1} = I_x + I_y$$

上式表明，截面对于通过同一点的任意一对相互垂直的坐标轴的两惯性矩之和为一常数，并等于截面对该坐标原点的极惯性矩 [见式（I.7）]。

二、截面的主惯性轴和主惯性矩

由式（I.15c）可见，当坐标轴旋转时，惯性积 $I_{x_1 y_1}$ 将随着 α 角作周期性变化，且有正有负。因此，必有一特定的角度 α_0 使截面对于新坐标轴 x_0，y_0 的惯性积等于零。截面对其惯性积等于零的一对坐标轴，称为主惯性轴。截面对于主惯性轴的惯性矩，称为主惯性矩。当一对主惯性轴的交点与截面的形心重合时，称为形心主惯性轴。截面对于形心主惯性轴的惯性矩，称为形心主惯性矩。

首先确定主惯性轴的位置，并导出主惯性矩的计算公式。设 α_0 角为主惯性轴与原坐标轴之间的夹角，则将 α_0 角代入惯性积的转轴公式（I.15c）并令其等于零，即

$$\frac{I_x - I_y}{2}\sin 2\alpha_0 + I_{xy}\cos 2\alpha_0 = 0$$

上式可改写为

$$\tan 2\alpha_0 = \frac{-2I_{xy}}{I_x - I_y} \tag{I.16}$$

由上式解得的 α_0 值，就确定了两主惯性轴中 x_0 轴的位置。

将所得 α_0 值代入式（I.15a）和式（I.15b），即得截面的主惯性矩。为计算方便，直接导出主惯性矩的计算公式。为此，利用式（I.16），并将 $\cos 2\alpha_0$ 和 $\sin 2\alpha_0$ 写成

$$\cos 2\alpha_0 = \frac{1}{\sqrt{1 + \tan^2 2\alpha_0}} = \frac{I_x - I_y}{\sqrt{(I_x - I_y)^2 + 4I_{xy}^2}} \tag{I.17}$$

$$\sin 2\alpha_0 = \frac{\tan 2\alpha_0}{\sqrt{1 + \tan^2 2\alpha_0}} = \frac{-2I_{xy}}{\sqrt{(I_x - I_y)^2 + 4I_{xy}^2}} \tag{I.18}$$

将其代入式（I.15a）和式（I.15b），经化简后即得主惯性矩的计算公式

$$\left. \begin{array}{l} I_{x_0} = \dfrac{I_x + I_y}{2} + \dfrac{1}{2}\sqrt{(I_x - I_y)^2 + 4I_{xy}^2} \\[3mm] I_{y_0} = \dfrac{I_x + I_y}{2} - \dfrac{1}{2}\sqrt{(I_x - I_y)^2 + 4I_{xy}^2} \end{array} \right\} \tag{I.19}$$

另外，由式（I.15a）和式（I.15b）可见，惯性矩 I_{x_1} 和 I_{y_1} 都是 α 角的正弦和余弦函数，而 α 角可在 $0°$ 到 $360°$ 的范围内变化，因此，I_{x_1} 和 I_{y_1} 必然有极值。对通过同一点的任意一对坐标轴的两惯性矩之和为一常数，因此，其中的一个将为极大值，另一个则为极小值。

由 $$\frac{\mathrm{d}I_{x_1}}{\mathrm{d}\alpha} = 0 \text{ 和 } \frac{\mathrm{d}I_{y_1}}{\mathrm{d}\alpha} = 0$$

解得的使惯性矩取得极值的坐标轴位置的表达式，与式（I.16）完全一致。从而可知，截面对于通过任一点的主惯性轴的主惯性矩之值，也就是通过该点所有轴的惯性矩中的极大值 I_{max} 和极小值 I_{min}。从式（I.19）可见，I_{x_0} 就是 I_{max}，而 I_{y_0} 则为 I_{min}。

在确定形心主惯性轴的位置并计算形心主惯性矩时，同样可以应用上述式（I.16）和式（I.19），但式中的 I_x、I_y 和 I_{xy}，应为截面对于通过其形心的某一对轴的惯性矩和惯性积。

在通过截面形心的一对坐标轴中，若有一个为对称轴（例如槽形截面），则该对称轴就

是形心主惯性轴，因为截面对于包括对称轴在内的一对坐标轴的惯性积等于零。在附录Ⅱ中所列的惯性矩除三角形截面的以外，都是形心主惯性矩。

在计算组合截面的形心主惯性矩时，首先应确定其形心位置，然后通过形心选择一对便于计算惯性矩和惯性积的坐标轴，算出组合截面对于这一对坐标轴的惯性矩和惯性积。将上述结果代入式（Ⅰ.16）和式（Ⅰ.19），即可确定表示形心主惯性轴位置的角度 α_0 和形心主惯性矩的数值。

若组合截面具有对称轴，则包括此轴在内的一对互相垂直的形心轴就是形心主惯性轴。此时，只需利用移轴公式（Ⅰ.12）和式（Ⅰ.13），即可得截面的形心主惯性矩。

【例Ⅰ.7】　图Ⅰ.11所示截面的尺寸与［例Ⅰ.2］中的相同。试计算截面的形心主惯性矩。

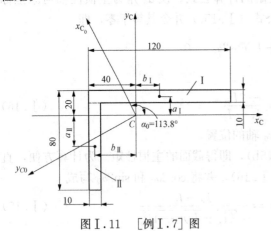

图Ⅰ.11　［例Ⅰ.7］图

解： 由［例Ⅰ.2］的结果可知，截面的形心 C 位于截面上边缘以下 20mm 和左边缘以右 40mm 处。

通过截面形心 C，先选择一对分别与上边缘和左边缘平行的形心轴 x_C 和 y_C。将截面分为Ⅰ、Ⅱ两矩形，由图可知，两矩形形心的坐标值分别为

$$a_I = 20\text{mm} - 5\text{mm} = 15(\text{mm})$$
$$a_{II} = -(45\text{mm} - 20\text{mm}) = -25(\text{mm})$$
$$b_I = 60\text{mm} - 40\text{mm} = 20(\text{mm})$$
$$b_{II} = -(40\text{mm} - 5\text{mm}) = -35(\text{mm})$$

然后按式（Ⅰ.12）和式（Ⅰ.13），列表计算图示截面对所选形心轴的惯性矩和惯性积如下。

项目 分块号 i	A_i (mm)	a_i (mm)	b_i (mm)	$a_i^2 A_i$ (10^4mm^4)	$b_i^2 A_i$ (10^4mm^4)	I'_{xCi} (10^4mm^4)
	(1)	(2)	(3)	$(4)=(2)^2\times(1)$	$(5)=(3)^2\times(1)$	(6)
Ⅰ	1200	15	20	27	48	1
Ⅱ	700	−25	−35	43.8	85.8	28.6
Σ	—	—	—	70.8	133.8	29.6

项目 分块号 i	I'_{yCi}	I_{xCi}	I_{yCi}	$a_i b_i A_i$	I'_{xCiyCi}	I_{xCiyCi}
	\(10^4mm^4\)					
	(7)	$(8)=(4)+(6)$	$(9)=(5)+(7)$	$(10)=(1)\times(2)\times(3)$	(11)	$(12)=(10)+(11)$
Ⅰ	144	28	192	36	0	36
Ⅱ	0.6	72.4	86.4	61.3	0	61.3
Σ	144.6	100.4	278.4	97.3	0	97.3

表中（8）、（9）和（12）各列的总和分别为整个截面对形心轴 x_C 和 y_C 的惯性矩和惯性积，即

$$I_{x_C} = 100.4 \times 10^4 \, \text{mm}^4$$

$$I_{y_C} = 278.4 \times 10^4 \, \text{mm}^4$$

$$I_{y_C x_C} = 97.3 \times 10^4 \, \text{mm}^4$$

将求得的 I_{x_C}，I_{y_C} 和 $I_{x_C y_C}$ 代入式（Ⅰ.16），得

$$\tan 2\alpha_0 = \frac{-2 I_{x_C y_C}}{I_{x_C} - I_{y_C}} = \frac{-2 \times (97.3 \times 10^4 \, \text{mm}^4)}{100.4 \times 10^4 \, \text{mm}^4 - 278.4 \times 10^4 \, \text{mm}^4} = 1.093$$

由三角函数关系可知，$\tan 2\alpha_0 = \dfrac{\sin 2\alpha_0}{\cos 2\alpha_0}$，故代表 $\tan 2\alpha_0$ 的分数 $\dfrac{-194.6}{-178}$ 的分子和分母的正负号也反映了 $\sin 2\alpha_0$ 和的 $\cos 2\alpha_0$ 的正负号。两者均为负值，故 $2\alpha_0$ 应在第三象限中。由此解得

$$2\alpha_0 = 227.6°$$

$$\alpha = 113.8°$$

即形心主惯性轴 x_{C_0} 可从形心轴 x_C 沿逆时针向（因 α_0 为正值）转 113.8°得到。

将以上所得的 I_{x_C}，I_{y_C} 和 $I_{x_C y_C}$ 值代入式（Ⅰ.19），即得形心主惯性矩的数值为

$$I_{x_{C_0}} = I_{\max} = \frac{I_{x_C} + I_{y_C}}{2} + \frac{1}{2} \sqrt{(I_{x_C} - I_{y_C})^2 + 4 I_{x_C y_C}^2}$$

$$= \frac{100.4 \times 10^4 \, \text{mm}^4 + 278.4 \times 10^4 \, \text{mm}^4}{2} +$$

$$\frac{1}{2} \times \sqrt{(100.4 \times 10^4 \, \text{mm}^4 - 278.4 \times 10^4 \, \text{mm}^4)^2 + 4 \times (97.3 \times 10^4 \, \text{mm}^4)^2}$$

$$= (189.4 + 132.0) 10^4 \, \text{mm}^4 = 321 \times 10^4 \, (\text{mm}^4)$$

$$I_{y_{C_0}} = I_{\min} = \frac{I_{x_C} + I_{y_C}}{2} - \frac{1}{2} \sqrt{(I_{x_C} - I_{y_C})^2 + 4 I_{x_C y_C}^2}$$

$$= (189.4 - 132.0) 10^4 \, \text{mm}^4 = 57.4 \times 10^4 \, (\text{mm}^4)$$

习　题

Ⅰ-1　下面各截面图形中 C 是形心。试问图Ⅰ.12 中哪些截面图形对坐标轴的惯性积等于零？哪些不等于零？

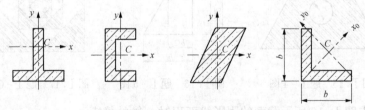

图Ⅰ.12　题Ⅰ-1图

Ⅰ-2　试问图Ⅰ.13 所示两截面的惯性矩 I_x 是否可按照 $I_x = \dfrac{bh^3}{12} - \dfrac{b_0 h_0^3}{12}$ 来计算？

Ⅰ-3　由两根同一型号的槽钢组成的截面如图Ⅰ.14 所示。已知每根槽钢的截面面积为 A，对形心轴 y_0 的惯性矩为 I_{y_0}，并知 y_0、y_1 和 y 为相互平行的三根轴。试问在计算截面对 y 轴的惯性矩 I_y 时，应选用下列哪一个算式？

(1) $I_y = I_{y_0} + z_0^2 A$。

(2) $I_y = I_{y_0} + \left(\dfrac{a}{2}\right)^2 A$。

(3) $I_y = I_{y_0} + \left(z_0 + \dfrac{a}{2}\right)^2 A$。

(4) $I_y = I_{y_0} + z_0^2 A + z_0 a A$。

(5) $I_y = I_{y_0} + \left[z_0^2 + \left(\dfrac{a}{2}\right)^2\right] A$。

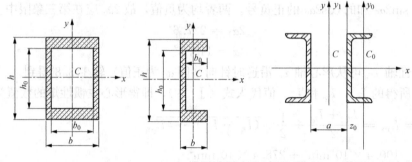

图Ⅰ.13　题Ⅰ-2图　　　　　　　图Ⅰ.14　题Ⅰ-3图

Ⅰ-4　图Ⅰ.15所示为一等边三角形中心挖去一个半径为 r 的圆孔的截面。试证明该截面通过形心 C 的任一轴均为形心主惯性轴。

Ⅰ-5　直角三角形截面斜边中点 D 处的一对正交坐标轴 x，y 如图Ⅰ.16所示，试问：

(1) x，y 是否为一对主惯性轴？

(2) 不用积分，计算其 I_x 和 I_{xy} 值。

Ⅰ-6　有 n 个画了斜线的内接正方形截面如图Ⅰ.17所示。试求该图形对水平形心轴 x 和与该轴成 $\alpha = 30°$ 的形心轴 x_1 的惯性矩。

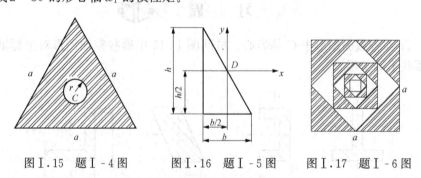

图Ⅰ.15　题Ⅰ-4图　　　　图Ⅰ.16　题Ⅰ-5图　　　　图Ⅰ.17　题Ⅰ-6图

Ⅰ-7　试求图Ⅰ.18所示截面的阴影线面积对 x 轴的静矩。

Ⅰ-8　试用积分法求图Ⅰ.19所示半圆形截面对 x 轴的静矩，并确定其形心的坐标。

Ⅰ-9　试确定图Ⅰ.20所示三个截面的形心位置。

Ⅰ-10　试求图Ⅰ.21所示 1/4 圆形截面对于 x 轴和 y 轴的惯性矩 I_x、I_y 和惯性积 I_{xy}。

Ⅰ-11　图Ⅰ.22所示直径为 $d = 200\text{mm}$ 的圆形截面，其在上、下对称地切去两个高为 $\delta = 20\text{mm}$ 的弓形，试用积分法求余下阴影部分对其对称轴 x 的惯性矩。

Ⅰ-12　试求图Ⅰ.23所示正方形截面对其对角线的惯性矩。

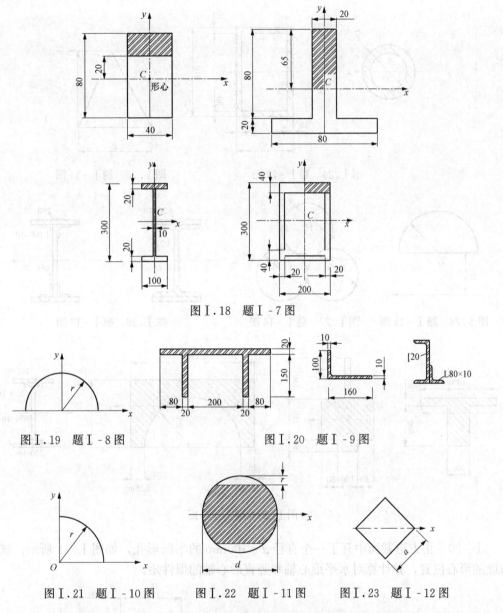

图Ⅰ.18 题Ⅰ-7图

图Ⅰ.19 题Ⅰ-8图　　　图Ⅰ.20 题Ⅰ-9图

图Ⅰ.21 题Ⅰ-10图　　图Ⅰ.22 题Ⅰ-11图　　图Ⅰ.23 题Ⅰ-12图

Ⅰ-13　试分别求图Ⅰ.24所示环形和箱形截面对其对称轴 x 的惯性矩。

Ⅰ-14　试求图Ⅰ.25所示三角形截面对通过顶点 A 并平行于底边 BC 的 x 轴的惯性矩。

Ⅰ-15　试求图Ⅰ.26所示 $r=1$m 的半圆形截面对于 x 轴的惯性矩，其中 x 轴与半圆形的底边平行，相距 1m。

Ⅰ-16　试求图Ⅰ.27所示组合截面对于形心轴 x 的惯性矩。

Ⅰ-17　试求图Ⅰ.28所示各组合截面对其对称轴 x 的惯性矩。

Ⅰ-18　试求图Ⅰ.29所示截面对其水平形心轴 x 的惯性矩。关于形心位置，可利用该题的结果。

Ⅰ-19　在直径 $D=8a$ 的圆截面中，开了一个 $2a\times4a$ 的矩形孔，如图Ⅰ.30所示。试求截面对其水平形心轴和竖直形心轴的惯性矩 I_x 和 I_y。

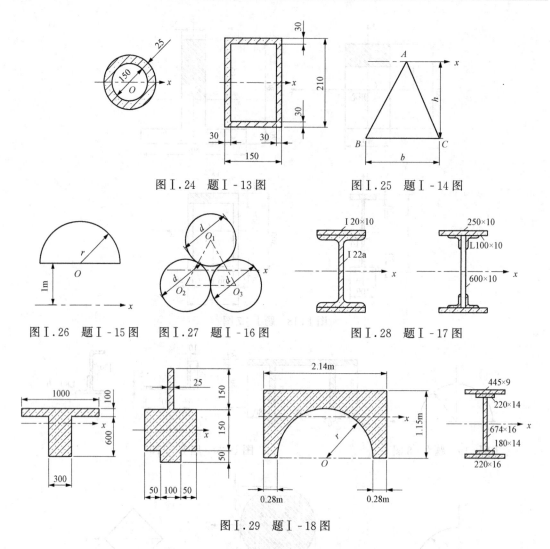

图Ⅰ.24　题Ⅰ-13图　　　　　　　图Ⅰ.25　题Ⅰ-14图

图Ⅰ.26　题Ⅰ-15图　　图Ⅰ.27　题Ⅰ-16图　　　　图Ⅰ.28　题Ⅰ-17图

图Ⅰ.29　题Ⅰ-18图

Ⅰ-20　正方形截面中开了一个直径 $d=100\text{mm}$ 的半圆形孔，如图Ⅰ.31所示。试确定截面的形心位置，并计算对水平形心轴和竖直形心轴的惯性矩。

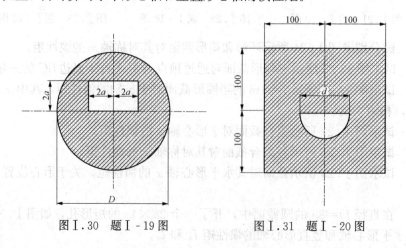

图Ⅰ.30　题Ⅰ-19图　　　　图Ⅰ.31　题Ⅰ-20图

　　Ⅰ-21　图Ⅰ.32所示由两个20a号槽钢组合成的组合截面，若欲使此截面对两对称轴的惯性矩 I_x 和 I_y 相等，则两槽钢的间距 a 应为多少？

　　Ⅰ-22　试求图Ⅰ.33所示截面的惯性积 I_{xy}。

　　Ⅰ-23　图Ⅰ.34所示截面由两个 $125mm\times125mm\times10mm$ 的等边角钢及缀板（图中虚线）组合而成。试求该截面的最大惯性矩 I_{max} 和最小惯性矩 I_{min}。

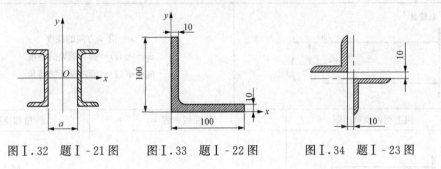

图Ⅰ.32　题Ⅰ-21图　　　图Ⅰ.33　题Ⅰ-22图　　　图Ⅰ.34　题Ⅰ-23图

　　Ⅰ-24　试求图Ⅰ.35所示正方形截面的惯性积 $I_{x_1y_1}$ 和惯性矩 I_{x_1}、I_{y_1}，并做出相应的结论。

　　Ⅰ-25　确定图Ⅰ.36所示截面的形心主惯性轴的位置，并求形心主惯性矩。

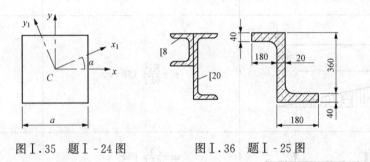

图Ⅰ.35　题Ⅰ-24图　　　　图Ⅰ.36　题Ⅰ-25图

　　Ⅰ-26　试用近似法求题Ⅰ-4中 I_x，并与该题得出的精确值相比较。已知该截面的半径 $r=100mm$。

　　Ⅰ-27　试证明，直角边长度为 a 的等腰直角三角形，对于平行于直角边的一对形心轴之惯性积绝对值为 $I_{xy}=\dfrac{a^4}{72}$。

附录Ⅱ　简单荷载作用下梁的挠度和转角

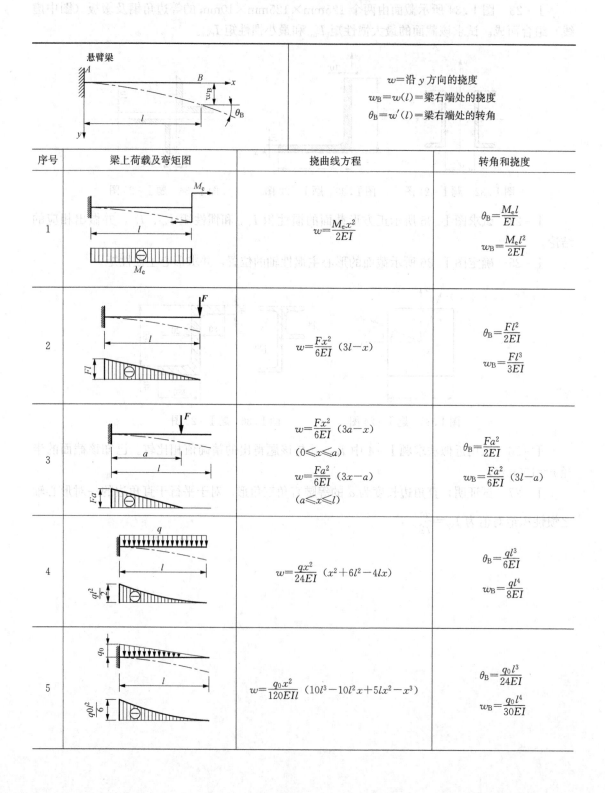

悬臂梁

$w=$沿y方向的挠度
$w_B=w(l)=$梁右端处的挠度
$\theta_B=w'(l)=$梁右端处的转角

序号	梁上荷载及弯矩图	挠曲线方程	转角和挠度
1		$w=\dfrac{M_e x^2}{2EI}$	$\theta_B=\dfrac{M_e l}{EI}$ $w_B=\dfrac{M_e l^2}{2EI}$
2		$w=\dfrac{Fx^2}{6EI}(3l-x)$	$\theta_B=\dfrac{Fl^2}{2EI}$ $w_B=\dfrac{Fl^3}{3EI}$
3		$w=\dfrac{Fx^2}{6EI}(3a-x)$ $(0\leqslant x\leqslant a)$ $w=\dfrac{Fa^2}{6EI}(3x-a)$ $(a\leqslant x\leqslant l)$	$\theta_B=\dfrac{Fa^2}{2EI}$ $w_B=\dfrac{Fa^2}{6EI}(3l-a)$
4		$w=\dfrac{qx^2}{24EI}(x^2+6l^2-4lx)$	$\theta_B=\dfrac{ql^3}{6EI}$ $w_B=\dfrac{ql^4}{8EI}$
5		$w=\dfrac{q_0 x^2}{120EIl}(10l^3-10l^2 x+5lx^2-x^3)$	$\theta_B=\dfrac{q_0 l^3}{24EI}$ $w_B=\dfrac{q_0 l^4}{30EI}$

续表

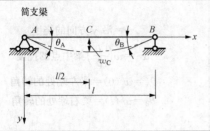

$w=$沿 y 方向的挠度

$w_C=w\left(\dfrac{l}{2}\right)$梁中点的挠度

$\theta_A=w'(0)=$梁左端处的转角

$\theta_B=w'(l)=$梁右端处的转角

序号	梁上荷载及弯矩图	挠曲线方程	转角和挠度
6	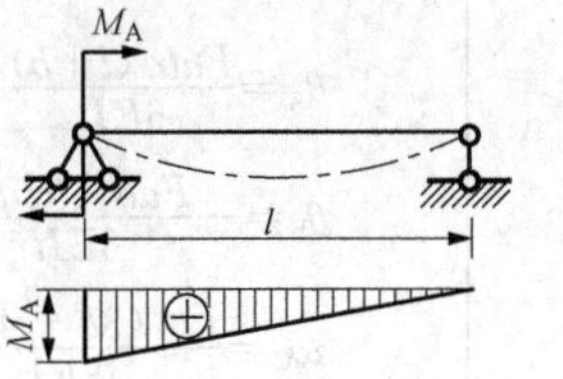	$w=\dfrac{M_A x}{6EIl}\ (l-x)\ (2l-x)$	$\theta_A=\dfrac{M_A l}{3EI}$ $\theta_B=-\dfrac{M_A l}{6EI}$ $w_C=\dfrac{M_A l^2}{16EI}$
7	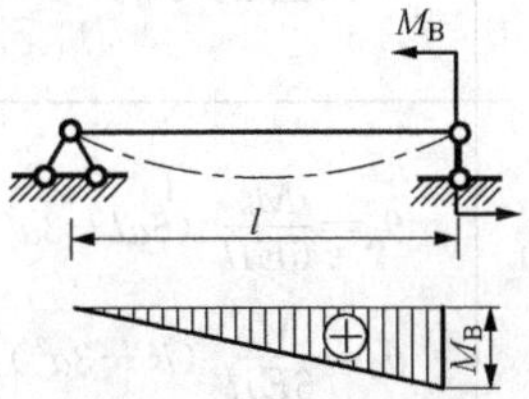	$w=\dfrac{M_B x}{6EIl}\ (l^2-x^2)$	$\theta_A=\dfrac{M_B l}{6EI}$ $\theta_B=-\dfrac{M_B l}{3EI}$ $w_C=\dfrac{M_B l^2}{16EI}$
8	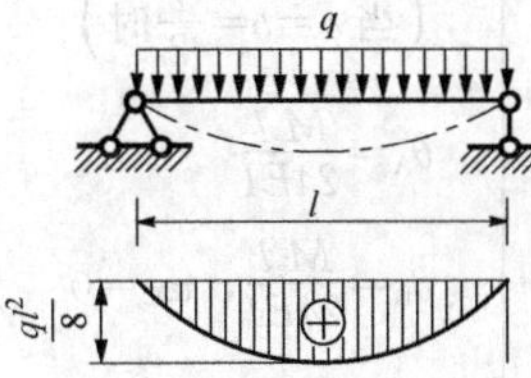	$w=\dfrac{qx}{24EI}\ (l^3-2lx^2+x^3)$	$\theta_A=\dfrac{ql^3}{24EI}$ $\theta_B=-\dfrac{ql^3}{24EI}$ $w_C=\dfrac{5ql^4}{384EI}$
9	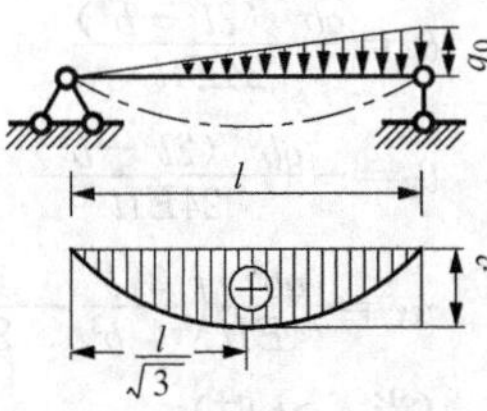	$w=\dfrac{q_0 x}{360EIl}\ (7l^4-10l^2x^2+3x^4)$	$\theta_A=\dfrac{7q_0 l^3}{360EI}$ $\theta_B=-\dfrac{q_0 l^3}{45EI}$ $w_C=\dfrac{5q_0 l^4}{768EI}$
10	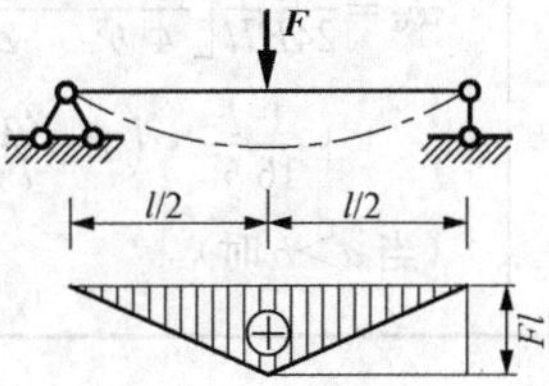	$w=\dfrac{Fx}{48EI}\ (3l^2-4x^2)$ $\left(0\leqslant x\leqslant\dfrac{l}{2}\right)$	$\theta_A=\dfrac{Fl^2}{16EI}$ $\theta_B=-\dfrac{Fl^2}{16EI}$ $w_C=\dfrac{Fl^3}{48EI}$

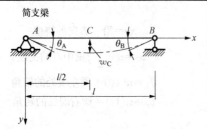

简支梁

$w=$ 沿 y 方向的挠度

$w_C = w\left(\dfrac{l}{2}\right)$ 梁中点的挠度

$\theta_A = w'(0) =$ 梁左端处的转角

$\theta_B = w'(l) =$ 梁右端处的转角

序号	梁上荷载及弯矩图	挠曲线方程	转角和挠度
11		$w=\dfrac{Fbx}{6EIl}\,(l^2-x^2-b^2)$ $(0\leqslant x\leqslant a)$ $w=\dfrac{Fb}{6EIl}\left[\dfrac{l}{b}\,(x-a)^2 + (l^2-b^2)\,x-x^3\right]$ $(a\leqslant x\leqslant l)$	$\theta_A=\dfrac{Fab\,(l+b)}{6EIl}$ $\theta_B=-\dfrac{Fab\,(l+a)}{6EIl}$ $w_C=\dfrac{Fb\,(3l^2-4b^2)}{48EI}$ （当 $a\geqslant b$ 时）
12		$w=\dfrac{W_e x}{6EIl}\,(6al-3a^2-2l^2-x^2)$ $(0\leqslant x\leqslant a)$ 当 $a=b=\dfrac{l}{2}$ 时 $w=\dfrac{M_e x}{24EIl}\,(l^2-4x^2)$ $\left(0\leqslant x\leqslant \dfrac{l}{2}\right)$	$\theta_A=\dfrac{M_e}{6EIl}\,(6al-3a^2-2l^2)$ $\theta_B=\dfrac{M_e}{6EIl}\,(l^2-3a^2)$ $\left(\text{当 } a=b=\dfrac{l}{2}\text{时}\right)$ $\theta_A=\dfrac{M_e l}{24EI}$ $\theta_B=\dfrac{M_e l}{24EI},\ w_C=0$
13		$w=-\dfrac{qb^5}{24EIl}\left[2\,\dfrac{x^3}{b^3}\right.$ $\left.-\dfrac{x}{b}\left(2\,\dfrac{l^2}{b^2}-1\right)\right]\ (0\leqslant x\leqslant a)$ $w=-\dfrac{q}{24EI}\left[2\,\dfrac{b^2x^3}{l}-\dfrac{b^2x}{l}\right.$ $\left.(2l^2-b^2)-(x-a)^4\right]$ $(a\leqslant x\leqslant l)$	$\theta_A=\dfrac{qb^2\,(2l^2-b^2)}{24EIl}$ $\theta_B=-\dfrac{qb^2\,(2l^2-b^2)}{24EIl}$ $w_C=\dfrac{qb^5}{24EIl}\left(\dfrac{3}{4}\,\dfrac{l^3}{b^3}-\dfrac{1}{2}\,\dfrac{l}{b}\right)$ （当 $a>b$ 时） $w_C=\dfrac{qb^5}{24EIl}\left[\dfrac{3}{4}\,\dfrac{l^3}{b^3}-\dfrac{1}{2}\,\dfrac{l}{b}\right.$ $\left.+\dfrac{1}{16}\,\dfrac{l^5}{b^5}\cdot\left(1-\dfrac{2a}{l}\right)^4\right]$ （当 $a>b$ 时）

参 考 文 献

[1] 罗迎社，喻小明．工程力学［M］．北京：北京大学出版社，2014.

[2] 鞠彦忠．材料力学［M］．北京：华中科技大学出版社，2014.

[3] 范钦珊，王琪．工程力学［M］．北京：高等教育出版社，2002.

[4] 李旭，陈亮亮．结构力学［M］．长春：吉林大学出版社，2017.

[5] 孙训方，方孝淑，关来泰．材料力学［M］.4版．北京：高等教育出版社，2002.

[6] 李廉锟．结构力学［M］.5版．北京：高等教育出版社，2010.

[7] 单辉祖．材料力学教程［M］．北京：高等教育出版社，2004.

[8] 范钦珊．材料力学［M］．北京：高等教育出版社，2000.

[9] 邱棣华．材料力学［M］．北京：高等教育出版社，2004.

[10] 刘鸿文．材料力学.4版［M］．北京：高等教育出版社，2004.

参考文献

[1] ……
[2] ……
[3] ……
[4] ……
[5] ……
[6] ……
[7] ……
[8] ……
[9] ……
[10] ……